建筑工程施工职业技能培训教材

测量放线工

建筑工程施工职业技能培训教材编委会　组织编写
张胜良　主编

中国建筑工业出版社

图书在版编目（CIP）数据

测量放线工/建筑工程施工职业技能培训教材编委会组织编写，张胜良主编. —北京：中国建筑工业出版社，2014.12
建筑工程施工职业技能培训教材
ISBN 978-7-112-17288-7

Ⅰ.①测… Ⅱ.①建…②张… Ⅲ.①建筑测量-技术培训-教材 Ⅳ.①TU198

中国版本图书馆CIP数据核字（2014）第222916号

本书是根据国家有关建筑工程施工职业技能标准，结合全国建设行业全面实行建设职业技能岗位培训的要求编写的。以测量放线工职业资格三级的要求为基础，兼顾一、二级和四、五级的要求。全书分为十三章，分别是：工程测量的基本理论知识，建筑构造与识图，测量放线基础应用数学，测量误差基础知识，测量坐标系，水准测量，角度测量，距离测量，准直测量，测量放线，仪器安全与保养，测量技术标准，安全生产与班组管理。

本书注重职业技能教材的实用性，对基础知识、专业知识和相关知识需要掌握、熟悉、了解的部分都有适当的介绍，尽量做到图文结合，简明扼要，通俗易懂，避免教科书式的理论阐述、公式推导和演算。是当前建筑工程施工职业技能鉴定和考核的培训教材，适合建筑工人自学使用，也可供大中专学生参考使用。

责任编辑：刘　江　范业庶
责任设计：张　虹
责任校对：陈晶晶　刘梦然

建筑工程施工职业技能培训教材
测量放线工
建筑工程施工职业技能培训教材编委会　组织编写
张胜良　主编

*

中国建筑工业出版社出版、发行（北京西郊百万庄）
各地新华书店、建筑书店经销
霸州市顺浩图文科技发展有限公司制版
北京同文印刷有限责任公司印刷

*

开本：787×1092毫米　1/16　印张：14¾　字数：359千字
2015年2月第一版　　2015年9月第二次印刷
定价：36.00元
ISBN 978-7-112-17288-7
(26070)

版权所有　翻印必究
如有印装质量问题，可寄本社退换
（邮政编码100037）

建筑工程施工职业技能培训教材
编 委 会

（按姓氏笔画排序）

王立越	王春策	王瑞珏	艾伟杰	田　斌	卢德志
代保民	白　慧	乔波波	严伟讯	李　波	李小燕
李东伟	李志远	李桂振	何立鹏	张囡囡	张庆丰
张胜良	张晓艳	陆静文	季东波	岳国辉	宗廷博
赵王涛	赵泽红	郝智磊	段雅青	黄曙亮	曹安民
鹿　山	彭前方	焦俊娟	阚咏梅	薛　彪	

前 言

测量放线工是生产第一线的一支重要力量,他们对建筑产品质量、提高建筑企业市场竞争力起着非常重要的作用。积极稳妥地开展对测量放线工的评级工作,对鼓励广大技术工人钻研业务、提高技能水平、推动企业生产技术以及稳定技术工人队伍有积极的促进作用。

全书分十三章。第一章介绍工程测量的基本理论知识;第二章介绍建筑构造与识图;第三章介绍测量放线基本应用数学;第四章介绍测量误差基础知识;第五章介绍测量坐标系;第六章介绍水准测量;第七章介绍角度测量;第八章介绍距离测量;第九章准直测量;第十章介绍测量放线;第十一章介绍仪器安全与保养;第十二章介绍测量技术标准;第十三章介绍安全生产与班组管理。

本教材在编写过程中力求有所创新,删除了一些在建筑工程中较少使用的陈旧的内容,吸纳了先进的测量技术和新工法。书中除系统介绍普通测量的基本理论,基本知识、测量仪器构造等以外,还介绍了电子经纬仪、激光经纬仪等现代测绘仪器及其在工程施工建设中的具体应用方法。

本教材注重突出职业技能教材的实用性,对基础知识、专业知识和相关知识需要掌握、熟悉、了解的部分都有适当的编写,尽量做到图文结合,简明扼要,通俗易懂,避免教科书式的理论阐述、公式推导和演算。本教材是当前职工技能鉴定和考核的培训教材,适合建筑工人自学使用,也可供大中专学生参考使用。

本教材是由张胜良主编,参加编写的人员还有卢德志、陆静文、焦俊娟、岳国辉、黄曙亮、李志远、代保民。

由于编者编写水平有限,加之时间仓促,因此教材中难免存在不足和错误,诚恳地希望专家和广大读者批评指正。

目 录

第一章 工程测量的基本理论知识 ·· 1
- 第一节 测量学基础知识 ··· 1
- 第二节 建筑工程测量的内容 ··· 2
- 第三节 建筑工程测量在施工技术中的发展 ·· 3

第二章 建筑构造与识图 ·· 4
- 第一节 建筑构造基本知识 ··· 4
- 第二节 建筑结构设计相关知识 ··· 7
- 第三节 建筑施工图的基本知识 ··· 10
- 第四节 建筑施工总平面图的识读、审核 ·· 42
- 第五节 有关施工放线的测量关系尺寸校核 ·· 45

第三章 测量放线基础应用数学 ·· 46
- 第一节 几何基础知识、三角函数计算知识 ·· 46
- 第二节 函数型计算器的使用 ··· 52

第四章 测量误差基础知识 ··· 63
- 第一节 误差的分类、处理原则及精度评定标准 ···································· 63
- 第二节 中误差、边角精度匹配及点位误差 ·· 69
- 第三节 观测值精度评定误差处理方法 ·· 70
- 第四节 施工作业过程中减弱误差的方法 ·· 74

第五章 测量坐标系 ··· 80
- 第一节 不同测量坐标系的特点 ··· 80
- 第二节 坐标系间平面坐标转换计算 ·· 85

第六章 水准测量 ··· 90
- 第一节 水准测量原理 ··· 90
- 第二节 自动安平水准仪的构造及其操作使用 ······································ 91
- 第三节 水准路线布设及常用水准测量方法 ·· 99
- 第四节 水准测量平差处理方法 ·· 101
- 第五节 三角高程测量 ·· 108

第七章 角度测量 ·· 114
- 第一节 角度测量原理 ·· 114
- 第二节 电子经纬仪 ·· 115
- 第三节 全站仪构造及操作使用 ·· 120
- 第四节 水平角观测方法 ·· 137

第八章 距离测量 ·· 141
- 第一节 钢尺量距 ·· 141

第二节　视距测量 …………………………………………………………… 149
　　第三节　电磁波测距 ………………………………………………………… 153
第九章　准直测量 ……………………………………………………………………… 157
　　第一节　准直测量概念 ……………………………………………………… 157
　　第二节　激光经纬仪 ………………………………………………………… 157
　　第三节　光学、激光垂准仪 ………………………………………………… 159
第十章　测量放线 ……………………………………………………………………… 161
　　第一节　测量方案 …………………………………………………………… 161
　　第二节　图纸及现场桩位校核 ……………………………………………… 164
　　第三节　施工控制网的建立 ………………………………………………… 165
　　第四节　施工控制网测设 …………………………………………………… 171
　　第五节　场地平整测量 ……………………………………………………… 172
　　第六节　基础施工测量 ……………………………………………………… 175
　　第七节　地上结构施工测量 ………………………………………………… 179
　　第八节　钢结构工程钢柱测量校正 ………………………………………… 183
　　第九节　装饰测量 …………………………………………………………… 186
　　第十节　沉降观测 …………………………………………………………… 189
　　第十一节　竣工测量 ………………………………………………………… 192
第十一章　仪器安全与保养 …………………………………………………………… 193
　　第一节　测量仪器的常规保养与维护 ……………………………………… 193
　　第二节　电子仪器的使用安全与维护保养 ………………………………… 200
　　第三节　现场作业仪器操作安全事项 ……………………………………… 202
第十二章　测量技术标准 ……………………………………………………………… 206
　　第一节　测绘相关法律法规 ………………………………………………… 206
　　第二节　《工程测量规范》GB 50026—2007 ……………………………… 206
　　第三节　《建筑施工测量技术规程》DB11/T 446—2007 ………………… 210
　　第四节　《建筑工程资料管理规程》DB11/T 695—2009 ………………… 216
　　第五节　ISO 9000 族群质量管理体系 …………………………………… 216
第十三章　安全生产与班组管理 ……………………………………………………… 219
　　第一节　安全生产的一般规定 ……………………………………………… 219
　　第二节　测量现场作业人身安全措施 ……………………………………… 221
　　第三节　劳动保护基本知识 ………………………………………………… 223
　　第四节　班组管理工作、与相关工种协调 ………………………………… 226
　　第五节　班组工作质量控制 ………………………………………………… 229
参考文献 ………………………………………………………………………………… 230

第一章 工程测量的基本理论知识

第一节 测量学基础知识

一、测量学的概念和内容

测量学是研究地球的形状和大小以及确定地面点位置的科学。它的主要内容包括测定和测设两部分。测定就是使用测量仪器和工具,将地物和地貌按一定比例尺进行缩放,并按标准符号绘制成地形图,供规划设计、工程建设和国防建设使用。测设就是以控制点为依据,把图上设计好的建筑物和构筑物的位置标定到实地上去。测设是建筑物和构筑物施工的首道工序,也是施工的依据,因此测设也称为施工放样。

测量学包含许多分支学科,主要有:大地测量、工程测量、摄影测量与遥感、地图编制、地理信息系统工程、地籍测绘、界线测绘、房产测绘、航空测绘、海洋测绘等,随着测绘新技术的不断发展,新的测量分支学科将不断涌现。

二、测量的基准面和基准线

地球上最高的珠穆朗玛峰,高出海平面8844.43m(2005年);最低的马里亚纳海沟,低于海平面10911m。这些高低起伏与巨大的地球半径(平均为6371km)相比,可以忽略不计。地球上陆地面积约占整个地球表面的29%,而海洋面积约占了71%。因此,可以认为地球是被静止的海水面所包围的球体。

由于地球的自转运动,地球上任一点都受到地球引力与离心力的双重作用,这两个力的合力,称为重力。重力的方向线称为铅垂线,铅垂线是测量工作的基准线。静止的水面所形成的曲面称为水准面。过水准面上的任意一点所作的铅垂线,在该点均与水准面正交。与水准面相切的平面称为水平面。由于海水面有高有低,因此水准面有无穷多个,其中与平均海水面重合并向陆地延伸所形成的封闭曲面,称为大地水准面(图1-1)。大地水准面是测量工作的基准面。由大地水准面所包围的地球形体,称为大地体,它代表了地球的自然形状和大小。

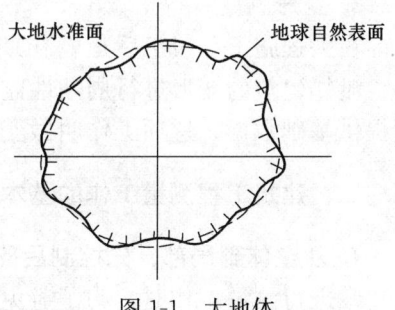

图1-1 大地体

三、测量的三项基本工作

测量工作的根本任务是确定地面点的空间位置,地面点位通常用直角坐标和高程来表示。在实际测量工作中,这些量都是间接测定的。

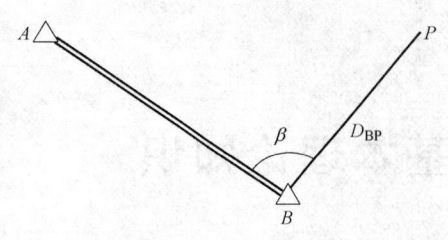

图 1-2 地面点的确定

如图 1-2 所示，设 A、B 两点的坐标已知，P 为待定点。只需测量出水平角 β 和水平距离 D_{BP}，即可计算出 P 点的坐标。这说明，确定地面点坐标的主要工作是测量水平距离和测量水平角。

而对地面点高程的确定，则是根据已知点的高程和该点与待定高程点的高差实现的。

地面点间的水平距离、水平角和高差是确定地面点位的三个基本要素。对应测量的三项基本工作为：高差测量、水平角测量和水平距离测量。

第二节 建筑工程测量的内容

一、建筑工程测量的内容

建筑工程测量包括工程设计、施工和管理各阶段所进行的各种测量工作，它直接为建筑工程的设计、施工、安装、竣工以及运营管理提供保障和服务。建筑工程测量主要包括设计测量、施工测量、变形测量等内容。

1. 设计测量

在工程勘察设计阶段，将拟建地区的地面现状（包括地物、地貌）测出，其成果用数字符号表示或按一定比例缩小后绘制成地形图，作为工程规划设计的依据，这项工作叫做设计测量或地形测绘。

2. 施工测量

在工程施工阶段，将设计图上规划、设计的建筑物、构筑物，按设计与施工的要求，测设到地面上预定的位置，作为工程施工的依据，这项工作叫做施工测量或施工放线。

3. 变形测量

在工程施工和竣工后运营初期，为保障工程安全，需对在建建筑物以及工程周边道路、毗邻建筑的变形进行周期性监测，掌握变形量和变形趋势，为工程稳定性、安全性分析提供基础数据，这项工作叫做变形测量。

二、建筑工程测量工作的基本原则

1. 从整体到局部，先控制后碎部

在进行测量工作时，为了避免测量误差积累，应先在测区内选择若干点，通过精密测量和精确计算，计算出各点的坐标和高程，这种工作称为控制测量。然后再利用这些控制点进行测定或测设，以保证测量数据和测量成果具有较高的精度。

2. 边工作边校核

测量学中，通常将现场测量、收集数据的作业过程称为测量外业，因为这部分工作大多是在室外完成的，而将整理数据和计算成果的工作称为测量内业。测量工作中只有外业和内业相结合，才能很好地完成测量任务。

测量工作是严谨的科学工作，必须认真对待。每一个观测数据，都要在现场认真检查，仔细核对，如观测数据有误或超过限差要求，必须立即重测，直到符合精度要求为止。观测完成后，应重新设站观测或采用其他方法，进行比对校核。

第三节　建筑工程测量在施工技术中的发展

建筑工程测量是一门历史悠久的技术，是从人类生产实践中逐渐发展起来的。

早在公元前 27 世纪的埃及大金字塔，其形状与方位都很准确，这说明当时就已有了测量放样的工具和方法。

我国早在二千多年前的夏商时代，就有了准绳和规矩等测量工具。准是可撩平的水准器，绳是丈量距离的工具，规是画圆的器具，矩则是一种可定平，可测长度、深度和画圆、画矩形的通用测量仪器。中华民族伟大象征的万里长城修建于秦汉时期，这一规模巨大的防御工程，从整体布局到修筑，都要进行详细的设计测量和施工测量工作。

现在的人类活动日趋活跃，随着社会的发展，国际化、全球化进展的加快，我国正在进行许多在世界建筑史的发展中具有开创性意义的建筑工程，并成为新的世界性地标。

2008 年北京奥运工程建设，各个建筑独具一格，其中国家游泳中心又被称为"水立方"，这个由水分子得来灵感的造型，形成多面体延性钢架结构，屋面及支撑墙结构由延性空间框架结构构成水滴的骨架，体现出水滴的流动状态，这种结构形式在世界上是独有的。国家体育场（鸟巢）被誉为"第四代体育馆"的伟大建筑作品，它的钢结构组件相互支撑，形成网格状钢架，外观看上去仿佛树枝织成的鸟巢，透过钢网，一个红色的碗状体育场看台隐身其中。在这里，中国传统文化中镂空的手法、陶瓷的纹路、红色的灿烂与热烈，与现代最先进的钢结构设计通过现代测量技术完美地相融在一起。

最具挑战性的项目中央电视台新址主楼建筑，在设计中突破传统摩天楼重复的标准层平面和单一依赖高度的设计模式，在形象上也抛弃了常规写字楼的竖线条和古典装饰元素，以令人惊讶的巨大的悬挑在空中形成一个三维的环。由此而来的斜网状的不规则的钢结构也形成了独特的立面效果。通过现代测量技术手段使整个大楼创造出一种乌托邦式的连接、沟通和共享。

因此，现代精密与大型工程测量项目都有其自身的特点：有的需要毫米级或更高精度；有的由于其在空间变化的不规则性、多样性、复杂性、超规模而无先例，增加了施工测量难度和困难；有的超出传统工程测量范畴，介入应力、应变监测。这些对工程测量的方法、精度和实施都提出了挑战。结合工程特点不仅设计和制造一些专用的仪器和工具，并引进现代工程测量高新技术，将卫星定位、激光扫描和激光跟踪、摄影测量、电子测量技术及自动化技术等众多学科技术在施工测量中渗透与融合，并在施工测量中得到应用。许多工程实现了数据采集和数据处理自动化、实时化，数据管理趋向集成化、标准化、可视化，数据传输与应用网络化、多样化，这些技术势必会对将来的施工测量技术发展产生深远的影响。

第二章 建筑构造与识图

第一节 建筑构造基本知识

一般民用建筑是由基础、墙或柱、楼地层、楼梯、屋顶、门窗等主要部分组成。图 2-1 所示为一幢住宅构造组成。

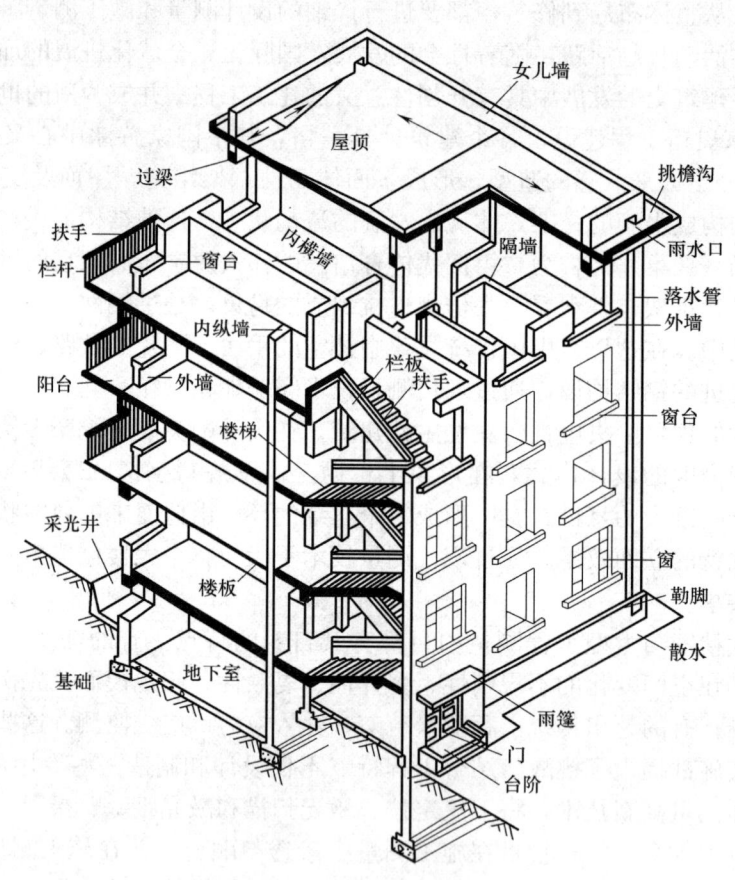

图 2-1 住宅的建筑构成

一、基础与地下室

1. 基础

基础是建筑物最下面的部分,埋在地面以下,是地基之上的承重构件。它承受建筑物的全部荷载(包括基础自重),并将其传递到地基上,所以要求它坚固、稳定,且能抵抗冰冻、地下水与化学侵蚀等。基础的大小、形式取决于荷载的大小、土壤性能、材料性质和承重方式。

2. 基础的埋置深度

由室外设计地面到基础底面的距离，叫做基础的埋置深度。基础的埋深大于5m时，称为深基础；基础的埋深不超过5m时，称为浅基础。

影响基础埋置深度的因素主要包括：

(1) 建筑物有无地下室、设备基础及基础的形式及构造等。

(2) 作用在地基上的荷载大小和性质。

(3) 工程地质和水文地质条件。

(4) 地基土的冻结深度和地基土的湿陷。

(5) 相邻建筑的基础埋深。

3. 基础的形式与选择

基础的构造类型与建筑物的上部结构形式、荷载大小、地基的承载力以及它所选用的材料性能有关。

基础按受力特点分有刚性基础和柔性基础；按其使用材料分有砖基础、毛石基础、混凝土基础、钢筋混凝土基础等；按构造形式分有条形基础、独立基础、整片基础和桩基础等。

(1) 条形基础。

条形基础呈连续带形，又称为带形基础。墙下条形基础用于建筑物为混合结构的承重墙下。可采用灰土、砖、石、混凝土、钢筋混凝土等。柱下条形基础用于上部为框架结构或部分框架结构且荷载较大、地基软弱的建筑物。

(2) 独立基础。

独立基础呈独立的块状形式。柱下独立基础用于建筑物上部为框架结构。柱墩式、井柱式基础用于上部为承重墙结构且地基上层土层较弱的建筑物时，在墙下设承台梁承托，梁下间隔3～4m设一个柱墩或井柱。

(3) 整片基础。

包括筏式基础和箱形基础。当上部结构荷载较大，地基承载力较低，可选用整片筏式基础，以减少基底压力，降低地基沉降。整片筏式基础按结构形式分为板式结构和梁板式结构两类。当钢筋混凝土基础埋深很大，为了加强建筑物的刚度，可用钢筋混凝土筑成有底板、顶板和四壁的箱形基础。箱形基础内部可用作地下室。

(4) 桩基础。

当建筑物荷载较大，地基的软弱土层厚度在5m以上，基础不能埋在软弱土层内时，可采用桩基础。桩基础按其受力性能可分为端承桩和摩擦桩两种。端承桩是将建筑物的荷载通过桩端传给坚硬土层，而摩擦桩是通过桩侧表面与周围土壤的摩擦力传给地基。目前采用最多的是钢筋混凝土桩，包括预制桩和灌注桩两大类。

4. 地下室

地下室是建筑物中处于室外地面以下的房间。在房屋底层以下建造地下室，可以提高建筑用地效率。一些高层建筑基础埋深很大，充分利用这一深度来建造地下室，其经济效果和使用效果俱佳。

地下室的类型按功能分，有普通地下室和防空地下室。按结构材料分，有砖墙结构和混凝土结构地下室。按构造形式分，有全地下室和半地下室。

地下室顶板的底面标高高于室外地面标高的称为半地下室，这类地下室一部分在地面以上，可利用侧墙外的采光井解决采光和通风问题。地下室顶板的底面标高低于室外地面标高的，称为全地下室。

二、墙和柱

1. 墙体的类型与要求

（1）墙体的类型

墙是建筑物的承重和维护构件。建筑物的墙体分类方式各有不同。墙体按在建筑物中的位置分，有外墙、内墙、窗间墙、窗下墙、女儿墙等。墙体按受力情况可分为承重墙和非承重墙。按墙体材料分有砖墙、石墙、混凝土墙、砌块墙、板材墙等。根据施工方法分为预制混凝土墙和现浇混凝土墙等。

（2）墙体的构造要求

1）满足强度和稳定性要求。墙体的强度取决于砌体的材料，其厚度应按计算确定。墙的稳定性与墙的长度、高度和厚度有关。

2）满足热工、隔声、防火、防潮要求。

3）满足减轻自重、降低造价、不断采用新材料和新工艺的要求。

2. 砖（砌体）墙的构造

（1）砖墙按构造分，有实心砖墙、空斗墙、空心砖墙和复合墙等几种类型。

（2）砖（砌体）墙的细部构造。砖（砌体）墙的细部构造要保证墙体的耐久性和墙体与其他构件的可靠拉结，必须对重点部位加强构造处理，如设构造柱、圈梁、拉结筋、空心砌块灌芯等。

3. 隔墙与隔断的构造

隔墙和隔断均不承受外来荷载，可直接设于楼板或承墙梁上。隔墙与隔断的区别是隔墙到楼板底，隔断不到楼板底，用于对隔声要求不高的场所。

4. 墙面装修

墙面装修的作用是保护墙体、改善墙的物理性能和使房屋美观。

三、楼地层的建筑构造

楼地层是建筑物水平方向的承重构件，分为楼层和地层。楼层将建筑物分隔成若干层，并将其荷载传递到墙或柱上，对墙身起到水平支撑作用。

四、楼梯的建筑构造

楼梯是建筑物中联系上下各层的垂直交通设施。

1. 楼梯的组成

楼梯一般由楼梯段、楼梯平台（楼层平台和中间平台）、栏杆（栏板）和扶手三部分组成，如图2-2所示。

2. 楼梯的尺度

楼梯的坡度范围在 20°～45°之间。楼梯的宽度包括梯段的宽度和平台的宽度。规范规定梯段净高不应小于 2.2m，平台处的净空高度不应小于 2.0m。梯段的净宽应为扶手中心线至侧墙或另一扶手中心线的宽度，一般平台宽度不应小于梯段净宽。

3. 栏杆、栏板和扶手

栏杆或栏板是为防人下坠的设施，有镂空、实体两种。扶手是栏杆或栏板顶面供手扶的设施。

五、屋面的建筑构造

1. 屋面的坡度

屋面坡度常用斜面的垂直投影高度与水平投影长度的比来表示，如 1∶2、1∶10 等；较大的坡度也可用角度表示，如 30°、45°等；较小的坡度常用百分率表示，如 2％、3％等。

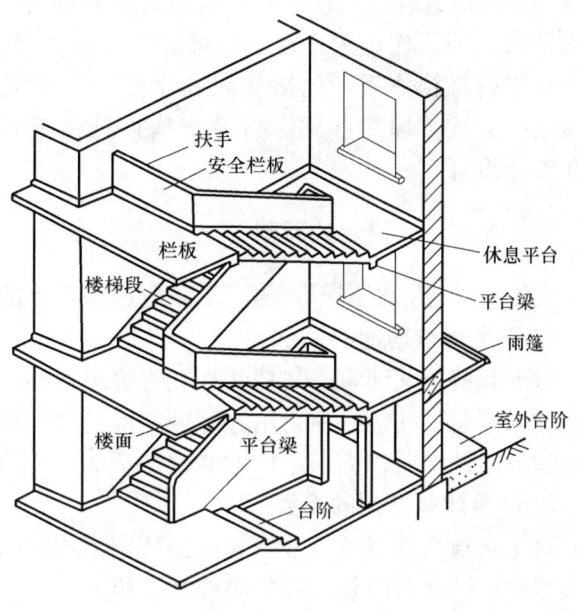

图 2-2 楼梯的组成

2. 屋顶的类型

由于屋面材料和承重结构形式不同，屋顶有多种类型。按屋顶的坡度和外形分为：

(1) 平屋顶：屋面排水坡度不大于 10％的屋顶。
(2) 坡屋顶：屋面排水坡度大于 10％的屋顶。
(3) 其他形式屋顶：曲面屋顶，承重结构多为空间结构，如薄壳、悬索、网架、张拉膜结构。

3. 平屋面的构造

平屋顶包括结构层、找坡层、隔热层（保温层）、找平层、结合层、附加防水层、保护层。在北纬 40°以北地区，室内湿度大于 75％或其他地区室内空气湿度常年大于 80％时，保温屋面应设隔汽层。

4. 坡屋面的构造

坡屋顶主要由承重结构层和屋面两部分组成。必要时还应增设保温层、隔热层及顶棚等，如图 2-3 所示。

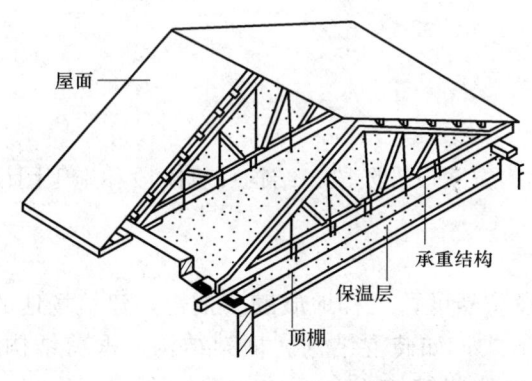

图 2-3 坡屋顶的构造

第二节 建筑结构设计相关知识

建筑结构设计，简而言之就是用结构语言来表达建筑师及其他专业工程师所要表达的东西。结构语言就是结构工程师从建筑及其他专业图样中所提炼简化出来的结构元素，包括基础、墙、柱、梁、板、楼梯、大样细部等。然后用这些结构元素来构成建筑物或构筑物的结构体系，包括竖向和水平的承重及抗力体系。把各种情况产生的荷载以最简洁的方式传递至基础。建筑结构设计由下到上可分为：基础的设计、上部结构设计和细部设计。

一、建筑结构设计的原则

建筑结构设计根据不同的需求，应遵循以下的原则。

1. 满足建筑功能的要求

对于有些公共建筑，其功能有视听要求，如：体育馆为保证较好的观看视觉效果，比赛大厅内不能设柱，必须采用大跨度结构；大型超市为满足购物的需要，室内空间具有流动性和灵活性，所以应采用框架结构。

2. 满足建筑造型的需要

对于建筑造型复杂、平面和立面特别不规则的建筑结构选型，要按实际需要在适当部位设置防震缝，形成较多有规则的结构单元。

3. 充分发挥结构自身的优势

每种结构形式都有各自的特点和不足，有其各自的适用范围，所以要结合建筑设计的具体情况进行结构选型。

4. 因地制宜、合理取材、便于施工

由于材料和施工技术的不同，其结构形式也不同。例如，砌体结构所用材料多为就地取材，施工简单，适用于低层、多层建筑。当钢材供应紧缺或钢材加工、施工技术不完善时，不可大量采用钢结构。

5. 经济合理

当几种结构形式都能满足建筑设计条件时，经济条件就是决定因素，尽量采用能降低工程造价的结构形式。

二、建筑结构设计的内容与方法

1. 建筑结构设计的内容

建筑结构设计大体可以分为三个阶段：结构方案设计阶段、结构计算阶段和施工图设计阶段。

（1）结构方案设计阶段的内容

根据建筑的重要性，建筑所在地的抗震设防烈度，工程地质勘察报告，建筑场地的类别及建筑的高度和层数来确定建筑的结构形式，如砖混结构、框架结构、框剪结构、剪力墙结构、筒体结构、混合结构等，以及由这些结构组合而成的结构形式。确定了结构的形式之后就要根据不同结构形式的特点和要求来布置结构的承重体系和受力构件。

（2）结构计算阶段的内容

1）荷载的计算。荷载包括外部荷载（如风荷载、雪荷载、施工荷载、地下水的荷载、地震作用、人防荷载等）和内部荷载（如结构的自重荷载、使用荷载、装修荷载等）。上述荷载的计算要根据荷载规范的要求和规定采用不同的组合值系数和准永久值系数等来进行不同工况下的组合计算。

2) 构件的试算。根据计算出的荷载值、构造措施要求、使用要求及各种计算手册上推荐的试算方法来初步确定构件的截面。

3) 内力的计算。根据确定的构件截面和荷载值来进行内力的计算，包括弯矩、剪力、扭矩、轴心压力及拉力等。

4) 构件的计算。根据计算出的结构内力及规范对构件的要求和限制（如轴压比、剪跨比、跨高比、裂缝和挠度等）来复核结构试算的构件是否符合规范规定和要求。如不满足要求则要调整构件的截面或布置直到满足要求为止。

（3）施工图设计阶段的内容

根据上述计算结果，最终确定构件的布置和构件配筋，以及根据规范的要求来确定结构构件的构造措施。

2. 各设计阶段的基本方法

（1）结构方案设计阶段的基本方法

根据各种结构形式的适用范围和特点来确定结构应该使用的最佳结构形式。这要根据规范中对于各种结构形式的界定和工程的具体情况而定，关键是清楚各种结构形式的极限适用范围，还要考虑合理性和经济性。

（2）结构计算阶段的基本方法

根据方案阶段确定的结构形式和体系，依据规范规定的具体计算方法来进行详细的结构计算。规范上的方法有多种，关键是综合工程的实际情况来选择合适的计算方法。以楼板为例，就有弹性计算法、塑性计算法及弹塑性计算法。所以选择符合工程实际的计算方法是合理的结构设计的前提，是十分重要的。

（3）施工图设计阶段的基本方法

根据结构计算的结果采用结构语言表达在图样上。首先表达的内容要符合结构计算的要求，同时还要符合规范中的构造要求，最后还要考虑施工的可操作性。这就要求结构设计人员对规范能够很好地理解和把握，另外还要对施工的工艺和流程有一定的了解。这样设计出来的结构才能合理。

3. 规范、手册及标准图集在建筑结构设计中的应用

建筑结构设计的准则和依据就是各种规范和标准图集。结构形式不同，设计时依据的规范也不同，但这些规范又都是相互联系密不可分的。

在各种结构设计手册中，给出了该结构形式设计的原理、方法、一般规定和计算的算例，以及用来直接选用的各种表格。这对于深刻理解和具体设计各种结构形式具有良好的指导作用。

标准图集是依据规范制定的国家和省市地方统一的设计标准和施工做法构造。不同的结构形式有不同的标准图集。在选用标准图集时一定要根据工程的实际情况来酌情选用，必要时应说明选用的页码和图集号，不可盲目采用。

4. 建筑结构类型

建筑结构根据材料的不同，可以分为钢筋混凝土结构、砌体结构、钢结构、木结构等。

第三节　建筑施工图的基本知识

一、施工图组成内容简介

1. 施工图种类

一套完整的房屋建筑工程施工图应包括工程涉及的所有专业的设计图纸（含图纸目录、说明和必要的设备、材料表）及图纸总封面。这里所说的所有专业包括建筑、结构、给水、排水、采暖、空调、建筑电气等。

2. 施工图组成内容

（1）总平面图

总平面图亦称"总体布置图"。表示建筑物、构筑物的方位、间距以及道路网、绿化、竖向布置和基地临界情况等。图上有指北针，有的还有风玫瑰图。

当工程复杂时，除总平面图外，结合实际情况单独绘制竖向布置图、土方图、管道综合图、绿化及建筑小区布置图、道路平面图、详图等。这类图纸图签的图号区常采用"总（Z）施-×"形式将图纸排序。

（2）建筑施工图

建筑施工图是说明房屋建造的规模、造型、尺寸、细部构造的图纸。这类图纸图签的图号区常采用"建（J）施-×"形式将图纸排序。建筑施工图包括设计说明、平面图、立面图、剖面图及相应详图（如楼梯、门窗、卫生间、节点、墙身等）。

（3）结构施工图

结构施工图是说明房屋的主体骨架结构、构造及做法的类型，尺寸、使用材料要求和构件的详细构造及做法的图纸。这类图纸图签的图号区常采用"结（G）施-×"形式将图纸排序。结构施工图包括说明、基础图、结构平面布置图、构件详图等。

（4）给水排水、采暖、通风、空调施工图

给水排水、采暖、通风、空调施工图是说明房屋中生活、消防给水管、排水管、采暖管及通风、空调等设施的布置和构造连接方式。分为图例、说明、平面图、系统图、详图等。这类图纸图签的图号区常采用"水（S）施-×"、"暖（N）施-×"形式将图纸排序，还可以细化到代表消防水的"水消（SX）施-×"、代表空调的"空（NK）施-×"、代表通风的"通（NT）施-×"，且视建筑复杂程度增减。

（5）电气施工图

电气施工图说明房屋内部电气设备、线路走向的布置和构造。也包括图例、说明、平面图、系统图、详图等内容。图纸图签的图号区常采用"电（D）施-×"形式将图纸排序，也可以细化为代表自动报警等消防配电的"电消（DX）施-×"，代表照明配电的"电照（DZ）施-×"，代表有线电视、电话等的弱电"电弱（DR）施-×"，代表安保的"电安（DA）施-×"等，且视建筑复杂程度增减。

二、制图标准简介

1. 图纸的幅面规格及编排顺序

（1）图纸的幅面规格

1) 单位工程的施工图装订成套，为了使整套施工图方便装订，国标规定图纸按其大小分为 5 种，代号为 A0、A1、A2、A3、A4，尺寸大小见表 2-1。

幅面及图框尺寸（mm） 表 2-1

尺寸代号 \ 幅面代号	A0	A1	A2	A3	A4
$b×l$	841×1189	594×841	420×594	297×420	210×297
c	10			5	
a	25				

注：表中 b 为幅面短边尺寸，l 为幅面长边尺寸，c 为图框线与幅面线间宽度，a 为图框线与装订边间宽度。

2) 如图纸幅面不够，可将图纸长边加长，但短边不宜加长，长边加长应符合表 2-2 的规定。

图纸长边加长尺寸（mm） 表 2-2

幅面代号	长边尺寸	长边加长后的尺寸
A0	1189	1486(A0+1/4l)　1635(A0+3/8l)　1783(A0+1/2l)　1932(A0+5/8l) 2080(A0+3/4l)　2230(A0+7/8l)　2378(A0+l)
A1	841	1051(A1+1/4l)　1261(A1+1/2l)　1471(A1+3/4l) 1682(A1+l)　1892(A1+5/4l)　2102(A1+3/2l)
A2	594	743(A2+1/4l)　891(A2+1/2l)　1041(A2+3/4l)　1189(A2+l) 1338(A2+5/4l)　1486(A2+3/2l)　1635(A2+7/4l)　1783(A2+2l) 1932(A2+9/4l)　2080(A2+5/2l)
A3	420	630(A3+1/2l)　841(A3+l)　1051(A3+3/2l)　1261(A3+2l) 1471(A3+5/2l)　1682(A3+3l)　1892(A3+7/2l)

注：有特殊需要的图纸，可采用 $b×l$ 为 841mm×891mm 与 1189mm×1261mm 的幅面。

3) 图纸以短边作为垂直边称为横式，以短边作为水平边称为立式。一般 A0～A3 图纸宜横式使用；必要时，也可立式使用，但图签、会签栏位置应相应调整。

（2）图纸的标题栏、会签栏和装订边

1) 图纸的标题栏、会签栏和装订边的位置应符合下列规定：

横式使用的图纸应按图 2-4、图 2-5 的形式布置。

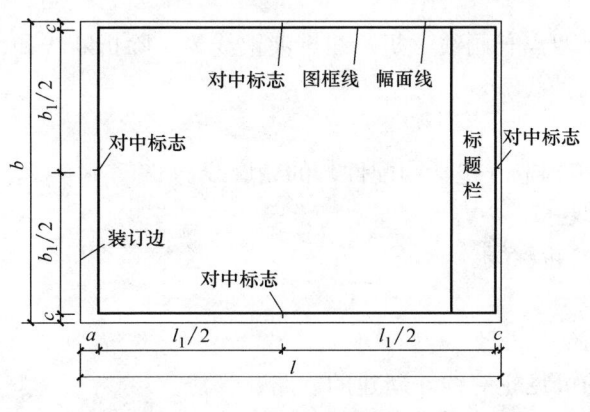

图 2-4　A0～A3 横式幅面（一）

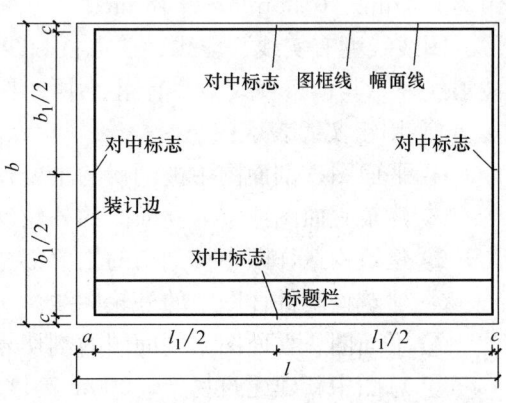

图 2-5　A0～A3 横式幅面（二）

11

立式使用的图纸应按图 2-6、图 2-7 的形式布置。

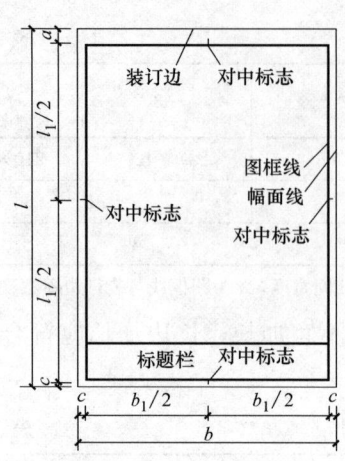

图 2-6　A0～A4 立式幅面（一）

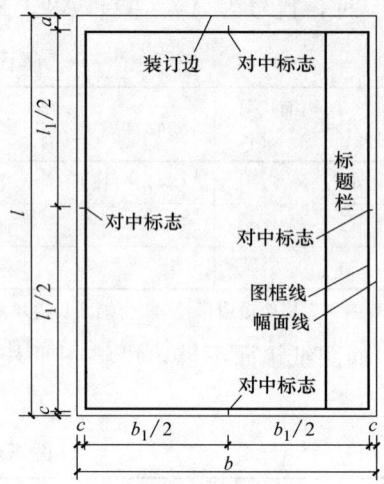

图 2-7　A0～A4 立式幅面（二）

2）标题栏根据工程需要选择确定尺寸、格式及分区。签字区包括实名列和签名列。涉外工程的标题栏内，各项主要内容的中文下方应附有译文，设计单位上方或左方，应加"中华人民共和国"字样。

3）会签栏应填写会签人员所代表的专业、姓名、日期（年、月、日），不需会签的图纸可不设会签栏。

（3）施工图纸的编排顺序

1）不同的建筑根据复杂程度，可由几张、几十张、几百张图纸组成，因此工程图纸应按专业顺序编排。一般应为图纸目录、总图、建筑图、结构图、给水排水图、暖通空调图、电气图等。

2）各专业的图纸，应该按图纸内容的主次关系和逻辑关系进行有序排列。

2. 图线和比例

（1）图线

制图的图线宽度应成组使用，线宽 b 为粗线，$0.5b$ 为中线，$0.25b$ 为细线。常用线宽组为 0.7mm、0.35mm、0.18mm。

图线线型有实线、虚线、单点长画线、双点长画线、折断线、波浪线等。除折断线和波浪线外，其他每种线型都有粗、中、细三种线宽。

1）用粗实线表示：

① 平面图、剖面图中被剖切的主要建筑构造（包括构配件）的轮廓线。

② 建筑立面图或室内立面图的外轮廓线。

③ 建筑构造详图中被剖切的主要部分的轮廓线。

④ 建筑构配件详图中的外轮廓线。

⑤ 平面图、立面图、剖面图的剖切号。

⑥ 总图中新建建筑物±0.000m 高度的可见轮廓线，新建的铁路、管线。

2）用中实线表示：

① 平面图、剖面图中被剖切的次要建筑构造（包括构配件）的轮廓线。
② 建筑平面图、立面图、剖面图建筑构配件的轮廓线。
③ 建筑构造详图及建筑构配件详图中的一般轮廓线。
④ 总图中新建构筑物、道路、桥涵、边坡、围墙、露天堆场、运输设施、挡土墙的可见轮廓线，场地、区域分界线、用地红线、建筑红线、尺寸起止符号、河道蓝线，新建建筑物±0.000m 高度以外的可见轮廓线。

3) 用细实线表示：
① 建筑图的图形线、尺寸线、尺寸界限、图例线、索引符号、标高符号、详图材料做法、引出线等。
② 总图中新建道路路肩、人行道、排水沟、树丛、草地、花坛的可见轮廓线，原有（包括保留和拟拆除的）建筑物、构筑物、铁路、道路、桥涵、围墙的可见轮廓线，坐标网线、图例线、尺寸线、尺寸界线、引出线、索引符号等。

4) 用粗虚线表示：新建建筑物、构筑物的不可见轮廓线。

5) 用中虚线表示：
① 建筑构造详图及建筑构配件不可见轮廓线、平面图中起重机（吊车）的轮廓线、拟扩建的建筑物轮廓线。
② 总图中计划扩建建筑物、构筑物、预留地、铁路、道路、桥涵、围墙、运输设施、管线的轮廓线，洪水淹没线。

6) 用细虚线表示：图例线、总图中原有建筑物、构筑物、预留地、铁路、道路、桥涵、围墙的不可见轮廓线。

7) 用粗单点长画线表示：总图露天矿开采边界线。

8) 用中单点长画线表示：总图土方填挖区零点线。

9) 用细单点长画线表示：中心线、对称线、定位轴线、分水线。

10) 用折断线表示：不需画全的断开界线。

11) 用粗双点长画线表示：总图地下开采区塌落界线。

12) 用波浪线表示：断开界线。

（2）比例

1) 图样的比例，应为图形与实物相对应的线性尺寸之比。比例的大小，是指其比值的大小，如 1∶50 的值是 1∶100 的值的一倍，则按 1∶50 比例绘出的图样比 1∶100 比例绘出的图样大一倍。

2) 比例宜注写在图名的右侧，字的基准线应取平；比例的字高宜比图名的字高小一号或二号。

3) 一般情况下，一个图样应选用一种比例。根据专业制图需要，同一图样可选用两种比例。特殊情况下也可自选比例，这时除应注出绘图比例外，还必须在适当位置绘制出相应的比例尺。

4) 总图制图采用的比例，宜符合表 2-3 的规定。

5) 建筑制图采用的比例，宜符合表 2-4 的规定。

3. 符号

（1）剖切符号

总平面图比例　　　　　　　　　　　　　　　　　　　　　　　　　　　　表 2-3

图　　名	比　　例
现状图	1：500、1：1000、1：2000
地理交通位置图	1：25000～1：200000
总体规划、总体布置、区域位置图	1：2000、1：5000、1：10000、1：25000、1：50000
总平面图、竖向布置图、管线综合图、土方图、铁路、道路平面图	1：300、1：500、1：1000、1：2000
场地园林景观总平面图、场地园林景观竖向布置图、种植总平面图	1：300、1：500、1：1000
铁路、道路纵断面图	垂直：1：100、1：200、1：500 水平：1：1000、1：2000、1：5000
铁路、道路横断面图	1：20、1：50、1：100、1：200
场地断面图	1：100、1：200、1：500、1：1000
详图	1：1、1：2、1：5、1：10、1：20、1：50、1：100、1：200

建筑制图比例　　　　　　　　　　　　　　　　　　　　　　　　　　　　表 2-4

图　　名	比　　例
建（构）筑物的平面图、立面图、剖面图	1：50、1：100、1：150、1：200、1：300
建（构）筑物的局部放大图	1：10、1：20、1：25、1：30、1：50
构件及构造详图	1：1、1：2、1：5、1：10、1：15、1：20、1：25、1：30、1：50

1）剖视的剖切符号规定：

①剖视的剖切符号应由剖切位置线及剖视方向线组成，均应以粗实线绘制。剖切位置线的长度宜为 6~10mm；剖视方向线应垂直于剖切位置线，长度应短于剖切位置线，宜为 4~6mm（图 2-8）。绘制时，剖视剖切符号不应与其他图线相接触。

②剖视剖切符号的编号宜采用粗阿拉伯数字，按剖切顺序由左至右、由下至上连续编排，并应注写在剖视方向线的端部。

③需要转折的剖切位置线，应在转角的外侧加注与该符号相同的编号（图 2-8）。

④建（构）筑物剖面图的剖切符号宜注在±0.000m 标高的平面图或首层平面图上。

2）断面的剖切符号规定：

①断面的剖切符号应只用剖切位置线表示，并应以粗实线绘制，长度宜为 6~10mm。

②断面剖切符号的编号宜采用阿拉伯数字，按顺序连续编排，并应注写在剖切位置线的一侧；编号所在的一侧应为该断面的剖视方向（图 2-9）。

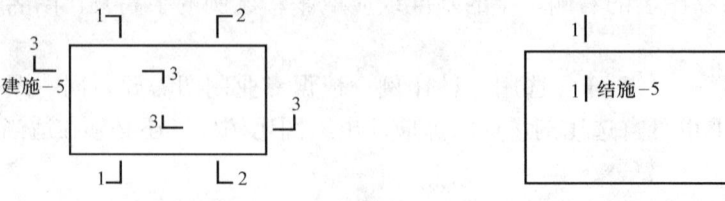

图 2-8　剖视的剖切符号　　　　　　图 2-9　断面的剖切符号

3）剖面图或断面图，当与被剖切图样不在同一张图内，应在剖切位置线的另一侧注明其所在图纸的编号，也可以在图上集中说明。

(2) 索引符号与详图符号

1) 图样中的某一局部或构件，如需另见详图，应以索引符号索引［图 2-10（a）］。索引符号是由直径为 8～10mm 的圆和水平直径组成，圆及水平直径均应以细实线绘制。

2) 索引出的详图，如与被索引的详图同在一张图纸内，应在索引符号的上半圆中用阿拉伯数字注明该详图的编号，并在下半圆中间画一段水平细实线［图 2-10（b）］。

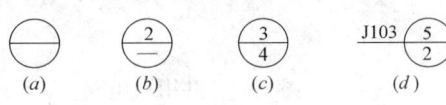

图 2-10 索引符号

3) 索引出的详图，如与被索引的详图不在同一张图纸内，应在索引符号的上半圆中用阿拉伯数字注明该详图的编号，在索引符号的下半圆中用阿拉伯数字注明该详图所在图纸的编号［图 2-10（c）］。

4) 索引出的详图，如采用标准图，应在索引符号水平直径的延长线上加注该标准图册的编号［图 2-10（d）］。

5) 索引符号如用于索引剖视详图，应在被剖切的部位绘制剖切位置线，并以引出线引出索引符号，引出线所在的一侧应为剖视方向（图 2-11）。

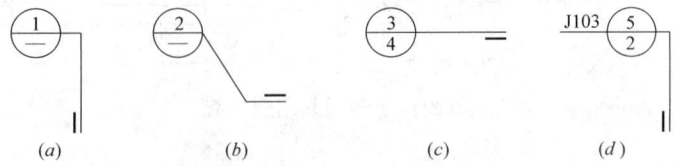

图 2-11 用于索引剖面详图的索引符号

6) 零件、钢筋、杆件、设备等的编号，以直径为 4～6mm（同一图样应保持一致）的细实线圆表示，其编号应用阿拉伯数字按顺序编写［图 2-12（a）］。

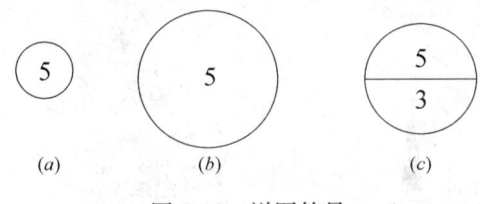

图 2-12 详图符号

7) 详图的位置和编号，应以详图符号表示。详图符号的圆应以直径为 14mm 粗实线绘制［图 2-12（b）］。详图与被索引的图样同在一张图纸内时，应在详图符号内水平直径上半圆用阿拉伯数字注明详图的编号，在下半圆中间画一段水平细实线［图 2-12（b）］。详图与被索引的图样不在同一张图纸内，应用细实线在详图符号内画一水平直径，在上半圆中注明详图编号，在下半圆中注明被索引的图纸的编号［图 2-12（c）］。

(3) 引出线

1) 引出线应以细实线绘制，宜采用水平方向的直线或与水平方向成 30°、45°、60°、90°的直线，或经上述角度再折为水平线。文字说明宜注写在水平线的上方［图 2-13（a）］，也可注写在水平线的端部［图 2-13（b）］。索引详图的引出线，应与水平直径线相

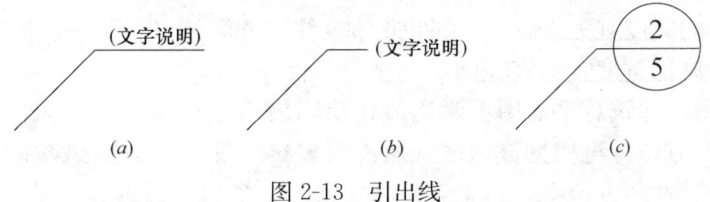

图 2-13 引出线

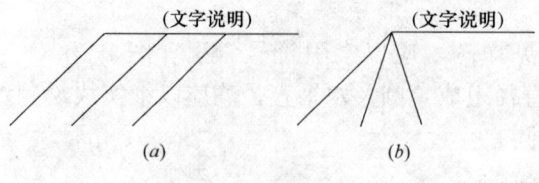

图 2-14 共用引出线

连接[图 2-13（c）]。

2）同时引出几个相同部分的引出线，宜互相平行[图 2-14（a）]，也可画成集中于一点的放射线[图 2-14（b）]。

3）多层构造或多层管道共用引出线，应通过被引出的各层，并用圆点示意对应各层次。文字说明宜注写在水平线的上方，或注写在水平线的端部，说明的顺序应由上至下，并应与被说明的层次对应一致；如层次为横向排序，则由上至下的说明顺序应与左至右的层次对应一致（图 2-15）。

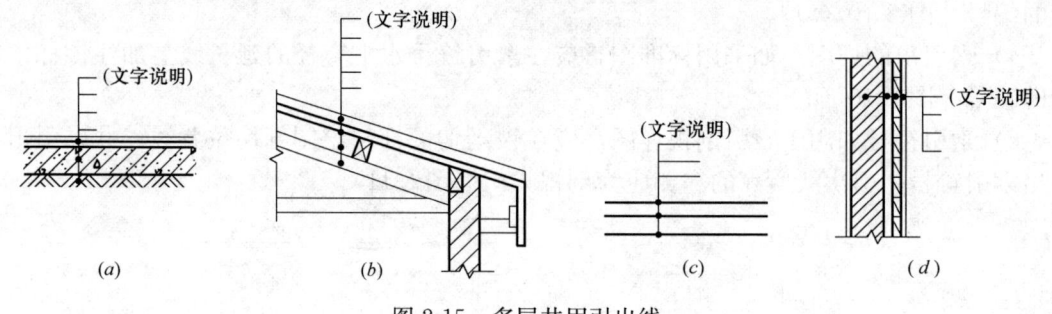

图 2-15 多层共用引出线

（4）其他符号

1）对称符号。对称符号由对称线和两端的两对平行线组成。对称线用细单点长画线绘制；平行线用细实线绘制，其长度宜为 6～10mm，每对的间距宜为 2～3mm；对称线垂直平分于两对平行线，两端超出平行线宜为 2～3mm[图 2-16（a）]。

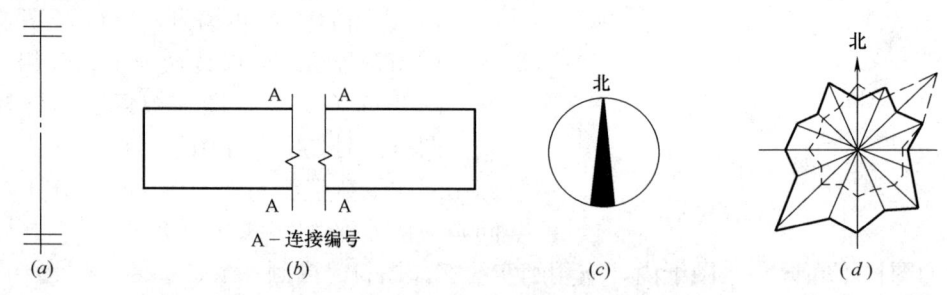

图 2-16 其他符号

2）连接符号。连接符号应以折断线表示需连接的部位。两部位相距过远时，折断线两端靠图样一侧应标注大写拉丁字母表示连接编号。两个被连接的图样应用相同的字母编号[图 2-16（b）]。

3）指北针。指北针的形状宜如图 2-16（c）所示，其圆的直径宜为 24mm，用细实线绘制；指针尾部的宽度宜为 3mm，指针头部应注"北"或"N"字。需用较大直径绘制指北针时，指针尾部宽度宜为直径的 1/8。

4）风玫瑰图。建筑总平面图上常用风玫瑰图表示该地区常年的风向频率。以十字坐标定出 16 个罗盘方位，再根据该地区气象部门多年统计的各方向风吹向该地区次数的百分值，按比例绘制在各方位上，再把各点连接起来，通常呈玫瑰状，故称它为风向玫瑰频率图，简称风玫瑰图[图2-16（d）]。

风玫瑰图上有虚实两种轮廓线时，实线代表该地区的常年主导风向，虚线代表夏季主导风向。

4. 定位轴线与尺寸标注、标高标注

（1）计量单位

1）总图中的坐标、标高、距离宜以米为单位，坐标以小数点标注三位，不足以"0"补齐；标高、距离以小数点后两位数标注，不足以"0"补齐。详图宜以毫米（mm）为单位，如不以毫米为单位，应另加说明。建筑图以毫米为单位。

2）建筑物、构筑物、铁路、道路方位角（或方向角）和铁路、道路转向角的度数，宜注写到"秒"，特殊情况应另加说明。

3）铁路纵坡度宜以千分计，道路纵坡度、场地平整坡度、排水沟沟底纵坡度宜以百分计，并应取至小数点后一位，不足时以"0"补齐。

（2）定位轴线

1）定位轴线是表示建筑物主要承重构件或墙体位置及其标志尺寸的基线，也是建筑工地中施工放线的依据。在图中定位轴线应用细单点长画线绘制，一般应编号，编号应注写在轴线端部的圆内。圆应用细实线绘制，直径为8～10mm。定位轴线圆的圆心应在定位轴线的延长线上或延长线的折线上（图2-17）。

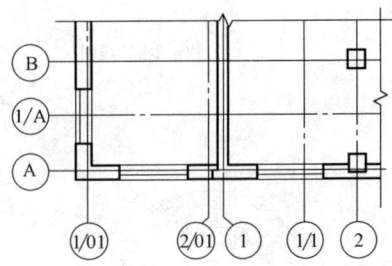

图2-17 轴线、附加轴线编号顺序

2）平面图上定位轴线的编号，宜标注在图样的下方或左侧。横向编号应用阿拉伯数字，从左至右顺序编写；竖向编号用大写拉丁字母，从下至上顺序编写（图2-17）。

3）拉丁字母的I、O、Z不得用作轴线编号。如字母数量不够使用，可增用双字母或

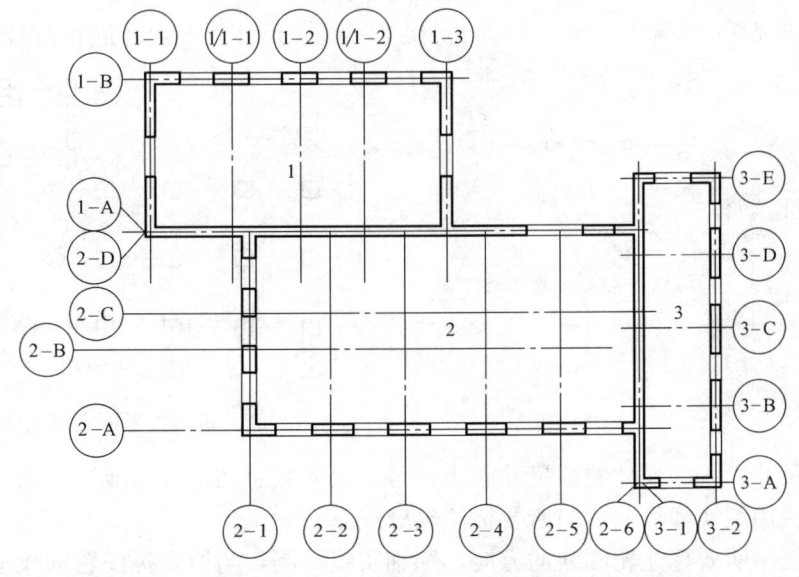

图2-18 定位轴线的分区编号

单字母加数字注脚，如AA、BA…YA或A1、B1…Y1。

4) 组合较复杂的平面图中定位轴线可采用分区编号，编号的注写形式应为"分区号——该分区编号"（图2-18）。分区号采用阿拉伯数字或大写拉丁字母表示。

5) 附加定位轴线的编号，应以分数形式表示，并应按下列规定编写：

两根轴线之间的附加轴线，应以分母表示前一根轴线的编号，分子表示附加轴线的编号，编号宜用阿拉伯数字编写（图2-17）。

①号轴线或Ⓐ号轴线之前的附加轴线分母应以⓪1或⓪A分别表示（图2-17）。

当一个详图适用于几根轴线时，应同时注明各有关轴线的编号（图2-19）。通用详图中的定位轴线，应只画圆，不注写轴线编号。

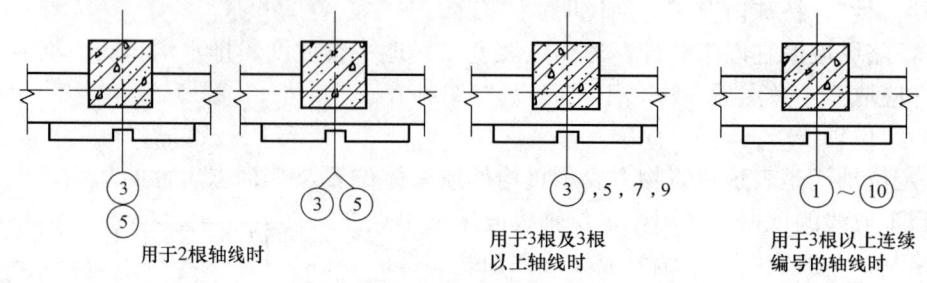

图2-19 详图的轴线编号

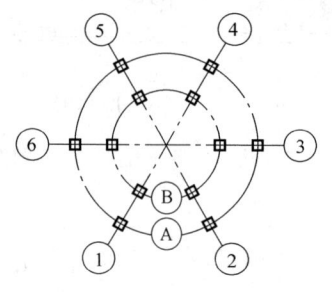

图2-20 圆形平面定位轴线的编号

圆形与弧形平面图中定位轴线的编号，其径向轴线宜用阿拉伯数字表示，从左下角或-90°开始，按逆时针顺序编写；其环向轴线宜用大写拉丁字母表示，从外向内顺序编写（图2-20、图2-21）。

折线形平面图中定位轴线的编号可按图2-22的形式编写。

(3) 尺寸标注

1) 尺寸界线、尺寸线及尺寸起止符号：

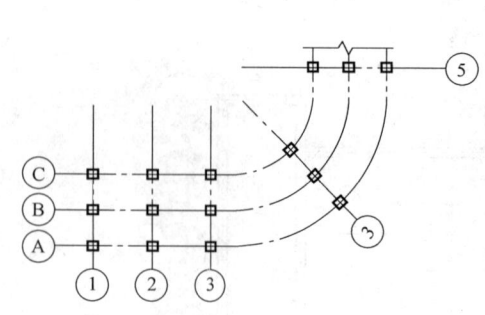

图2-21 弧形平面定位轴线的编号

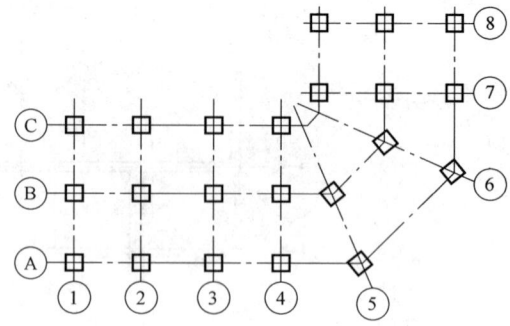

图2-22 折线性平面定位轴线的编号

尺寸由尺寸界线、尺寸线、尺寸起止符号和尺寸数字四部分组成，如图2-23所示。

尺寸界线用细实线绘制，与所要标注轮廓线垂直。

尺寸线表示所要标注轮廓线的方向，用细实线绘制，与所要标注轮廓线平行，与尺寸界线垂直，不得超越尺寸界线，也不得用其他图线代替。

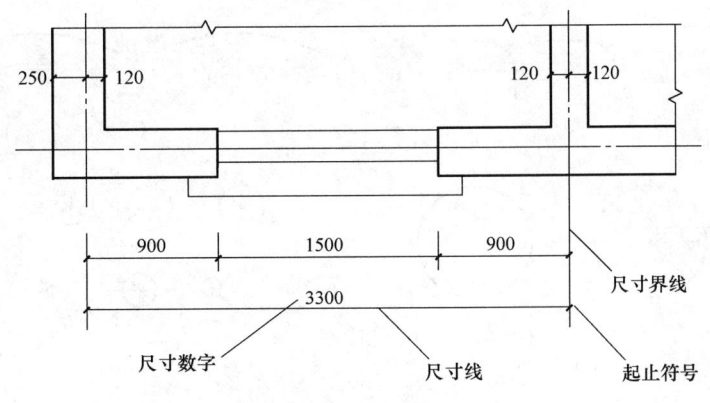

图 2-23 尺寸的组成

尺寸起止符号是尺寸的起点和止点,用中粗斜短线绘制,其倾斜方向应与尺寸界线成顺时针 45°角,长度宜为 2~3mm。半径、直径、角度和弧长的尺寸起止符号,宜用箭头表示。

尺寸数字必须用阿拉伯数字注写。尺寸标注时,当尺寸线是水平线时,尺寸数字应写在尺寸线的上方,字头朝上;当尺寸线是竖线时,尺寸数字应写在尺寸线的左方,字头向左。

2) 尺寸的排列与布置:

尺寸宜标注在图样轮廓线以外,不宜与图线、文字及符号等相交,如图 2-24 所示。

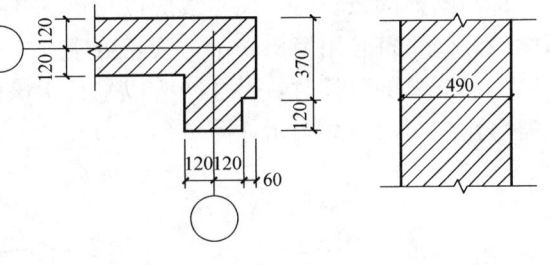

图 2-24 尺寸数字的注写

尺寸数字如果没有足够的位置注写时,两边的尺寸可以注写在尺寸界线的外侧,中间相邻的尺寸可以错开注写,如图 2-25 所示。

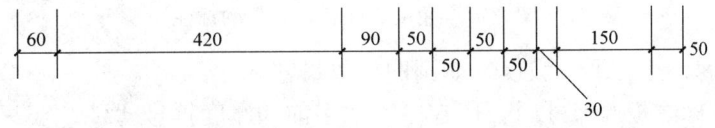

图 2-25 尺寸数字的注写位置

3) 半径、直径、球的尺寸标注:

半径的尺寸线应一端从圆心开始,另一端画箭头指向圆弧。半径数字前应加注半径符号"R"。较小圆弧的半径,可按图 2-26(a)形式标注。较大圆弧的半径,可按图 2-26(b)形式标注。

标注圆的直径尺寸时,直径数字前应加直径符号"ϕ"。在圆内标注的尺寸线应通过圆心,两端画箭头指至圆弧[图 2-26(c)]。较小圆的直径尺寸,可标注在圆外[图 2-26(d)]。

标注球的半径尺寸时,应在尺寸前加注符号"SR"。标注球的直径尺寸时,应在尺寸数字前加注符号"$S\phi$"。注写方法与圆弧半径和圆直径的尺寸标注方法相同。

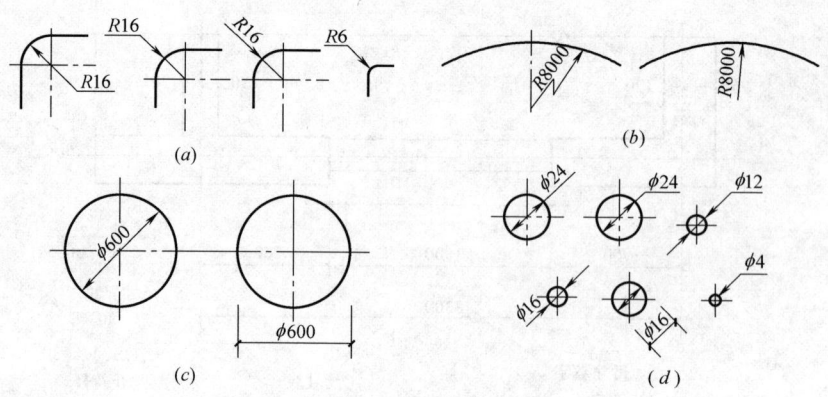

图 2-26 圆弧和圆直径的标注方式

4）角度、弧长、弦长的标注：

角度的尺寸线应以圆弧表示。该圆弧的圆心应是该角的顶点，角的两条边为尺寸界线。起止符号应以箭头表示，如没有足够位置画箭头，可用圆点代替，角度数字应沿尺寸线方向注写［图 2-27（a）］。

标注圆弧的弧长时，尺寸线应以与该圆弧同心的圆弧线表示，尺寸界线应垂直于该圆弧的弦，起止符号用箭头表示，弧长数字上方应加注圆弧符号"⌒"［图 2-27（b）］。

标注圆弧的弦长时，尺寸线应以平行于该弦的直线表示，尺寸界线应垂直于该弦，起止符号用中粗斜短线表示［图 2-27（c）］。

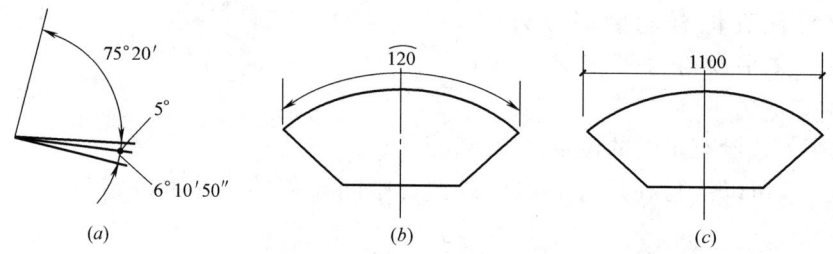

图 2-27 角度、弧长、弦长的标注

5）薄板厚度、正方形、坡度、非圆曲线等尺寸标注：

在薄板板面标注板厚尺寸时，应在厚度数字前加厚度符号"t"［图 2-28（a）］。

标注正方形的尺寸，可用"边长×边长"的形式，也可在边长数字前加正方形符号"□"［图 2-28（b）］。

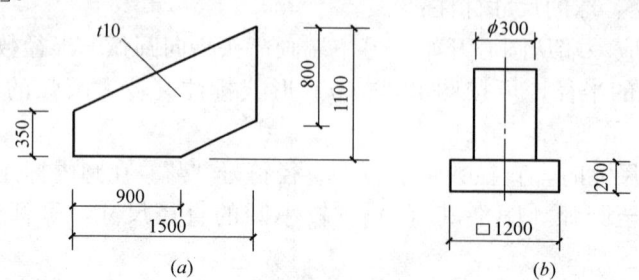

图 2-28 薄板厚度、正方形的标注
（a）薄板厚度标注方法；（b）标注正方形尺寸

标注坡度时，应加注坡度符号"⬅—"[图 2-29（a）、(b)]，该符号为单面箭头，箭头应指向下坡方向。坡度也可用直角三角形形式标注 [图 2-29（c）]。

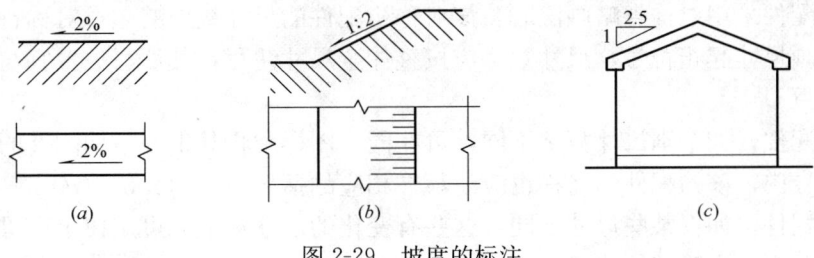

图 2-29 坡度的标注

外形为非圆曲线的构件，可用坐标形式标注尺寸 [图 2-30（a）]。复杂的图形，可用网格形式标注尺寸 [图 2-30（b）]。

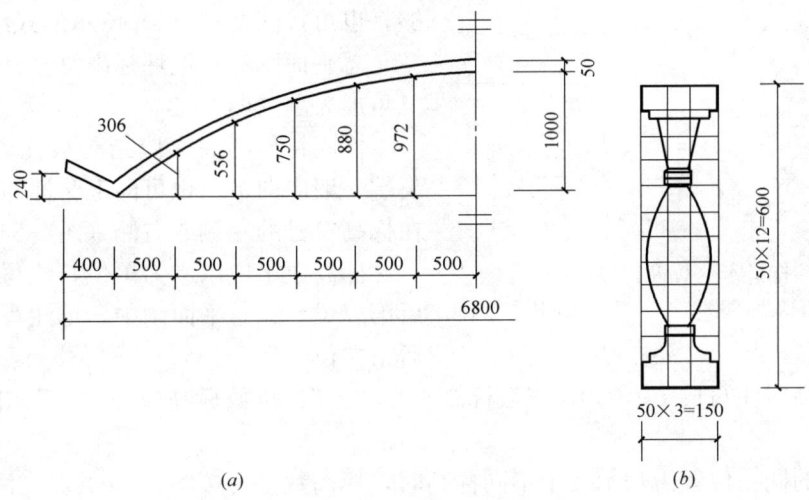

图 2-30 非圆曲线和复杂图形的标注

6）尺寸的简化标注：

杆件或管线的长度，在单线图（桁架简图、钢筋简图、管线简图）上，可直接将尺寸数字沿杆件或管线的一侧注写 [图 2-31（a）]。

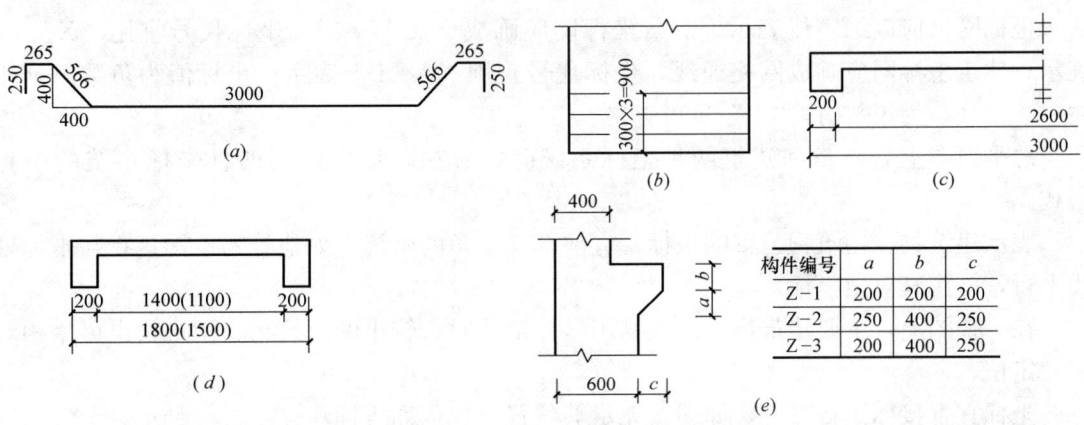

图 2-31 尺寸的简化标注

连续排列的等长尺寸，可用"等长尺寸×个数＝总长"的形式标注[图2-31（b）]。构配件内的构造因素（如孔、槽等）如相同，可仅标注其中一个要素的尺寸。

对称构配件采用对称省略画法时，该对称构配件的尺寸线应略超过对称符号，仅在尺寸线的一端画尺寸起止符号，尺寸数字应按整体全尺寸注写，其注写位置宜与对称符号对齐[图2-31（c）]。

两个构配件，如个别尺寸数字不同，可在同一图样中将其中一个构配件的不同尺寸数字注写在括号内，该构配件的名称也应注写在相应的括号内[图2-31（d）]。

数个构配件，如仅某些尺寸不同，这些有变化的尺寸数字，可用拉丁字母注写在同一图样中，另列表格写明其具体尺寸[图2-31（e）]。

7）标高：

标高符号应以直角等腰三角形表示，用细实线绘制[图2-32（a）]，如标注位置不够，也可按图2-32（b）所示形式绘制。

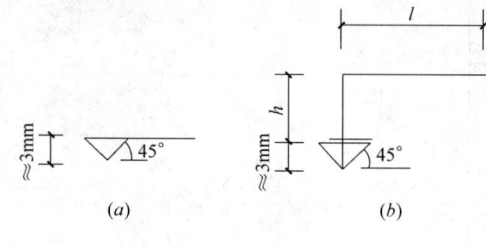

图2-32 标高符号

l—取适当长度注写标高数字；h—根据需要取适当高度

总平面图室外地坪标高符号，宜用涂黑的三角形表示（图2-33）。

标高符号的尖端应指至被注高度的位置。尖端一般应向下，也可向上。标高数字应注写在标高符号的左侧或右侧（图2-34）。

标高数字应以米为单位，注写到小数点以后第三位。在总平面图中，可注写到小数点以后第二位。

零点标高应注写成±0.000，正数标高不注"＋"，负数标高应注"－"，例如3.000、－0.600。

在图样的同一位置需表示几个不同标高时，标高数字可按图2-35的形式注写。

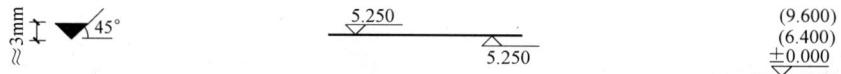

图2-33 总平面图室外地坪标高符号　　图2-34 标高的指向　　图2-35 同一位置注写多个标高数字

8）坐标标注

坐标网格应以细实线表示。测量坐标网应画成交叉十字线，坐标代号宜用"X、Y"表示；建筑坐标网应画成网格通线，坐标代号宜用"A、B"表示。坐标值为负数时，应注"－"号；为正数时，"＋"号可省略。

总平面图上有测量和建筑两种坐标系统时，应在附注中注明两种坐标系统的换算公式。

表示建筑物、构筑物位置的坐标，宜注其三个角的坐标，如建筑物、构筑物与坐标轴线平行，可注其对角坐标。

在一张图上，主要建筑物、构筑物用坐标定位时，较小的建筑物、构筑物也可用相对尺寸定位。

坐标宜直接标注在图上，如图面无足够位置，也可列表标注。

在一张图上，如坐标数字的位数太多时，可将前面相同的位数省略，其省略位数应在附注中加以说明。

(4) 建筑图尺寸标注

建筑图尺寸分为总尺寸、定位尺寸、细部尺寸三种。

1) 平面图及其详图注写完成面标高，立面图、剖面图及其详图注写完成面标高及高度方向的尺寸。平屋面等不易标明建筑标高的部位可标注结构标高，并予以说明。其余部分注写毛面尺寸及标高。

2) 标注建筑平面图各部位的定位尺寸时，注写与其最邻近的轴线间的尺寸；标注建筑剖面各部位的定位尺寸时，应注写其所在层次内的尺寸。

3) 室内设计图中连续重复的构配件等，当不易标明定位尺寸时，可在总尺寸的控制下，定位尺寸不用数值而用"均分"或"EQ"字样表示。

(5) 总图尺寸标注

1) 总图应按上北下南方向绘制。根据场地形状或布局，可向左或右偏转，但不宜超过45°。总图中应绘制指北针或风玫瑰图。

2) 建筑物、构筑物、铁路、道路、管线等应标注下列部位的坐标或定位尺寸：

① 建筑物、构筑物的定位轴线（或外墙面）或其交点。

② 圆形建筑物、构筑物的中心。

③ 皮带走廊的中线或其交点。

④ 铁路道岔的理论中心，铁路、道路的中线或转折点。

⑤ 管线（包括管沟、管架或管桥）的中线或其交点。

⑥ 挡土墙墙顶外边缘线或转折点。

3) 标高标注：

① 应以含有±0.000m标高的平面作为总图平面。

② 总图中标注的标高应为绝对标高，如标注相对标高，则应注明相对标高与绝对标高的换算关系。

③ 建筑物、构筑物、铁路、道路、管沟等应按以下规定标注有关部位的标高：

a. 建筑物室内地坪，标注建筑图中±0.000m处的标高，对不同高度的地坪，分别标注其标高。

b. 建筑物室外散水，标注建筑物四周转角或两对角的散水坡脚处的标高。

c. 构筑物标注其有代表性的标高，并用文字注明标高所指的位置。

d. 铁路标注轨顶标高。

e. 道路标注路面中心交点及变坡点的标高。

f. 挡土墙标注墙顶和墙趾标高，路堤、边坡标注坡顶和坡脚标高，排水沟标注沟顶和沟底标高。

g. 场地平整标注其控制位置标高，铺砌场地标注其铺砌面标高。

4) 名称和编号：

总图上的建筑物、构筑物应注写名称，名称宜直接标注在图上。当图样比例小或图面无足够位置时，也可将编号列表编注在图内。当图形过小时，可标注在图形外侧附近处。

总图上的铁路线路、铁路道岔、铁路及道路曲线转折点等，均应进行编号。

一个工程中，整套总图图纸所注写的场地、建筑物、构筑物、铁路、道路等的名称应统一，各设计阶段的上述名称和编号应一致。

三、常用图例

1. 常用建筑材料图例说明

（1）常用建筑材料图例画法。仅介绍常用建筑材料的图例画法，对其尺度比例不作具体规定。使用时，应根据图样大小而定，并应注意下列事项：

1）图例线应间隔均匀，疏密适度，做到图例正确，表示清楚。

2）不同品种的同类材料使用同一图例时（如某些特定部位的石膏板必须注明是防水石膏板时），应在图上附加必要的说明。

3）两个相同的图例相接时，图例线宜错开或使倾斜方向相反 [图2-36（a）]。

4）两个相邻的涂黑图例（如混凝土构件、金属件）间，应留有空隙。其宽度不得小于0.5mm [图2-36（b）]。

（2）下列情况可不加图例，但应加文字说明：

1）一张图纸内的图样只用一种图例时。

2）图形较小无法画出建筑材料图例时。

（3）需画出的建筑材料图例面积过大时，可在断面轮廓线内，沿轮廓线作局部表示（图2-37）。

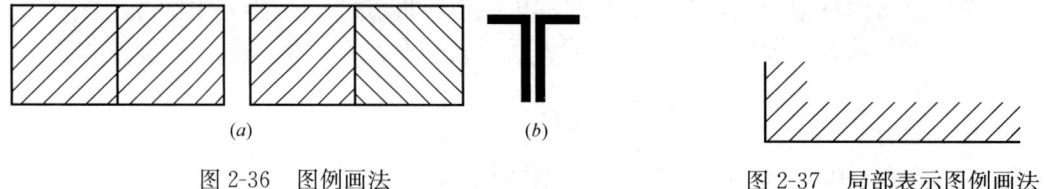

图 2-36　图例画法　　　　　　　　图 2-37　局部表示图例画法

（4）常用建筑材料图例中未包括的建筑材料，可自编图例，但不得与常用建筑材料图例重复。绘制时，应在适当位置画出该材料图例，并加以说明（表2-5）。

常用建筑材料图例　　　　　　表 2-5

序号	名　称	图　例	备　注
1	自然土壤		包括各种自然土壤
2	夯实土壤		—
3	砂、灰土		—
4	砂砾石、碎砖三合土		—
5	石材		—
6	毛石		—
7	普通砖		包括实心砖、多孔砖、砌块等砌体。断面较窄不易绘出图例线时，可涂红，并在图纸备注中加注说明，画出该材料图例

续表

序号	名 称	图 例	备 注
8	耐火砖		包括耐酸砖等砌体
9	空心砖		指非承重砖砌体
10	饰面砖		包括铺地砖、马赛克、陶瓷锦砖、人造大理石等
11	焦渣、矿渣	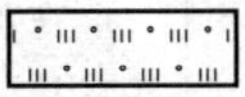	包括与水泥、石灰等混合而成的材料
12	混凝土	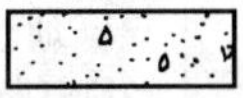	1. 本图例指能承重的混凝土及钢筋混凝土 2. 包括各种强度等级、骨料、添加剂的混凝土 3. 在剖面图上画出钢筋时,不画图例线 4. 断面图形小,不易画出图例线时,可涂黑
13	钢筋混凝土		
14	多孔材料		包括水泥珍珠岩、沥青珍珠岩、泡沫混凝土、非承重加气混凝土、软木、蛭石制品等
15	纤维材料	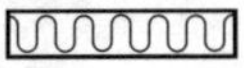	包括矿棉、岩棉、玻璃棉、麻丝、木丝板、纤维板等
16	泡沫塑料材料	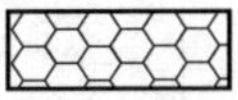	包括聚苯乙烯、聚乙烯、聚氨酯等多孔聚合物类材料
17	木材	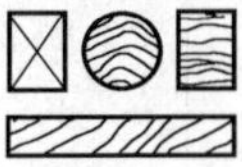	1. 上图为横断面,左上图为垫木、木砖或木龙骨 2. 下图为纵断面
18	胶合板	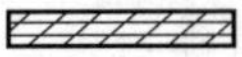	应注明为×层胶合板
19	石膏板	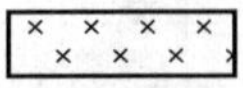	包括圆孔、方孔石膏板、防水石膏板、硅钙板、防火板等
20	金属		1. 包括各种金属 2. 图形小时,可涂黑
21	网状材料		1. 包括金属、塑料网状材料 2. 应注明具体材料名称
22	液体	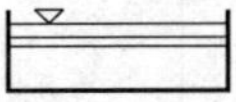	应注明具体液体名称
23	玻璃		包括平板玻璃、磨砂玻璃、夹丝玻璃、钢化玻璃、中空玻璃、夹层玻璃、镀膜玻璃等
24	橡胶		—
25	塑料		包括各种软、硬塑料及有机玻璃等
26	防水材料	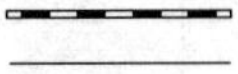	构造层次多或比例大时,采用上图例
27	粉刷		本图例采用较稀的点

注:序号1、2、5、7、8、13、14、16、17、18图例中的斜线、短斜线、交叉斜线等均为45°。

2. 常用建筑构造、配件图例及说明（见表 2-6）

常用建筑构造、配件图例　　　　表 2-6

序号	名　称	图　例	备　　注
1	墙体	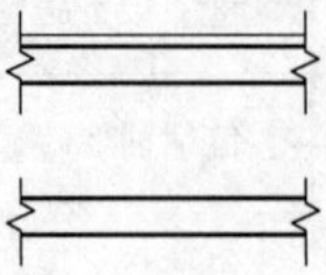	1. 上图为外墙，下图为内墙 2. 外墙细线表示有保温层或有幕墙 3. 应加注文字或涂色或图案填充表示各种材料的墙体 4. 在各层平面图中防火墙宜着重以特殊图案填充表示
2	隔断	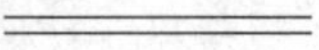	1. 加注文字或涂色或图案填充表示各种材料的轻质隔断 2. 适用于到顶与不到顶隔断
3	玻璃幕墙		幕墙龙骨是否表示由项目设计决定
4	栏杆		—
5	楼梯	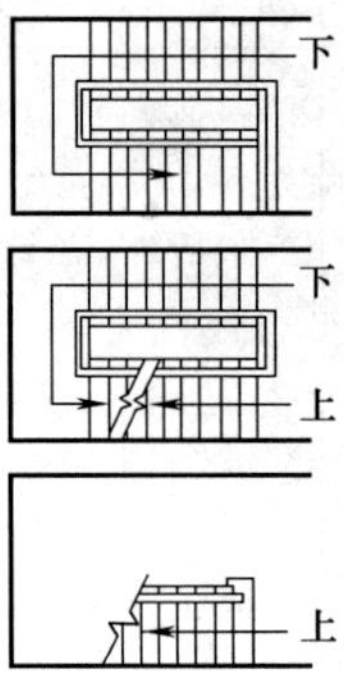	1. 上图为顶层楼梯平面，中图为中间层楼梯平面，下图为底层楼梯平面 2. 需设置靠墙扶手或中间扶手时，应在图中表示
6	坡道		长坡道 上图为两侧垂直的门口坡道，中图为有挡墙的门口坡道，下图为两侧找坡的门口坡道
7	台阶	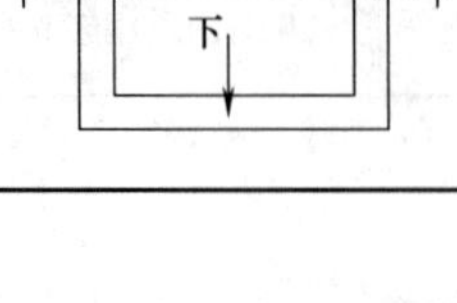	—

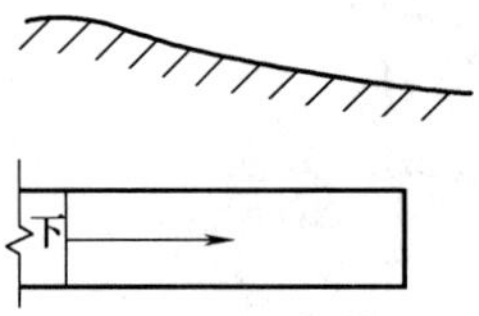

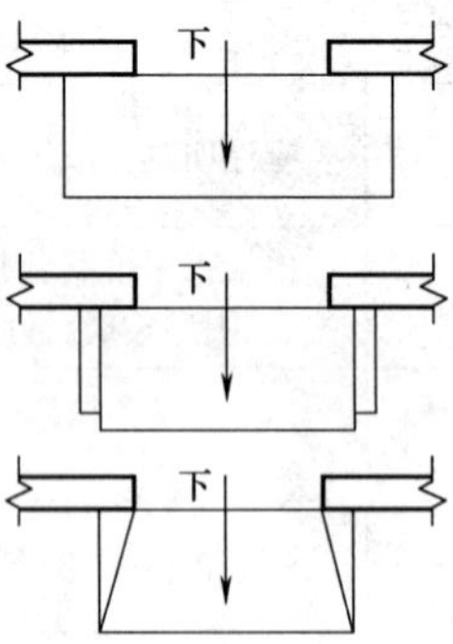

续表

序号	名　称	图　例	备　注
8	平面高差	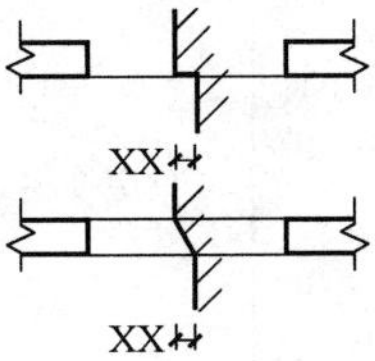	用于高差小的地面或楼面交接处,并应与门的开启方向协调
9	检查口		左图为可见检查口,右图为不可见检查口
10	孔洞		阴影部分亦可填充灰度或涂色代替
11	坑槽		—
12	墙预留洞、槽	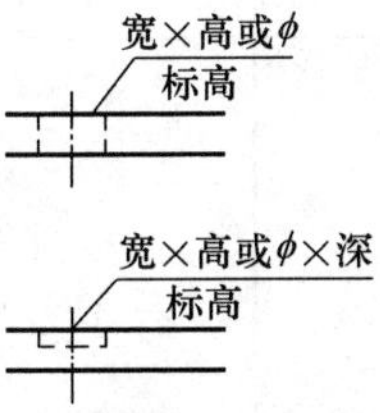	1. 上图为预留洞,下图为预留槽 2. 平面以洞(槽)中心定位 3. 标高以洞(槽)底或中心定位 4. 宜以涂色区别墙体和预留洞(槽)
13	地沟	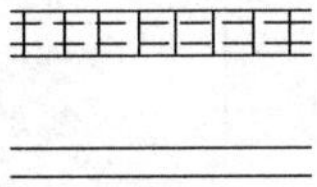	上图为有盖板地沟,下图为无盖板明沟
14	烟道	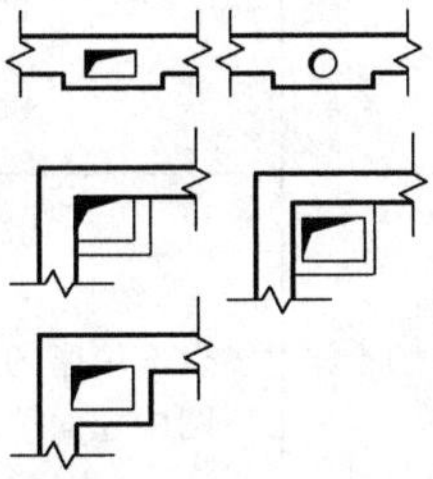	1. 阴影部分亦可填充灰度或涂色代替 2. 烟道、风道与墙体为相同材料,其相接处墙身线应连通 3. 烟道、风道根据需要增加不同材料的内衬
15	风道	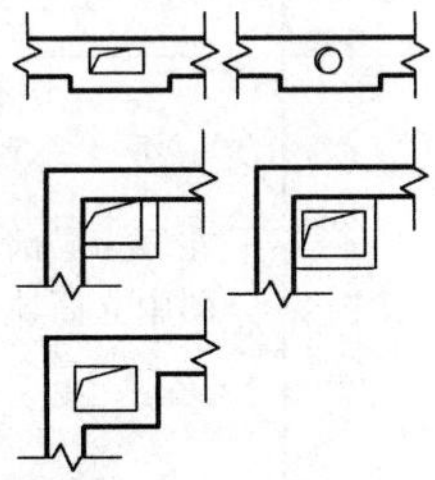	
16	新建的墙和窗	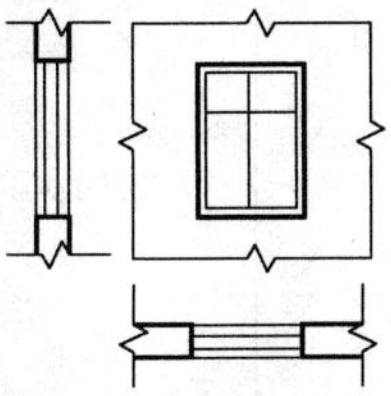	—

续表

序号	名称	图例	备注
17	改建时保留的墙和窗	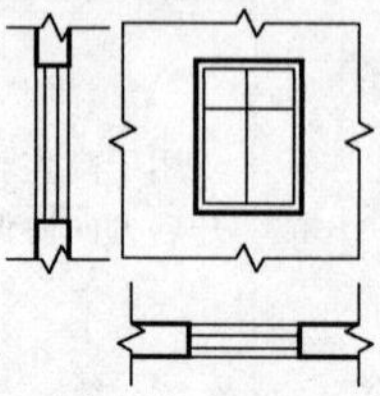	只更换窗,应加粗窗的轮廓线
18	拆除的墙	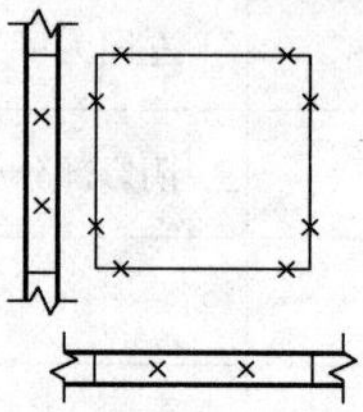	—
19	改建时在原有墙或楼板新开的洞	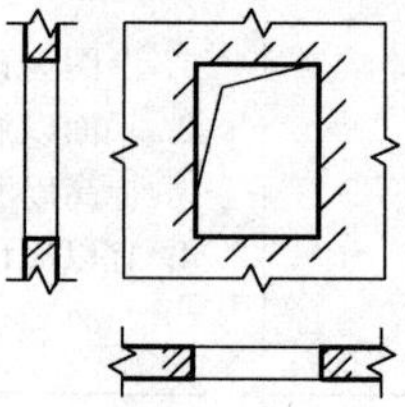	—
20	在原有墙或楼板洞旁扩大的洞	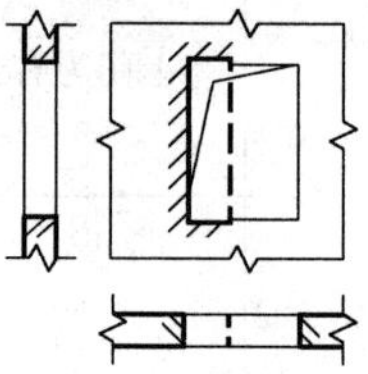	图示为洞口向左边扩大
21	在原有墙或楼板上全部填塞的洞	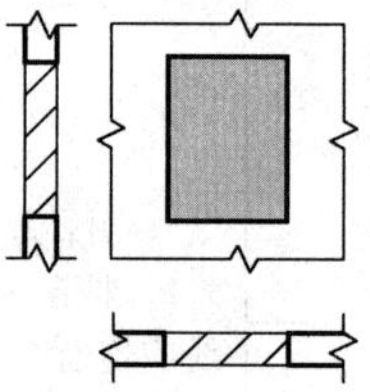	全部填塞的洞 图中立面填充灰度或涂色
22	在原有墙或楼板上局部填塞的洞	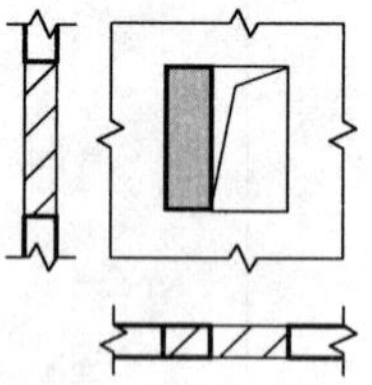	左侧为局部填塞的洞 图中立面填充灰度或涂色
23	空门洞	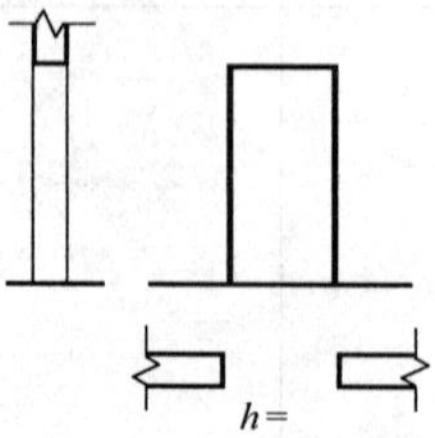	h 为门洞高度

续表

序号	名 称	图 例	备 注
24	单面开启单扇门(包括平开或单面弹簧)	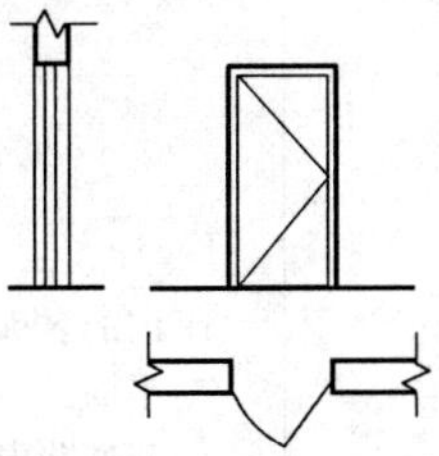	
	双面开启单扇门（包括双面平开或双面弹簧）	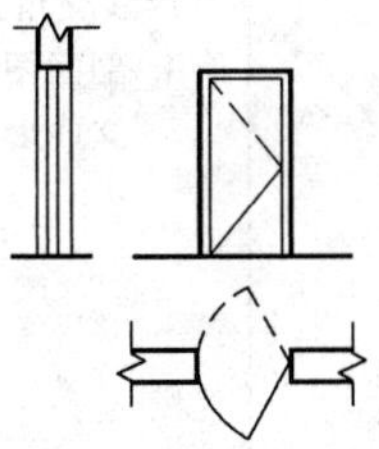	1. 门的名称代号用 M 表示 2. 平面图中，下为外，上为内 门开启线为 90°、60°或 45°，开启弧线宜绘出 3. 立面图中，开启线实线为外开，虚线为内开。开启线交角的一侧为安装合页一侧。开启线在建筑立面图中可不表示，在立面大样图中可根据需要绘出 4. 剖面图中，左为外，右为内 5. 附加纱扇应以文字说明，在平、立、剖面图中均不表示 6. 立面形式应按实际情况绘制
	双层单扇平开门	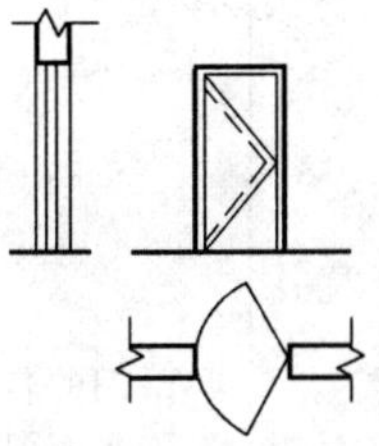	
25	单面开启双扇门(包括平开或单面弹簧)	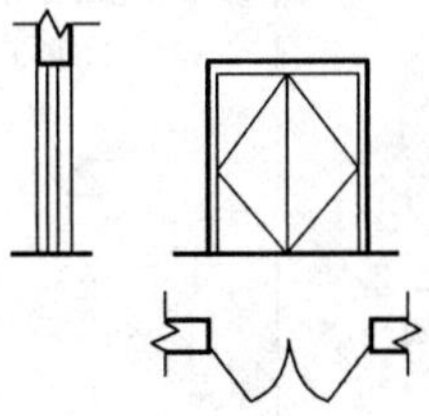	
	双面开启双扇门（包括双面平开或双面弹簧）	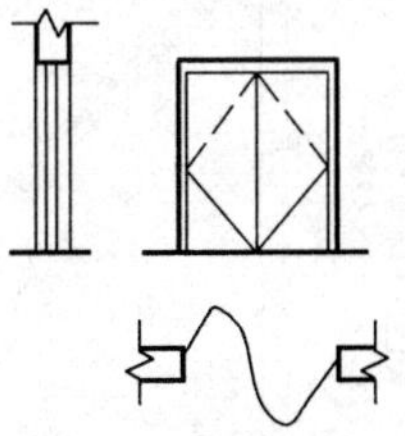	
	双层双扇平开门	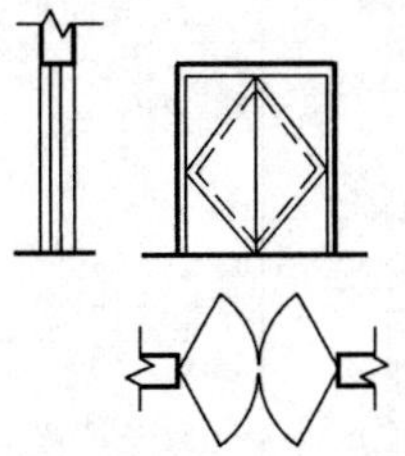	

29

续表

序号	名 称	图 例	备 注
26	折叠门	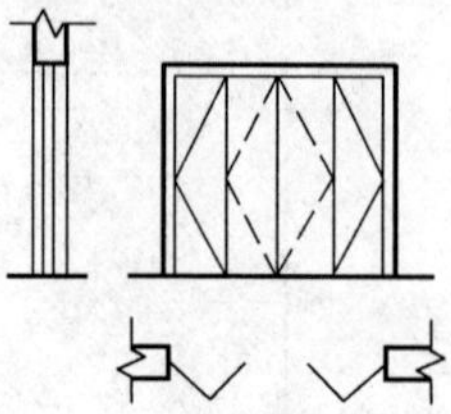	1. 门的名称代号用 M 表示 2. 平面图中,下为外,上为内 3. 立面图中,开启线实线为外开,虚线为内开。开启线交角的一侧为安装合页一侧 4. 剖面图中,左为外,右为内 5. 立面形式应按实际情况绘制
	推拉折叠门	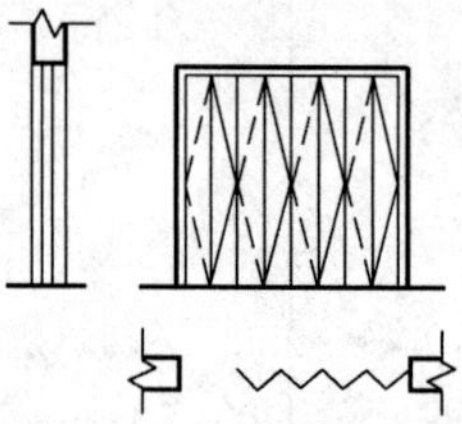	
27	墙洞外单扇推拉门	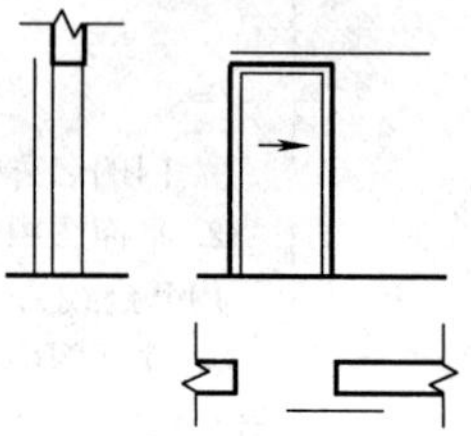	1. 门的名称代号用 M 表示 2. 平面图中,下为外,上为内 3. 剖面图中,左为外,右为内 4. 立面形式应按实际情况绘制
	墙洞外双扇推拉门	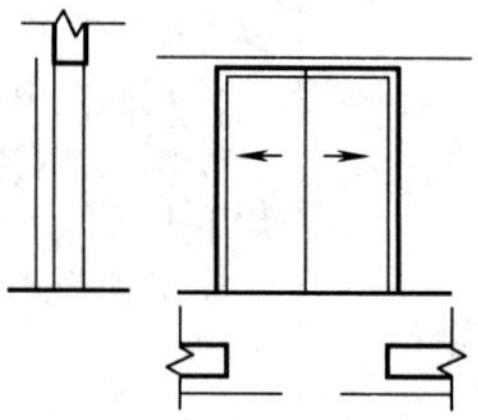	
	墙中单扇推拉门	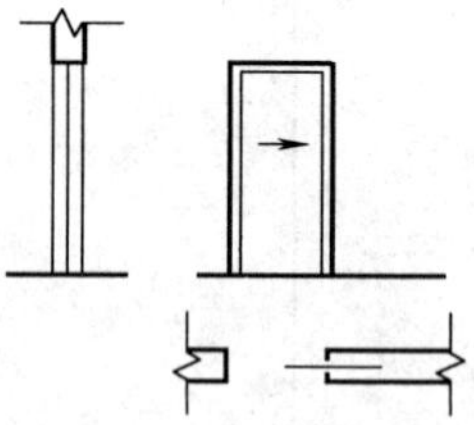	1. 门的名称代号用 M 表示 2. 立面形式应按实际情况绘制
	墙中双扇推拉门	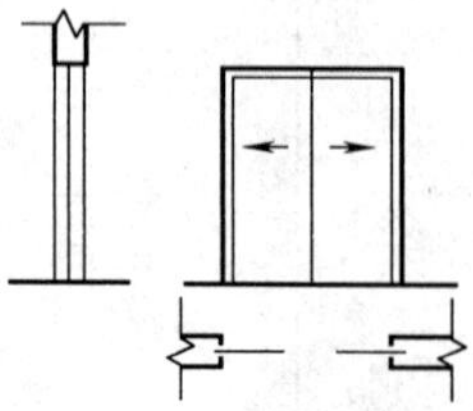	

续表

序号	名　称	图　例	备　注
28	推杠门	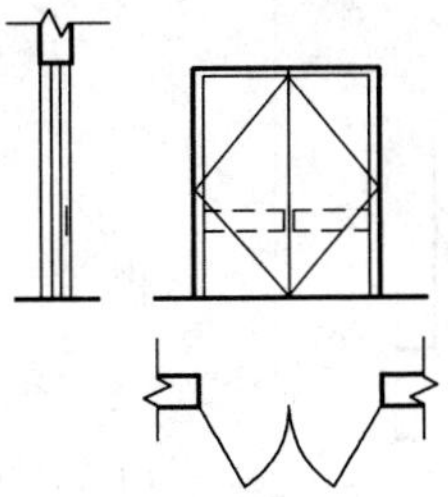	1. 门的名称代号用 M 表示 2. 平面图中，下为外，上为内 门开启线为 90°、60°或 45° 3. 立面图中，开启线实线为外开，虚线为内开。开启线交角的一侧为安装合页一侧。开启线在建筑立面图中可不表示，在室内设计门窗立面大样图中需绘出 4. 剖面图中，左为外，右为内 5. 立面形式应按实际情况绘制
29	门连窗	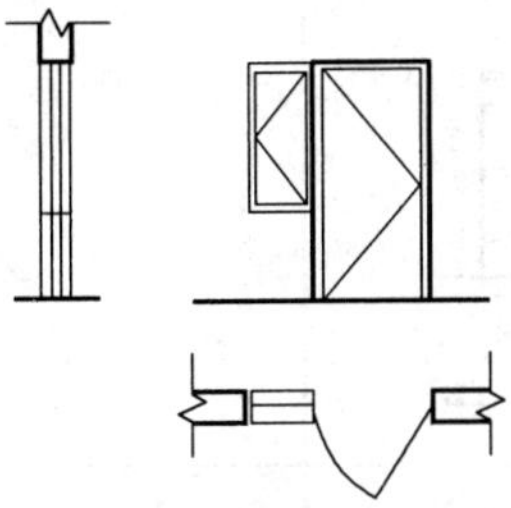	
30	旋转门	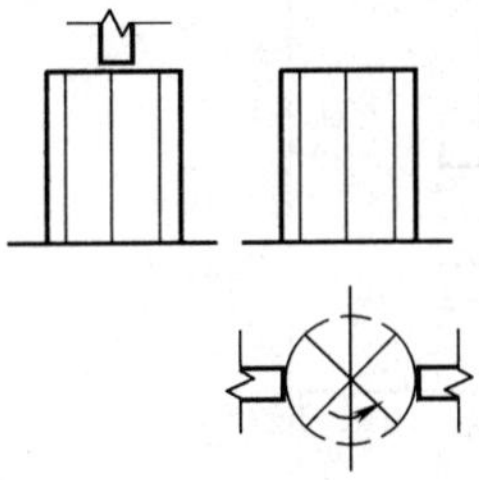	1. 门的名称代号用 M 表示 2. 立面形式应按实际情况绘制
30	两翼智能旋转门	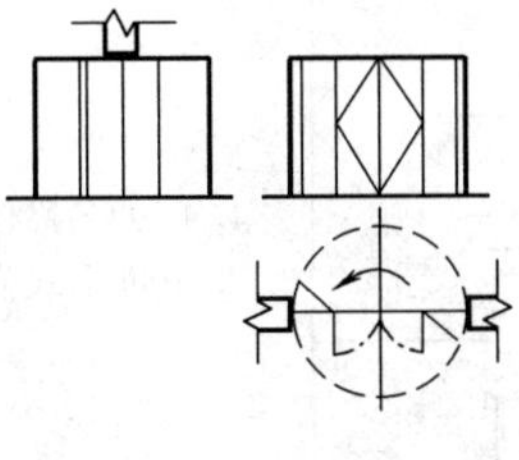	
31	自动门	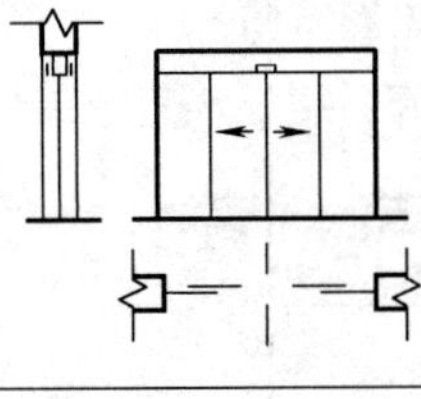	
32	折叠上翻门	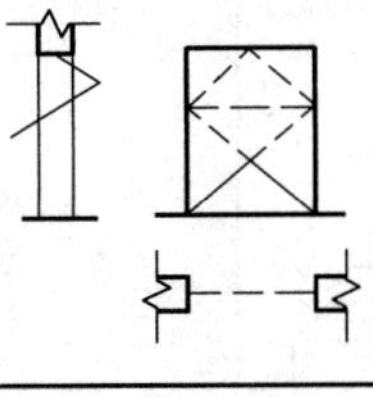	1. 门的名称代号用 M 表示 2. 平面图中，下为外，上为内 3. 剖面图中，左为外，右为内 4. 立面形式应按实际情况绘制

31

续表

序号	名　称	图　例	备　注
33	提升门	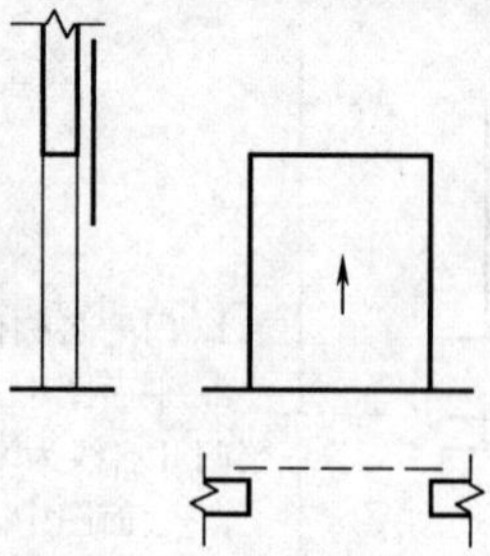	1. 门的名称代号用 M 表示 2. 立面形式应按实际情况绘制
34	分节提升门	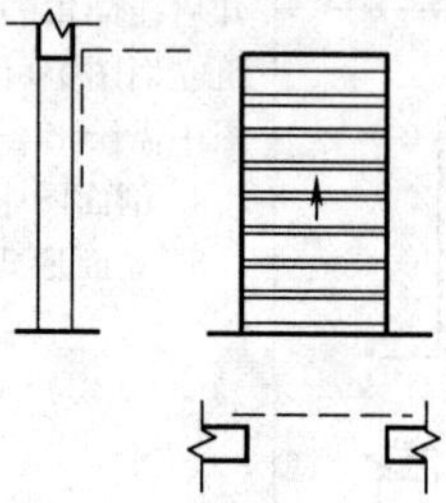	
35	人防单扇防护密闭门	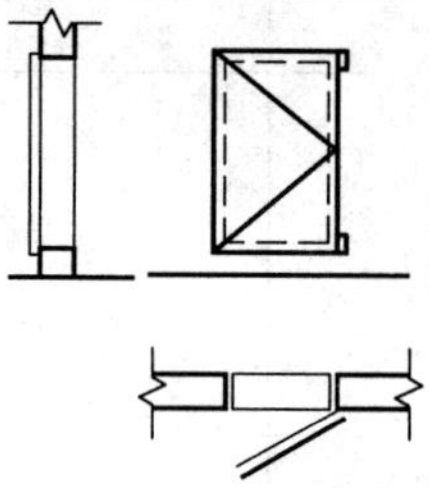	1. 门的名称代号按人防要求表示 2. 立面形式应按实际情况绘制
35	人防单扇密闭门	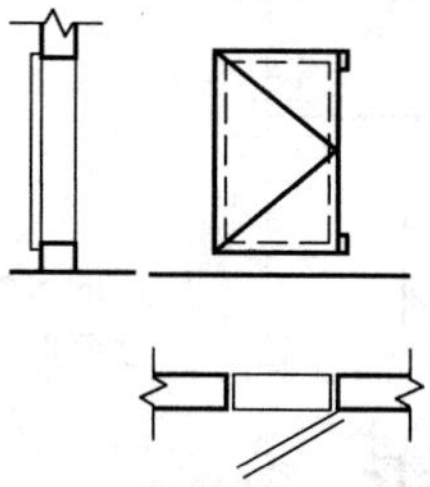	
36	人防双扇防护密闭门	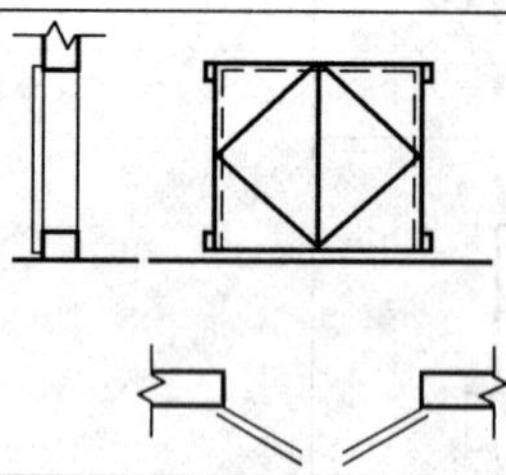	
36	人防双扇密闭门	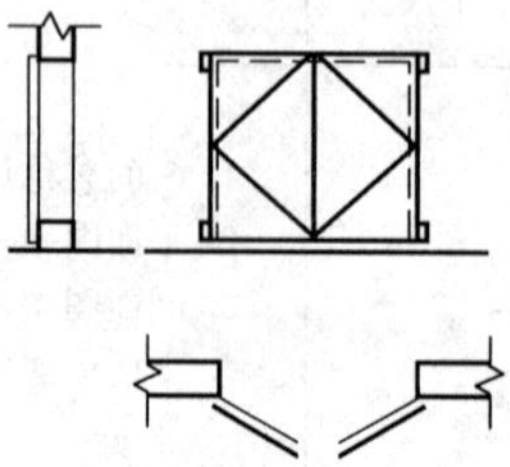	

续表

序号	名 称	图 例	备 注
37	横向卷帘门	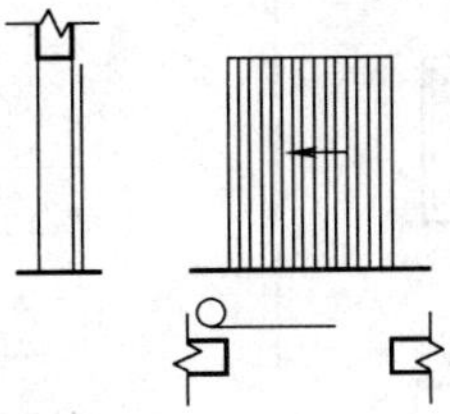	
	竖向卷帘门	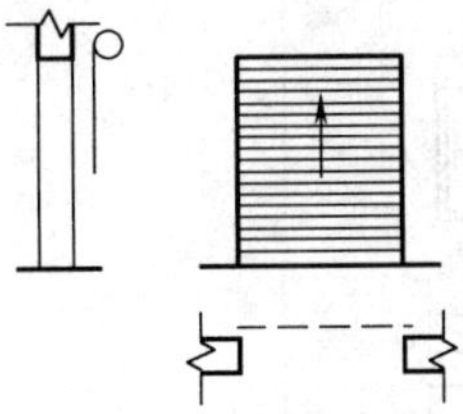	
	单侧双层卷帘门	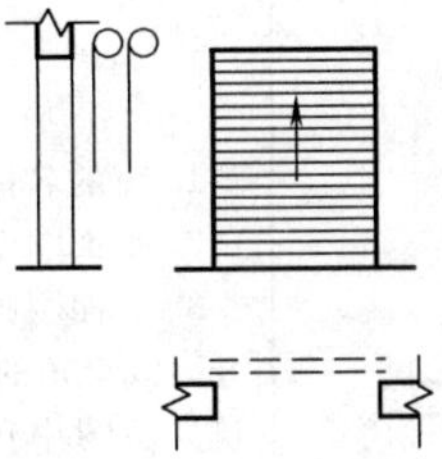	
	双侧单层卷帘门	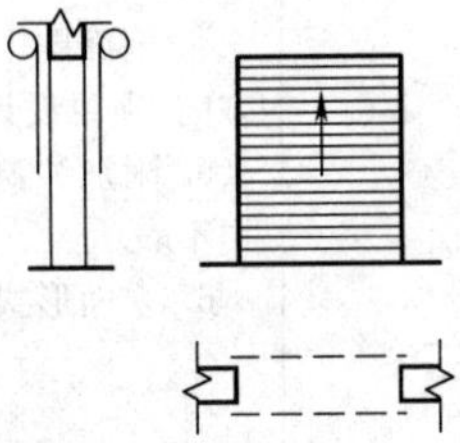	
38	固定窗	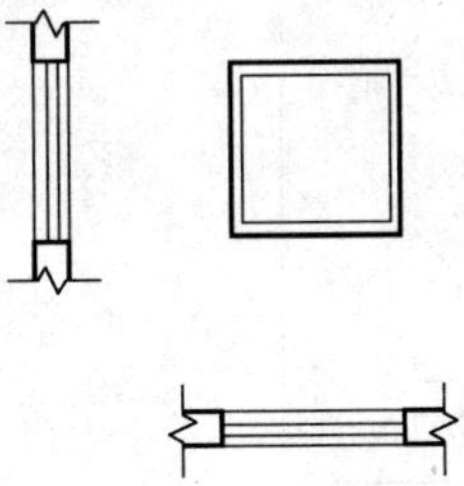	1. 窗的名称代号用C表示 2. 平面图中,下为外,上为内 3. 立面图中,开启线实线为外开,虚线为内开。开启线交角的一侧为安装合页一侧。开启线在建筑立面图中可不表示,在门窗立面大样图中需绘出 4. 剖面图中,左为外、右为内。虚线仅表示开启方向,项目设计不表示 5. 附加纱窗应以文字说明,在平、立、剖面图中均不表示 6. 立面形式应按实际情况绘制
39	上悬窗	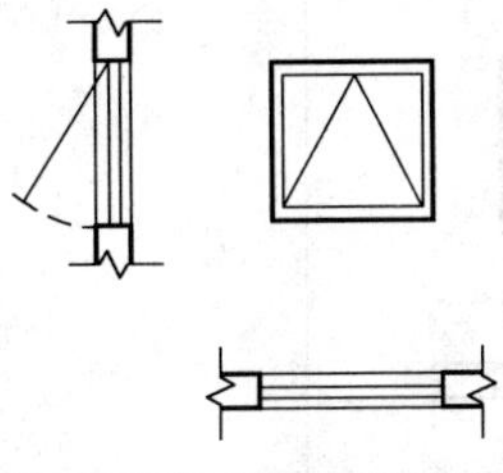	

33

续表

序号	名 称	图 例	备 注
40	中悬窗	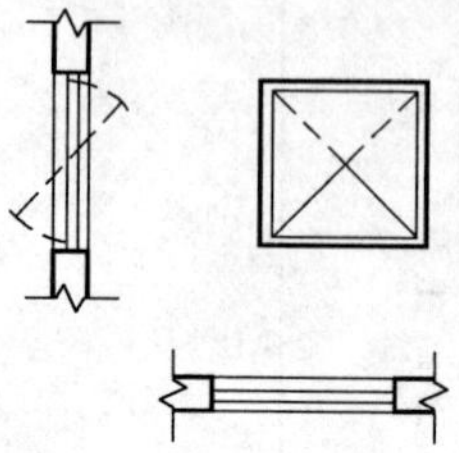	
41	下悬窗	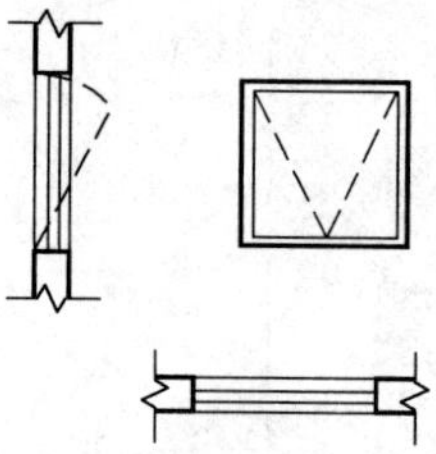	
42	立转窗	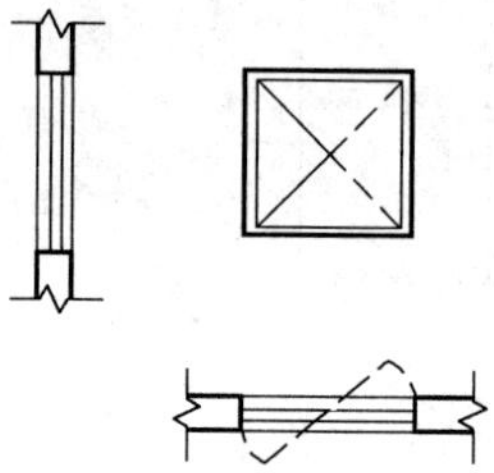	1. 窗的名称代号用 C 表示 2. 平面图中，下为外，上为内 3. 立面图中，开启线实线为外开，虚线为内开。开启线交角的一侧为安装合页一侧。开启线在建筑立面图中可不表示，在门窗立面大样图中需绘出 4. 剖面图中，左为外、右为内。虚线仅表示开启方向，项目设计不表示 5. 附加纱窗应以文字说明，在平、立、剖面图中均不表示 6. 立面形式应按实际情况绘制
43	内开平开内倾窗	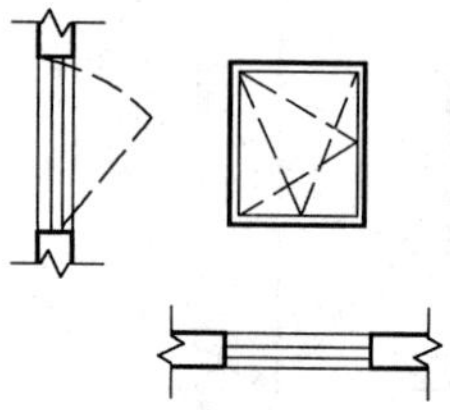	
44	单层外开平开窗	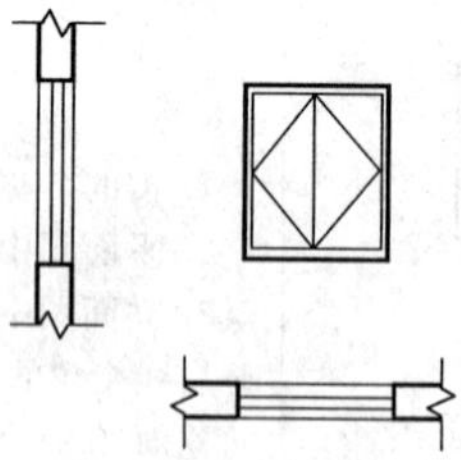	
44	单层内开平开窗	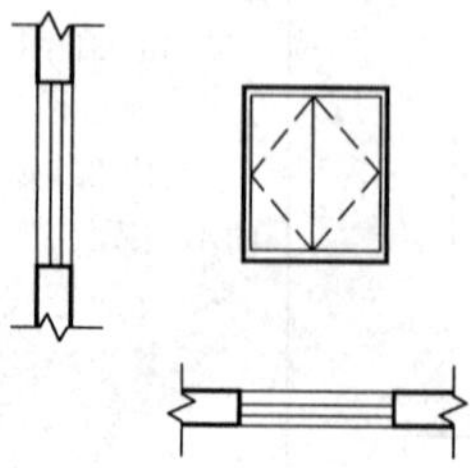	

续表

序号	名 称	图 例	备 注
44	双层内外开平开窗	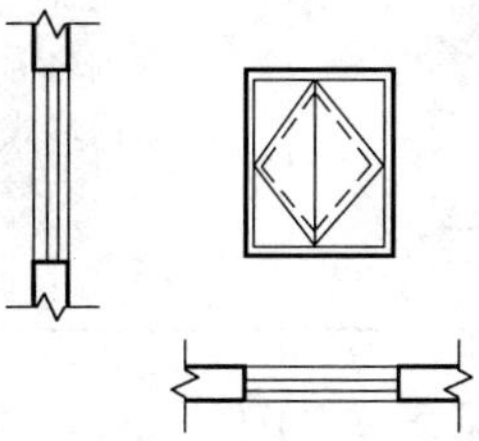	1. 窗的名称代号用C表示 2. 平面图中,下为外,上为内 3. 立面图中,开启线实线为外开,虚线为内开。开启线交角的一侧为安装合页一侧。开启线在建筑立面图中可不表示,在门窗立面大样图中需绘出 4. 剖面图中,左为外、右为内。虚线仅表示开启方向,项目设计不表示 5. 附加纱窗应以文字说明,在平、立、剖面图中均不表示 6. 立面形式应按实际情况绘制
45	单层推拉窗	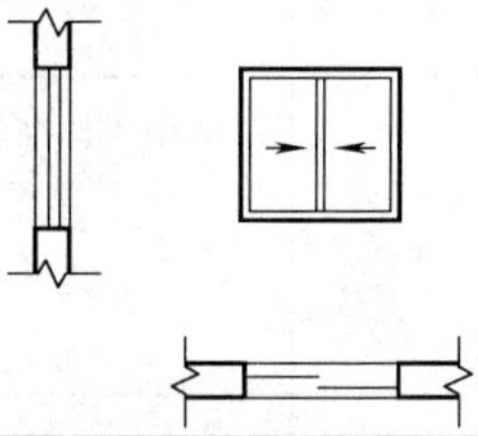	1. 窗的名称代号用C表示 2. 立面形式应按实际情况绘制
45	双层推拉窗	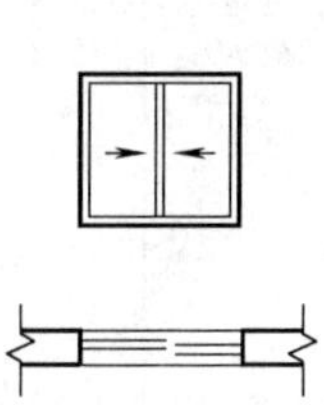	
46	上推窗	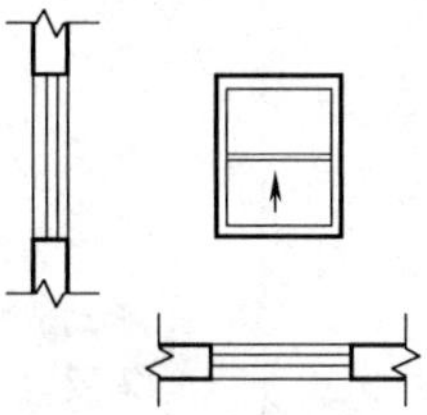	
47	百叶窗	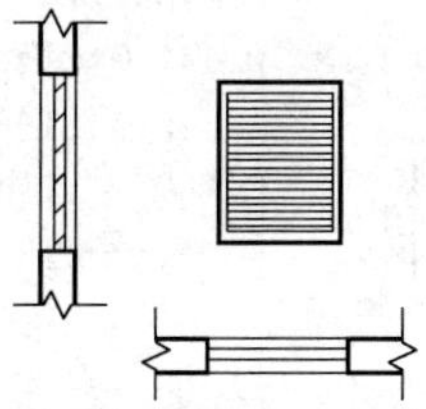	
48	高窗	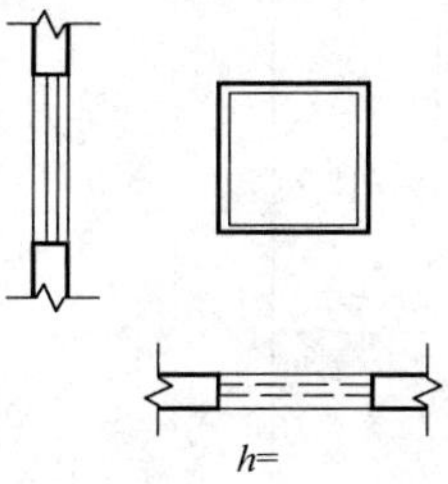	1. 窗的名称代号用C表示 2. 立面图中,开启线实线为外开,虚线为内开。开启线交角的一侧为安装合页一侧。开启线在建筑立面图中可不表示,在门窗立面大样图中需绘出 3. 剖面图中,左为外、右为内 4. 立面形式应按实际情况绘制 5. h 表示高窗底距本层地面高度 6. 高窗开启方式参考其他窗型

续表

序号	名称	图例	备注
49	平推窗	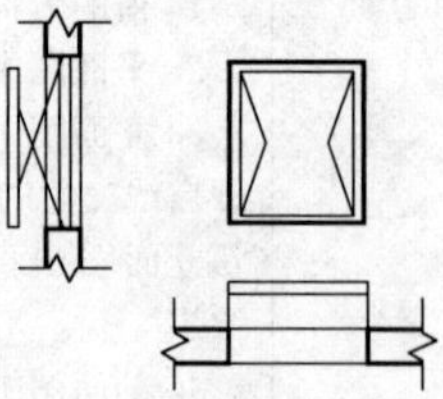	1. 窗的名称代号用 C 表示 2. 立面形式应按实际情况绘制

3. 水平、垂直运输装置图例及说明（见表 2-7）

水平及垂直运输装置图例 表 2-7

序号	名称	图例	备注
1	铁路	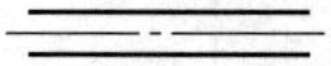	适用于标准轨及窄轨铁路，使用时应注明轨距
2	起重机轨道		—
3	手、电动葫芦	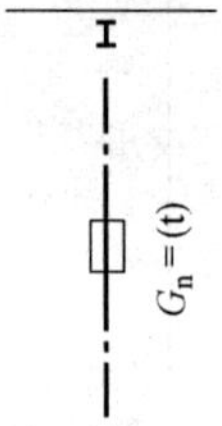 $G_n=(t)$	
4	梁式悬挂起重机	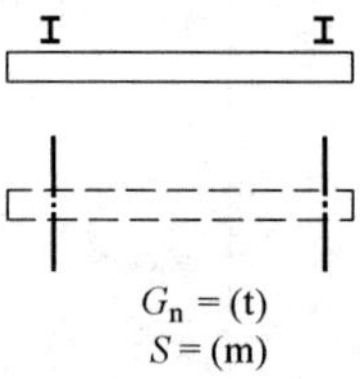 $G_n=(t)$ $S=(m)$	1. 上图表示立面（或剖切面），下图表示平面 2. 手动或电动由设计注明 3. 需要时，可注明起重机的名称、行驶的范围及工作级别 4. 有无操纵室，应按实际情况绘制 5. 本图例的符号说明： G_n——起重机起重量，以吨（t）计算 S——起重机的跨度或臂长，以米（m）计算
5	多支点悬挂起重机	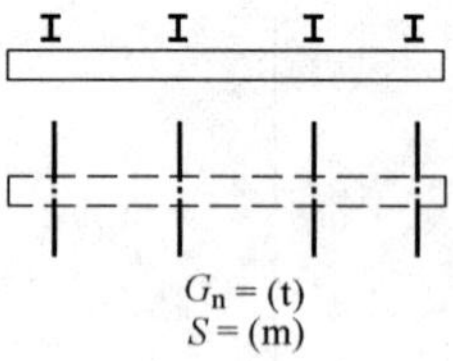 $G_n=(t)$ $S=(m)$	
6	梁式起重机	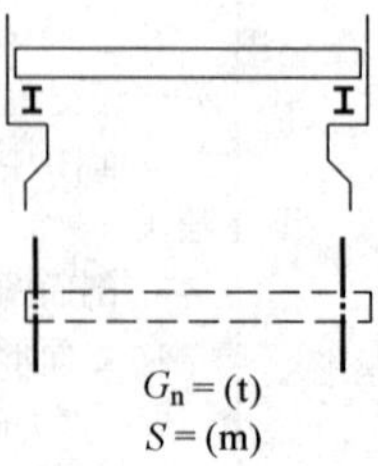 $G_n=(t)$ $S=(m)$	

续表

序号	名称	图例	备注
7	桥式起重机	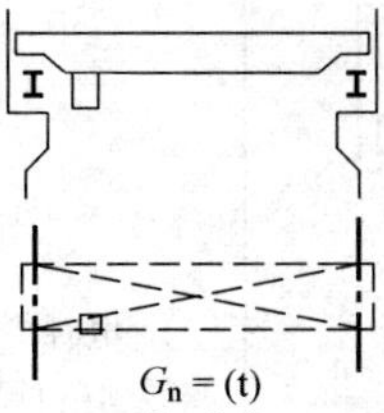 $G_n = (t)$ $S = (m)$	1. 上图表示立面(或剖切面),下图表示平面 2. 有无操纵室,应按实际情况绘制 3. 需要时,可注明起重机的名称、行驶的范围及工作级别 4. 本图例的符号说明: G_n——起重机起重量,以吨(t)计算 S——起重机的跨度或臂长,以米(m)计算
8	龙门式起重机	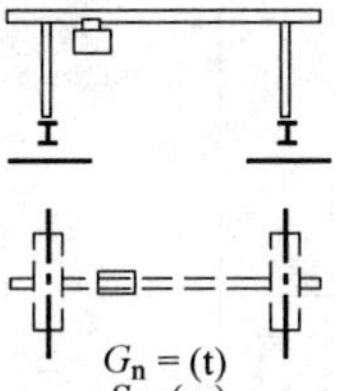 $G_n = (t)$ $S = (m)$	
9	壁柱式起重机	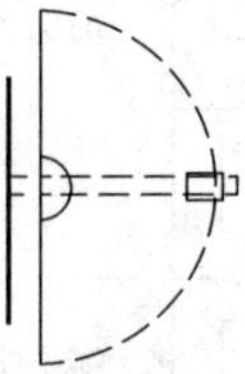 $G_n = (t)$ $S = (m)$	
10	壁行起重机	$G_n = (t)$ $S = (m)$	1. 上图表示立面(或剖切面),下图表示平面 2. 需要时,可注明起重机的名称、行驶的范围及工作级别 3. 本图例的符号说明: G_n——起重机起重量,以吨(t)计算 S——起重机的跨度或臂长,以米(m)计算
11	定柱式起重机	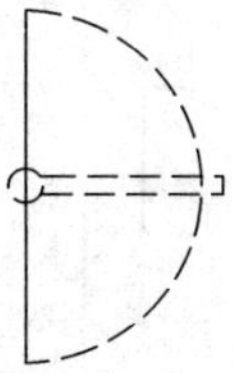 $G_n = (t)$ $S = (m)$	
12	传送带	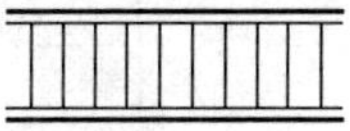	传送带的形式多种多样,项目设计图均按实际情况绘制,本图例仅为代表

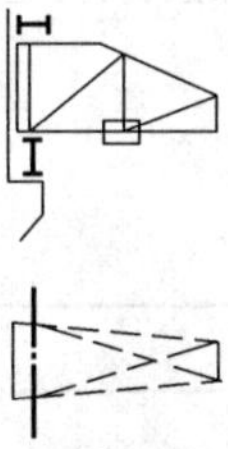

续表

序号	名称	图例	备注
13	电梯	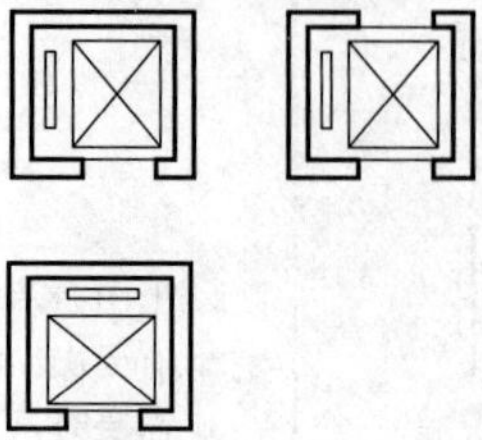	1. 电梯应注明类型,并按实际绘出门和平衡锤或导轨的位置 2. 其他类型电梯应参照本图例按实际情况绘制
14	杂物梯、食梯	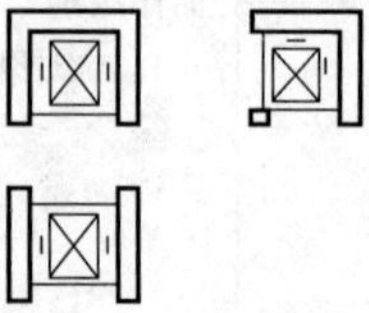	
15	自动扶梯	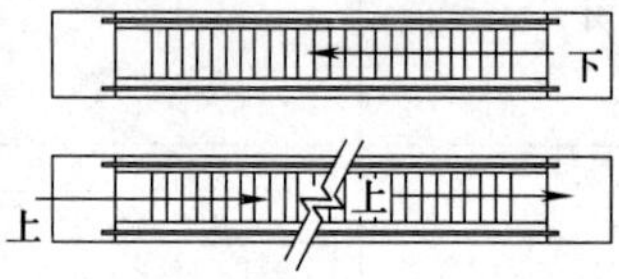	箭头方向为设计运行方向
16	自动人行道	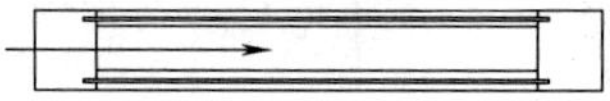	
17	自动人行坡道		箭头方向为设计运行方向

电动葫芦、梁式悬挂起重机、壁行起重机、悬臂起重机等其他垂直水平运输图例请参阅《建筑制图标准》GB/T 50104—2010。

4. 建筑总平面图例及说明（见表2-8）

总平面图例　　　　　　　　　表2-8

序号	名称	图例	备注
1	新建建筑物	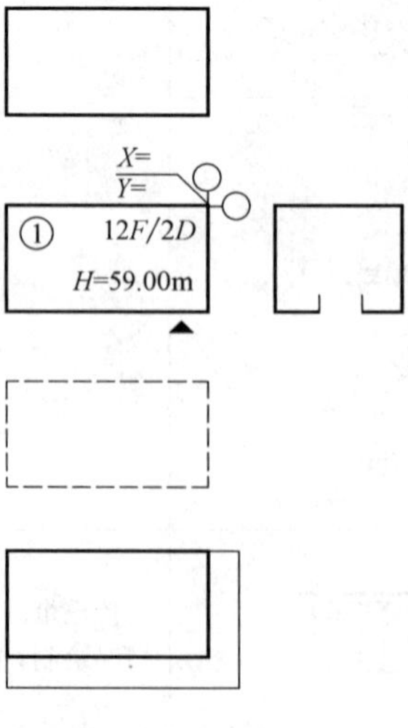 X=/Y= ① 12F/2D H=59.00m	新建建筑物以粗实线表示与室外地坪相接处±0.00外墙定位轮廓线 建筑物一般以±0.00高度处的外墙定位轴线交叉点坐标定位。轴线用细实线表示,并标明轴线号 根据不同设计阶段标注建筑编号,地上、地下层数,建筑高度,建筑出入口位置（两种表示方法均可,但同一图纸采用一种表示方法） 地下建筑物以粗虚线表示其轮廓 建筑上部（±0.00以上）外挑建筑用细实线表示 建筑物上部连廊用细虚线表示并标注位置

续表

序号	名 称	图 例	备 注
2	原有建筑物	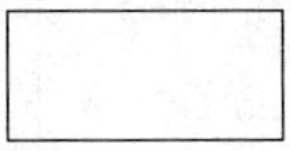	用细实线表示
3	计划扩建的预留地或建筑物		用中粗虚线表示
4	拆除的建筑物	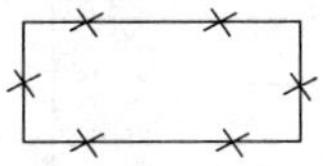	用细实线表示
5	建筑物下面的通道	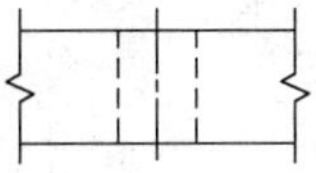	—
6	散状材料露天堆场	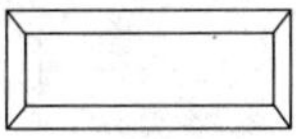	需要时可注明材料名称
7	其他材料露天堆场或露天作业场	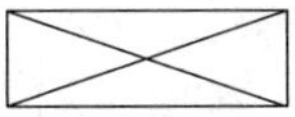	需要时可注明材料名称
8	铺砌场地	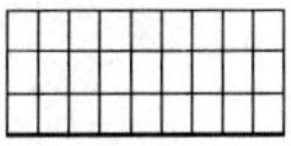	
9	敞棚或敞廊	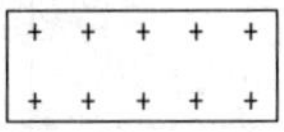	—
10	高架式料仓	 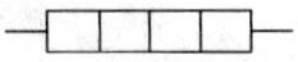	—
11	漏斗式贮仓		左、右图为底卸式 中图为侧卸式
12	冷却塔(池)	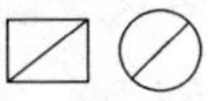	应注明冷却塔或冷却池
13	水塔、贮罐	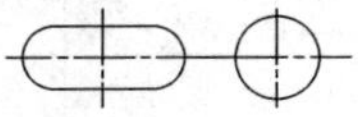	左图为卧式贮罐 右图为水塔或立式贮罐
14	水池、坑槽		也可以不涂黑
15	明溜矿槽(井)	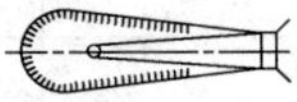	—
16	斜井或平硐	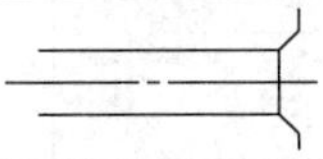	—
17	烟囱		实线为烟囱下部直径,虚线为基础,必要时可注写烟囱高度和上、下口直径

39

续表

序号	名　称	图　例	备　注
18	围墙及大门	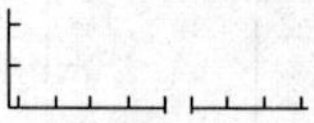	—
19	挡土墙	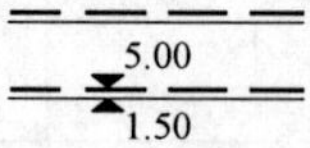 5.00 / 1.50	挡土墙根据不同设计阶段的需要标注 墙顶标高 墙底标高
20	挡土墙上设围墙		—
21	台阶及无障碍坡道	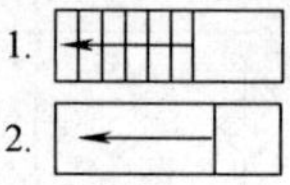 1. 2.	1. 表示台阶(级数仅为示意) 2. 表示无障碍坡道
22	露天桥式起重机	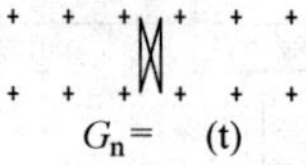 $G_n=$ (t)	起重机起重量 G_n，以吨计算 "+"为柱子位置
23	露天电动葫芦	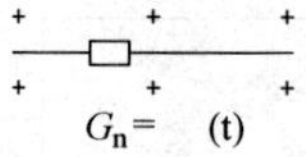 $G_n=$ (t)	起重机起重量 G_n，以吨计算 "+"为支架位置
24	门式起重机	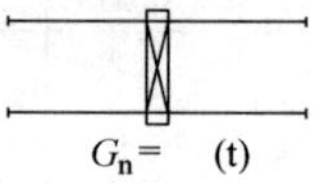 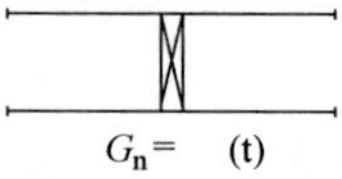 $G_n=$ (t) $G_n=$ (t)	起重机起重量 G_n，以吨计算 上图表示有外伸臂 下图表示无外伸臂
25	架空索道		"I"为支架位置
26	斜坡卷扬机道	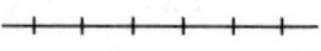	—
27	斜坡栈桥(皮带廊等)	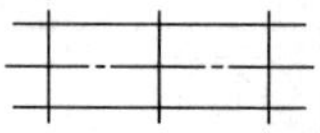	细实线表示支架中心线位置
28	坐标	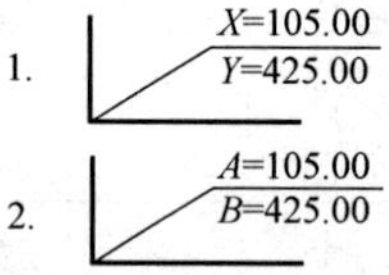 1. $X=105.00$ $Y=425.00$ 2. $A=105.00$ $B=425.00$	1. 表示地形测量坐标系 2. 表示自设坐标系 坐标数字平行于建筑标注
29	方格网交叉点标高	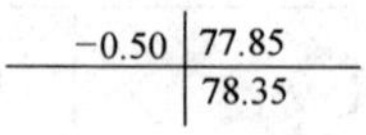 -0.50 ｜ 77.85 / 78.35	"78.35"为原地面标高 "77.85"为设计标高 "—0.50"为施工高度 "—"表示挖方("+"表示填方)
30	填方区、挖方区、未整平区及零线	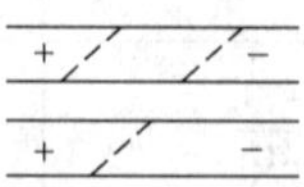 + / — + / —	"+"表示填方区 "—"表示挖方区 中间为未整平区 点划线为零点线
31	填挖边坡	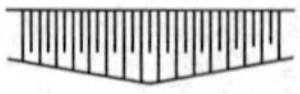	—

续表

序号	名称	图例	备注
32	分水脊线与谷线	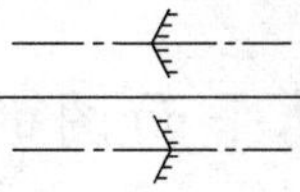	上图表示脊线 下图表示谷线
33	洪水淹没线	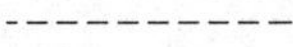	洪水最高水位以文字标注
34	地表排水方向		—
35	截水沟		"1"表示1%的沟底纵向坡度,"40.00"表示变坡点间距离,箭头表示水流方向
36	排水明沟	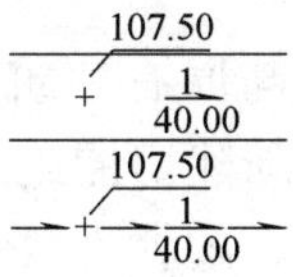	上图用于比例较大的图面 下图用于比例较小的图面 "1"表示1%的沟底纵向坡度,"40.00"表示变坡点间距离,箭头表示水流方向 "107.50"表示沟底变坡点标高(变坡点以"+"表示)
37	有盖板的排水沟	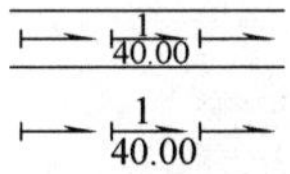	—
38	雨水口	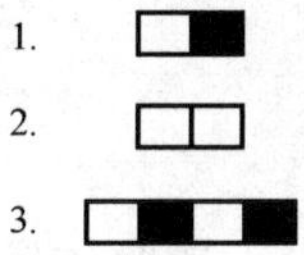	1. 雨水口 2. 原有雨水口 3. 双落式雨水口
39	消火栓井		—
40	急流槽		箭头表示水流方向
41	跌水	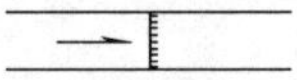	
42	拦水(闸)坝	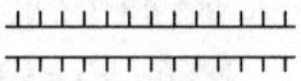	—
43	透水路堤		边坡较长时,可在一端或两端局部表示
44	过水路面	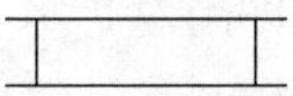	—
45	室内地坪标高	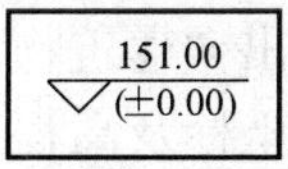	数字平行于建筑物书写
46	室外地坪标高		室外标高也可采用等高线
47	盲道		—
48	地下车库入口	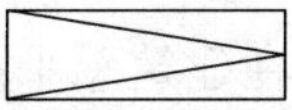	机动车停车场
49	地面露天停车场	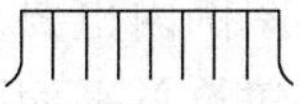	—
50	露天机械停车场	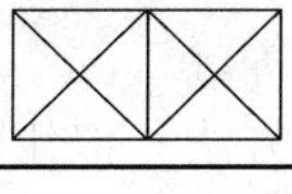	露天机械停车场

41

由于总平面涉及面广、内容较多，这里仅摘录常用图例。如需了解更多内容，请参阅《总图制图标准》(GB/T 50103—2001)。

第四节　建筑施工总平面图的识读、审核

一、总平面图的用途

建筑总平面图是将新建工程四周一定范围内的新建、拟建、原有和拆除的建筑物、构筑物连同其周围的地形、地物状况用水平投影方法和相应的图例所绘出的图样在基地范围内的总体布置图。

总平面图表明新建房屋的位置、朝向、与原有建筑物的关系，以及周围道路、绿化、给水、排水、供电条件等方面的情况，作为新建房屋施工定位、土方施工、设备管网平面布置，安排在施工时进入现场的材料和构件、配料堆放场地、构件预制的场地以及运输道路等的依据。

二、建筑总平面图的内容

建筑总平面图中包括以下内容：
(1) 保留的地形和地物。
(2) 测量坐标网、坐标值。
(3) 场地四界的测量坐标（或定位尺寸），道路红线和建筑红线或用地界线的位置。
(4) 场地四邻原有及规划道路的位置（主要坐标值或定位尺寸），以及四邻主要建筑物和构筑物的位置、名称、层数。四邻道路、水面、地面的关键性标高。
(5) 场地内的建筑物、构筑物的名称或编号、层数、定位（坐标或相互关系尺寸）、室内外地面设计标高。
(6) 广场、停车场、运动场地、道路、无障碍设施、排水沟、挡土墙、护坡的定位（坐标或相互关系尺寸）。广场、停车场、运动场地的设计标高，道路、排水沟的起点、变坡点、转折点和终点的设计标高、纵坡度、纵坡距、关键性坐标，表明道路双面坡、单面坡。挡土墙、护坡的顶部和底部的主要设计标高及护坡坡度。
(7) 指北针或风玫瑰图。
(8) 建筑物、构筑物使用编号时，应列出"建筑物和构筑物名称编号表"。
(9) 注明设计依据、尺寸单位、比例、坐标及高程系统、补充图例，列出主要技术经济指标表。

三、具体识图步骤

(1) 了解工程名称、概况及总的要求。在建筑总平面图中，除了在标题栏内注有工程总名称外，各单位工程的名称在图上的平面图例内也要注明，以便识读。
(2) 了解图的比例尺及设计说明，包括建筑总平面图绘制依据和工程情况说明，绝对标高以及水准引测点的说明，补充图例说明等。
(3) 根据实际情况选定拟建建筑的定位方法。拟建建筑图上定位方式有以下三种：

① 利用大地测量坐标来确定拟建建筑的位置。
② 利用建筑施工坐标来确定拟建建筑的位置。
③ 利用拟建建筑与原有建筑或道路中心线的距离确定拟建建筑的位置。

（4）熟悉建筑总平面图图例，参照图例分清图纸上各部分的地物及总体布置，如地上建（构）筑物、地下各种管网布置走向、设备施工的引入方向等。

（5）了解建筑区红线的范围。建筑区的平面位置是由规划部门划定建筑红线的范围来确定的，在设计和施工中不能超越建筑红线。

（6）熟悉拟建建筑物的具体平面位置。在设计图上拟建建筑物位置是根据建筑区的地理条件，建筑物本身的用途，工程总体布局的要求等因素来确定的。在施工中拟建建筑物位置不能任意改变。拟建建筑物平面位置在建筑总平面图上的标定方法有以下三种情况：

① 小型工程项目的标定方法。一般是根据建筑区内或邻近的永久性固定设施（建筑物、道路等）为依据，标定其相对位置。
② 大中型工程项目的规模较大，工程项目较多，为了确保定位放线的准确性，通常用测量坐标网、建筑坐标网或红线来确定它们的平面位置。
③ 单体建筑物常取其两个对角点标注坐标，较复杂的庞大建筑物则至少要取四个角点标注坐标。

（7）了解拟建建筑物的室内外地面标高，可以通过建筑总平面图上的标注标高和等高线来表示。

（8）了解建筑总平面图的总体地形，通过图上等高线了解建筑区地面的高程变化情况，根据图上原场地等高线和设计等高线之间的差别，看出场地平整需要填挖的基本情况。

（9）了解拟建建筑物的平面组合和形状，根据设计图上所画的拟建建筑物，掌握其外部形状尺寸、楼层数等。

（10）了解拟建建筑物室外附属设施情况，如住宅建筑的室外附属设施——道路、围墙、垃圾箱及晒衣柱等。

四、实例

现以图 2-38 为例，说明阅读总平面图时应注意的几个问题。

（1）先看图样的比例、图例及有关的文字说明。总平面图因图示的地方范围较大，所以绘制时都用较小的比例，如 1∶2000、1∶1000、1∶500 等。总平面图上标注的坐标、标高和距离等尺寸，一律以米为单位，并应取至小数点后两位，不足时以"0"补齐。图中使用较多的图例符号，我们必须熟识它们的意义。

（2）了解工程的性质、用地范围和地形地物等情况。从图 2-38 的图名和图中各房屋所标注的名称，可知拟建工程是某小区内两栋相同的住宅。从图中等高线所注写的数值，可知该地区地势是自西北向东南倾斜。

（3）从图 2-38 中所注写的室内（首层）地面和等高线的标高，可知该地的地势高低、雨水排泄方向。总平面图中标高的数值，均为绝对标高。所谓绝对标高，是指以我国青岛市外的黄海平面作为零点而测定的高度尺寸。房屋首层室内地面的标高（本例是 46.20m），是根据拟建房屋所在位置的前后等高线的标高（图中是 45m 和 47m）。

(4) 明确新建房屋的位置和朝向。房屋的位置可用定位尺寸或坐标确定。定位尺寸应注出与原建筑物或道路中心线的联系尺寸,如图中的 7.00m 和 15.00m 等。

(5) 从图中可了解到周围环境的情况。如:新建筑的南面有一池塘,池塘的西北有一护坡,建筑东面有一围墙,西边是一道路,东南角有一待拆的房屋,周围还有写上名称的原有和拟建房屋、道路等。

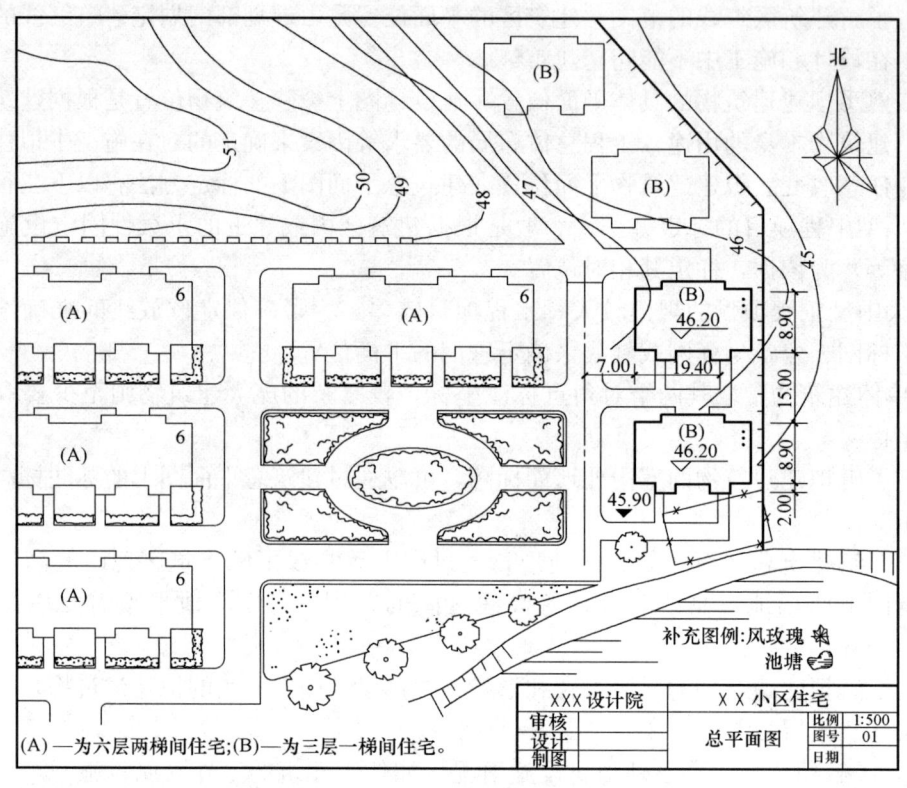

图 2-38 总平面图

五、建筑总平面图的审核

测量放线工审核建筑总平面图的具体内容如下:

(1) 建筑总平面图采用的坐标系统,如测量坐标系或假定的建筑坐标系;检查各点的坐标标注是否存在粗差。

(2) 建筑总平面图绝对高程采用的高程系统,以及建筑标高±0.000m 所对应的绝对高程值。

(3) 核对控制点的坐标及高程值。对建筑总平面图上有坐标换算公式的,应进行实际运算,掌握其换算关系,并检查其是否正确。

(4) 检查各单体建筑物的尺寸,核对其间距与建筑总平面图上相应部位的总尺寸是否相符合,检核建筑红线及邻界关系是否正确。

(5) 仔细检查建筑总平面图中定位数据是否齐全、正确。

(6) 审核结果应详细记录,对审核中不清楚、有矛盾或存在的其他问题,应仔细记录,及时解决。

第五节　有关施工放线的测量关系尺寸校核

1. 认真阅读设计文件中的总平面图

施工总平面图上，一般用坐标注明了建筑物征地的界限和建筑红线的位置，还有建筑物后退红线的距离。有的设计图纸甚至注明了建筑物的定位坐标，因此需要认真阅读上述设计文件。在审核定位问题时，通常要注意以下几种情况：

（1）设计文件中仅仅标明建筑物后退红线的距离，需要注意的是此距离是指建筑物外墙装饰面层距红线的距离，我们要从施工详图中查找建筑外墙轴线的位置、装饰面层的厚度等详细资料，从建筑红线推算建筑物定位轴线，从而确定定位坐标。在推算过程中，一定要注意红线和定位坐标轴之间的关系：如果红线和定位坐标轴平行，那么后退红线的距离就是坐标轴上的距离；如果红线和定位坐标轴存在夹角，那么后退红线的距离其实是斜距，从红线坐标到定位坐标轴线之间的坐标是投影关系，这一点十分重要，否则一定会侵占红线。

（2）如果设计文件中注明了建筑物定位轴线，那么还需要从定位轴线反推后退红线距离，考虑建筑装饰面层的厚度后，检查建筑物后退红线距离够不够，需要调整时必须调整设计的轴线定位坐标。

（3）一般情况下建筑物一条轴线平行于道路主干道方向的施工红线，另外一条轴线可能平行于或不平行于另一个方向的施工红线。平行时后退红线的计算方法同前，不平行时就特别需要注意：建筑物后退红线距离，一般情况下是指建筑物距红线最近的点后退红线的距离。已知红线上的点坐标有两种情况：一种情况是已知红线上距建筑物最近处点的坐标；另一种情况是红线上距建筑物很远处某点的坐标，此时必须要依据红线和坐标轴之间的夹角，以红线上远处点的坐标，推算红线上距建筑物最近处点的坐标，从而计算建筑物的定位坐标。

（4）建筑物后退城市主干道的两个方向红线的距离复核后，还需复核另外两个方向作为消防通道时的距离是否满足设计要求。

2. 测量关系数据的校核

认真阅读总平面图后，对照总平面图和各施工平面图上的定位数据进行复核，主要进行以下工作：

（1）校核总平面图尺寸和各施工图或详图尺寸是否一致。

（2）校核各分段尺寸之和和总尺寸是否一致。

（3）建筑平面图上一般标注了三道尺寸，对于三道尺寸的数字关系是否相符进行校核。

（4）对上下层的轴线关系是否变化以及与其他图样的同一部位的关系是否吻合进行校核，并做好记录。

（5）复杂建筑物需要用几何或代数知识解算。如给定圆心坐标和角度，复核计算各定位标注坐标是否吻合等；如总平面图中有换算公式，必须将数值代入检查公式的正确性。

（6）校核施工图±0.000m位置标高数据的正确性以及高程系统。

（7）校核立面图中各分层高度尺寸和总高度尺寸是否一致。

完成以上的阅图和复核之后，要将出现的问题及时向设计院进行反馈，以便对设计的轴线定位按实际情况进行修正，进行二次设计。

第三章　测量放线基础应用数学

第一节　几何基础知识、三角函数计算知识

一、几何基础知识

1. 三角形

（1）不在同一直线上的三点可以构成一个三角形；三角形三内角之和等于 180°；三角形中任两边之和大于第三边，任两边之差小于第三边。

（2）多边形内角和定理：n 边形 n 个内角的和等于 $(n-2) \times 180°$。

（3）直角三角形：有一个角为 90°的三角形，就是直角三角形。直角三角形的性质：

1）直角三角形两个锐角互余。

2）直角三角形斜边上的中线等于斜边的一半。

3）直角三角形中，如果有一个锐角等于 30°，那么它所对的直角边等于斜边的一半。

4）直角三角形中，如果有一条直角边等于斜边的一半，那么这条直角边所对的锐角是 30°。

5）在直角三角形中，斜边的平方等于两条直角边平方之和 $c^2 = a^2 + b^2$（其中：a、b 为两直角边长，c 为斜边长）。

6）直角三角形的外接圆半径，同时也是斜边上的中线。

（4）正三角形的面积等于 $\sqrt{3}a^2/4$，a 表示边长。

2. 圆

（1）圆心角的度数等于所对应的弧的度数。

（2）弦切角等于它所夹弧的一半。

（3）不在同一直线上的三点确定一个圆。

（4）弦的垂直平分线经过圆心，并且平分弦所对的两条弧。

（5）经过半径的外端并且垂直于这条半径的直线是圆的切线。

（6）从圆外一点引圆的两条切线，它们的切线长相等，圆心和这一点的连线平分两条切线的夹角。

（7）把圆周平均分成 $n(n \geq 3)$ 段，依次连接各分点所得的多边形是这个圆的内接正 n 边形。

（8）弧长计算公式：$L = \alpha \pi r / 180°$，其中 α 为弧长所对应的圆心角度数。

3. 基本计算公式

长方形的周长＝(长＋宽)×2　　　$C = (a+b) \times 2$

正方形的周长＝边长×4　　　　　　$C = 4a$

长方形的面积＝长×宽　　　　　　　$S=ab$

正方形的面积＝边长×边长　　　　　$S=a^2$

三角形的面积＝$\frac{1}{2}$底×高　　　　　$S=\frac{1}{2}ah$

平行四边形的面积＝底×高　　　　　$S=ah$

梯形的面积＝$\frac{1}{2}$(上底＋下底)×高　$S=\frac{1}{2}(a+b)h$

圆的周长＝圆周率×直径＝圆周率×半径×2　$C=\pi d=2\pi r$

圆的面积＝圆周率×半径×半径　　　$S=\pi r^2$

长方体的表面积＝(长×宽＋长×高＋宽×高)×2　$S=(ab+ah+bh)\times2$

长方体的体积＝长×宽×高　　　　　$V=abh$

正方体的表面积＝棱长×棱长×6　　$S=6a^2$

正方体的体积＝棱长×棱长×棱长　　$V=a^3$

圆柱的侧面积＝底面圆的周长×高　　$S=ch=2\pi rh$

圆柱的表面积＝上下底面面积＋侧面积　$S=2\pi r^2+2\pi rh=2\pi r^2+ch$

长方体(正方体、圆柱体)的体积＝底面积×高　$V=Sh$

圆锥的体积＝底面积×高÷3　$V=\frac{1}{3}Sh=\frac{1}{3}\pi r^2h$

4．平面解析几何

(1) 概念

解析几何系指借助坐标系，用代数方法研究集合对象之间的关系和性质的一门几何学分支，也叫做坐标几何。解析几何分为平面解析几何和空间解析几何，本文主要介绍平面解析几何。平面解析几何的基本思想有两个要点：第一，在平面建立坐标系，一点的坐标与一组有序的实数相对应；第二，在平面上建立了坐标系后，平面上的一条曲线就可由带两个变量的一个代数方程来表示。从这里可以看到，运用坐标法不仅可以把几何问题通过代数的方法解决，而且还把变量、函数以及数和形等重要概念密切联系起来。

在平面解析几何中，首先是建立平面坐标系。取定两条相互垂直的、具有一定方向和度量单位的直线，叫做平面上的一个直角坐标系 xOy。利用坐标系可以把平面内的点和一对实数（x、y）建立起一一对应的关系。

(2) 方程

在平面直角坐标系中，如果某曲线 M 上的点的坐标（x、y）都是方程 $F(x、y)=0$ 的解；反之，方程 $F(x、y)=0$ 的解为坐标的点（x、y）都在曲线 M 上，那么方程 $F(x、y)=0$ 叫曲线 M 的方程，曲线 M 叫方程 $F(x、y)=0$ 的曲线。

1) 直线方程的几种形式：

点斜式：$y-y_0=k(x-x_0)$；斜截式：$y=kx+b$

两点式：$\frac{y-y_1}{y_2-y_1}=\frac{x-x_1}{x_2-x_1}$

一般式：$Ax+By+c=0$（其中 A、B 不同时为 0）。

2) 圆的标准方程式为：$(x-a)^2+(y-b)^2=r^2$

圆的一般方程是：$x^2+y^2+Dx+Ey+F=0(D^2+E^2-4F>0)$

其中，半径 $r=\dfrac{\sqrt{D^2+E^2-4F}}{2}$，圆心坐标是 $\left(-\dfrac{D}{2},-\dfrac{E}{C}\right)$

椭圆的标准方程的两种形式是：$\dfrac{x^2}{a^2}+\dfrac{y^2}{b^2}=1$ 和 $\dfrac{y^2}{a^2}+\dfrac{x^2}{b^2}=1(a>b>0)$

（3）点、直线的基本公式

1）平面两点间的距离公式为：
$$d_{AB}=\sqrt{(x_2-x_1)^2+(y_2-y_1)^2}$$

2）斜率公式为：
$$k=\dfrac{y_2-y_1}{x_2-x_1}$$

3）夹角公式为：
$$\tan\alpha=\left|\dfrac{k_2-k_1}{1+k_2k_1}\right|(l_1:y=k_1x+b_1,l_2:y=k_2x+b_2,k_1k_2\neq-1)$$

直线 l_1：$A_1x+B_1y+C_1=0$；l_2：$A_2x+B_2y+C_2=0$，$A_1A_2+B_1B_2\neq 0$，则从直线 l_1 到直线 l_2 的角 α 满足：
$$\tan\alpha=\left|\dfrac{A_1B_2-A_2B_1}{A_1A_2+B_1B_2}\right|$$

直线 $l_1\perp l_2$ 时，直线 l_1 与 l_2 的夹角是 $\dfrac{\pi}{2}$。

4）点 $P(x_0,y_0)$ 到直线 l：$Ax+By+C=0$ 的距离公式为
$$d=\dfrac{|Ax_0+By_0+C|}{\sqrt{A^2+B^2}}$$

两条平行直线 l_1：$Ax+By+C_1=0$，l_2：$Ax+By+C_2=0$ 的距离是
$$d=\dfrac{|C_1-C_2|}{\sqrt{A^2+B^2}}$$

（4）若点 P 分有向线段 $\overline{P_1P_2}$ 成定比 λ，则 $\lambda=\dfrac{P_1P}{PP_2}$

若点 $P_1(x_1,y_1)$，$P_2(x_2,y_2)$，$P(x,y)$，点 P 分有向线段 $\overline{P_1P_2}$ 成定比 λ，则
$$\lambda=\dfrac{x-x_1}{x_2-x}=\dfrac{y-y_1}{y_2-y}$$
$$x=\dfrac{x_1+\lambda x_2}{1+\lambda}$$
$$y=\dfrac{y_1+\lambda y_2}{1+\lambda}$$

（5）点与圆的位置关系

点 $P(x_0,y_0)$ 与圆 $(x-a)^2+(y-b)^2=r^2$ 的位置关系有三种：

1）$d>r$，点 p 在圆外；

2）$d=r$，点 p 在圆上；

3）$d<r$，点 p 在圆内。

其中，$d=\sqrt{(a-x_0)^2+(b-y_0)^2}$。

(6) 圆的切线方程

1) 已知圆 $x^2+y^2+Dx+Dy+F=0$，若已知切点 (x_0, y_0) 在圆上，则切线只有一条，其方程是

$$x_0x+y_0y+\frac{D(x_0+x)}{2}+\frac{E(y_0+y)}{2}+F=0$$

2) 已知圆 $x^2+y^2=r^2$，过圆上的 $P_0(x_0, y_0)$ 点的切线方程为

$$x_0x+y_0y=r^2$$

斜率为 k 的圆的切线方程为

$$y=kx\pm r\sqrt{1+k^2}$$

椭圆 $\frac{x^2}{a^2}+\frac{y^2}{b^2}=1(a>b>0)$ 的焦点坐标是 $(\pm c, 0)$，准线方程是 $x=\pm\frac{a^2}{c}$，离心率是 $e=\frac{c}{a}$，通径的长是 $\frac{2b^2}{a}$。其中 $c^2=a^2-b^2$。

若点 $P(x_0, y_0)$ 是椭圆 $\frac{x^2}{a^2}+\frac{y^2}{b^2}=1(a>b>0)$ 上一点，F_1、F_2 是其左、右焦点，则点 P 的焦半径的长是 $|PF_1|=a+ex_0$ 和 $|PF_2|=a-ex_0$。

(7) 坐标轴平移

新坐标系的原点 O' 在原坐标系下的坐标是 (h, k)，若点 P 在原坐标系下的坐标是 (x, y)，在新坐标系的坐标是 (x', y')，则 $x'=x-h$，$y'=y-k$。

二、三角函数常用的计算公式

1. 三角函数的定义

以角 α 的顶点为坐标原点，始边为 x 轴正半轴建立直角坐标系，在角 α 的终边上任取一个异于原点的点 $P(x, y)$，点 P 到原点的距离记为 r ($r=\sqrt{|x|^2+|y|^2}=\sqrt{x^2+y^2}>0$)，那么，

$$\sin\alpha=\frac{y}{r}, \cos\alpha=\frac{x}{r}, \tan\alpha=\frac{y}{x},$$

$$\cot\alpha=\frac{x}{y}, \sec\alpha=\frac{r}{x}, \csc\alpha=\frac{r}{y}.$$

基本函数表达式见表 3-1。

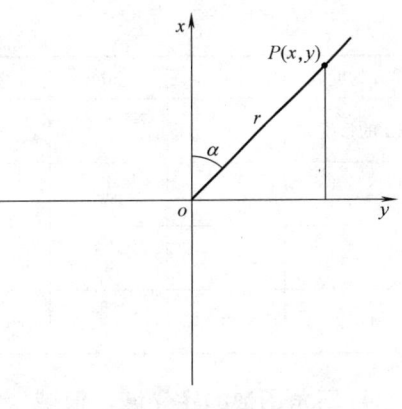

图 3-1 三角函数定义

基本函数　　　　　　　　　　　　　　　　表 3-1

基本函数	缩写	表达式	语言描述
正弦函数	sin	y/r	∠α 的对边比斜边
余弦函数	cos	x/r	∠α 的邻边比斜边
正切函数	tan	y/x	∠α 的对边比邻边
余切函数	cot	x/y	∠α 的邻边比对边
正割函数	sec	r/x	∠α 的斜边比邻边
余割函数	csc	r/y	∠α 的斜边比对边

2. 三角函数的符号

由三角函数的定义，以及各象限内点的坐标的符号，得知：①正弦值 $\frac{y}{r}$ 对于第一、二象限为正（$y>0$，$r>0$），对于第三、四象限为负（$y<0$，$r>0$）；②余弦值 $\frac{x}{r}$ 对于第一、四象限为正（$x>0$，$r>0$），对于第二、三象限为负（$x<0$，$r>0$）；③正切值 $\frac{y}{x}$ 对于第一、三象限为正（x，y 同号），对于第二、四象限为负（x，y 异号），见图 3-2 和表 3-2。

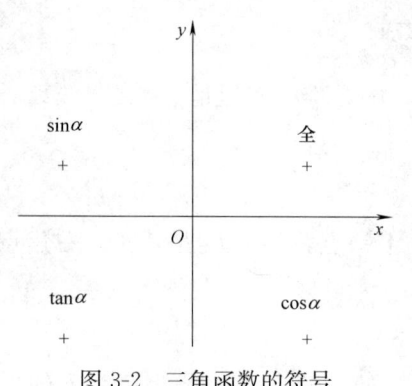

图 3-2 三角函数的符号

三角函数的符号 表 3-2

α	I	II	III	IV
sinα	+	+	−	−
cosα	+	−	−	+
tanα	+	−	+	−
cotα	+	−	+	−

3. 特殊角的三角函数值（表 3-3）

特殊角的三角函数值 表 3-3

角 α 的度数	0°	30°	45°	60°	90°	180°	270°	360°
角 α 的弧度数	0	$\frac{\pi}{6}$	$\frac{\pi}{4}$	$\frac{\pi}{3}$	$\frac{\pi}{2}$	π	$\frac{3\pi}{2}$	2π
sinα	0	$\frac{1}{2}$	$\frac{\sqrt{2}}{2}$	$\frac{\sqrt{3}}{2}$	1	0	−1	0
cosα	1	$\frac{\sqrt{3}}{2}$	$\frac{\sqrt{2}}{2}$	$\frac{1}{2}$	0	−1	0	1
tanα	0	$\frac{\sqrt{3}}{3}$	1	$\sqrt{3}$	不存在	0	不存在	0

4. 三角函数的定义域、值域

函数的定义域是函数概念的三要素之一，对三角函数的定义域要引起足够的重视。确定三角函数的定义域要抓住分母为零时比值无意义这一关键。因此需要注意当角的终边在坐标轴上时，点 P 的坐标中必有一个为零，结合三角函数的定义，可得三角函数的定义域（表 3-4）。

三角函数的定义域 表 3-4

三角函数	定义域	值域
sinα	$\{\alpha\,|\,\alpha\in R\}$	$[-1,1]$
cosα	$\{\alpha\,|\,\alpha\in R\}$	$[-1,1]$
tanα	$\{\alpha\,|\,\alpha\neq k\pi+\frac{\pi}{2},k\in Z\}$	R

5. 同角三角函数间的关系

商数关系：$\sin\alpha/\cos\alpha = \tan\alpha$

平方关系：$\sin^2\alpha + \cos^2\alpha = 1$

积的关系：$\sin\alpha = \tan\alpha \cdot \cos\alpha$

$\cos\alpha = \cot\alpha \cdot \sin\alpha$

$\cot\alpha = \cos\alpha \cdot \csc\alpha$

$\tan\alpha \cdot \cot\alpha = 1$

对于 $\sin\alpha + \cos\alpha$，$\sin\alpha\cos\alpha$，$\sin\alpha - \cos\alpha$ 这三个式子，已知其中一个式子的值，其余两式的值可以求出。

$$(\sin\alpha + \cos\alpha)^2 = 1 + 2\sin\alpha\cos\alpha$$
$$(\sin\alpha - \cos\alpha)^2 = 1 - 2\sin\alpha\cos\alpha$$
$$(\sin\alpha + \cos\alpha)^2 + (\sin\alpha - \cos\alpha)^2 = 2$$

6. 函数计算的基本公式（表 3-5）

可用十个字概括为"奇变偶不变，符号看象限"。

公式一：$\sin(\alpha + 2k\pi) = \sin\alpha$，$\cos(\alpha + 2k\pi) = \cos\alpha$，其中 $k \in Z$

公式二：$\sin(\alpha + \pi) = -\sin\alpha$；$\cos(\alpha + \pi) = -\cos\alpha$

公式三：$\sin(-\alpha) = -\sin\alpha$；$\cos(-\alpha) = \cos\alpha$

公式四：$\sin(\pi - \alpha) = \sin\alpha$；$\cos(\pi - \alpha) = -\cos\alpha$

公式五：$\sin(2\pi - \alpha) = -\sin\alpha$；$\cos(2\pi - \alpha) = \cos\alpha$

函数计算的基本公式　　　　表 3-5

	$-\alpha$	$\pi - \alpha$	$\pi + \alpha$	$2\pi - \alpha$	$2k\pi + \alpha (k \in Z)$	$\frac{\pi}{2} - \alpha$	$\frac{\pi}{2} + \alpha$
sin	$-\sin\alpha$	$\sin\alpha$	$-\sin\alpha$	$-\sin\alpha$	$\sin\alpha$	$\cos\alpha$	$\cos\alpha$
cos	$\cos\alpha$	$-\cos\alpha$	$-\cos\alpha$	$\cos\alpha$	$\cos\alpha$	$\sin\alpha$	$-\sin\alpha$
tan	$-\tan\alpha$	$-\tan\alpha$	$\tan\alpha$	$-\tan\alpha$	$\tan\alpha$	$\cot\alpha$	$-\cot\alpha$

7. 弧度和度的转换

"弧度"和"度"是度量角大小的两种不同的单位。

度的定义：两条射线从圆心向圆周射出，形成一个夹角和夹角正对的一段弧。当这段弧长正好等于圆周长的 360 分之一时，两条射线的夹角的大小为 1 度（1°）。

弧度的定义：两条射线从圆心向圆周射出，形成一个夹角和夹角正对的一段弧。当这段弧长正好等于圆的半径时，两条射线的夹角大小为 1 弧度。

度和弧度的这两个定义非常相似。它们的区别，仅在于角所对的弧长大小不同。1 度是等于圆周长的 360 分之一，而 1 弧度是等于半径。简单地说，弧度的定义是，当角所对的弧长等于半径时，角的大小为 1 弧度。

角所对的弧长是半径的几倍，那么角的大小就是几弧度。它们的关系可用下式表示和计算：

角（弧度）= 弧长/半径。

圆的周长是半径的 2π 倍，所以一个周角（360°）是 2π 弧度。

半圆的长度是半径的 π 倍，所以一个平角（180°）是 π 弧度。

度跟弧度之间的换算：

一个平角是 π 弧度。即 $180°=\pi$ 弧度   由此可知：

1 度＝π/180 弧度（≈0.017453 弧度）因此，得到把度化成弧度的公式：

$$弧度＝度×\pi/180°$$

可得到把弧度化成度的公式：

$$度＝弧度×180°/\pi$$

测量中进行计算时经常用到一个常数 ρ，其值约为 206265，它的含义是指"一弧度对应的秒值"，即一弧度约等于 206265 秒，可用下式精确计算之：

$$\rho＝180×3600/\pi＝206264.806247096≈206265$$

ρ 通常用于单位转换，在进行计算时需要将弧度（单位：米/米）转换为秒时乘以 ρ，将秒值转换为弧度时除以 ρ 即可。

8. 正弦定理和余弦定理

在 $\triangle ABC$ 中，设其外接圆半径为 R，则 $\dfrac{a}{\sin A}=\dfrac{b}{\sin B}=\dfrac{c}{\sin C}=2R$。其中 a、b、c 为 $\triangle ABC$ 的三边长，A、B、C 为三个内角。（图 3-3）

余弦定理：在 $\triangle ABC$ 中，其边与角之间成立如下等式：

$\cos A=\dfrac{b^2+c^2-a^2}{2bc}$；$\cos B=\dfrac{c^2+a^2-b^2}{2ca}$；$\cos C=\dfrac{a^2+b^2-c^2}{2ab}$。

正弦定理和余弦定理在实际测量中有许多应用，主要在一些实际的测量工作中利用三角形的条件关系求算距离、高度和角度等。例如，测量两个互不通视的两个点（A、B）的距离（图 3-4），可以利用与两点相通视的中间点（C），测取距离（AC、BC）和夹角（$\angle ACB$），利用余弦定理求出两地的距离（AB）。

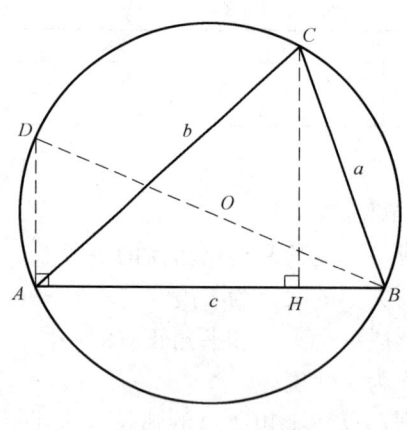

图 3-3 正弦定理

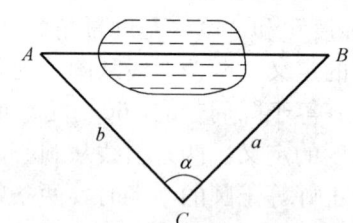

图 3-4 余弦定理的应用

第二节 函数型计算器的使用

一、函数型计算器的一般知识

1. 计算器在测量工作中的应用

计算器是一种具有记忆功能的新型计算工具。由于它具有价格低、维修费用低、体积小、携带方便、操作简便、易于掌握、计算速度快、结果准确可靠的优点，因而它成了测量放线工作中进行计算的重要工具。

2. 计算器的分类

计算器按其运算功能区分，可分为五种类型。

（1）简易型。只能进行四则运算、乘方、开方和百分比等算术运算。

（2）普通型。在简易型的基础上，又增设了一个存储器，供存储中间结果。

（3）函数型。可进行四则混合运算、常数运算、存储运算、百分比运算等算术运算。还可进行六十进制与十进制的换算；三角函数与反三角函数计算；双曲函数与反双曲函数计算；对数函数与反对数函数计算；指数函数、乘幂、倒数、阶乘运算；直角坐标与极坐标的互相转换等，并能求一组统计数的算术平均值、总和、平方和，以及总体标准差和样品标准差等功能。

（4）可编程序型。除具有函数型功能外，其主要特点是能存储一个或若干个由操作者自行编制的计算程序，并可随时调用存储的程序来求解某些特殊问题。

（5）专用型。根据某种专业工作的特殊需要而制造的某种计算器。如日本生产的"家庭会计"、美国生产的"数据人"和"小教授"等，即属于这种类型。

在测量专业的测量计算中，常采用函数型计算器。它的功能可以满足测量放线工作的需要。有条件时，可采用可编程序型计算器进行较复杂的重复计算或进行野外作业记录、数据处理，从而使测量数据采集、处理的自动化成为现实。

3. 函数型计算器的构造

（1）运算器。它相当于计算工具算盘，是计算器进行各种运算的部件，由单片大规模集成电路构成。

（2）存储器。它是存放数据和程序的装置，形象地说，它相当于人的大脑起记忆的作用。

（3）控制器。它是整个计算器的指挥系统，是整个计算器的中枢。通过它向计算器的各部位发出控制信号来指挥计算器自动、协调地进行工作。控制器是按预先编好的程序，一条指令一条指令连续自动地进行操作。

（4）输入器。输入器是向计算器输送数据、程序等信息的设备。在计算器中，基本的输入器是键盘。

（5）输出器。输出器是用于将计算器计算所得中间结果或最后结果表示出来的装置。在计算器中，输出器是由若干个数码管或液晶显像单元组成的显示窗。

二、计算器操作注意事项

（1）首次使用计算器之前，务必先按下"ON"键。

（2）即使计算器运行正常，也请至少每三年（IR44（GPA76））或者每两年（R03（UM-4））或者每年（IR03（AM4））更换一次电池。

电量耗尽的电池可能会发生电池液泄漏，造成计算器损坏或者功能不正常。切勿将电量耗尽的电池留在计算器内。

计算器随附的电池，在装运与存放期间可能会出现轻微的放电。因此，它可能比正常预计的电池寿命要短，需要提前更换。

电力不足可能会使存储器内容损坏或者永远丢失。应始终保存所有重要数据的书面记录。

（3）应避免在易于受到极高或者极低温度的地区使用或者存放计算器。

（4）应避免在易于受到大量湿气与灰尘影响的地方使用与存放计算器。

（5）切勿使计算器跌落或者以其他方式使其受到强力冲击。

（6）切勿扭曲或者弯曲计算器。

（7）切勿尝试拆开计算器。

（8）切勿用圆珠笔或者其他尖锐物体按压计算器的按键。

（9）使用柔软的干布拭净计算器的外部。

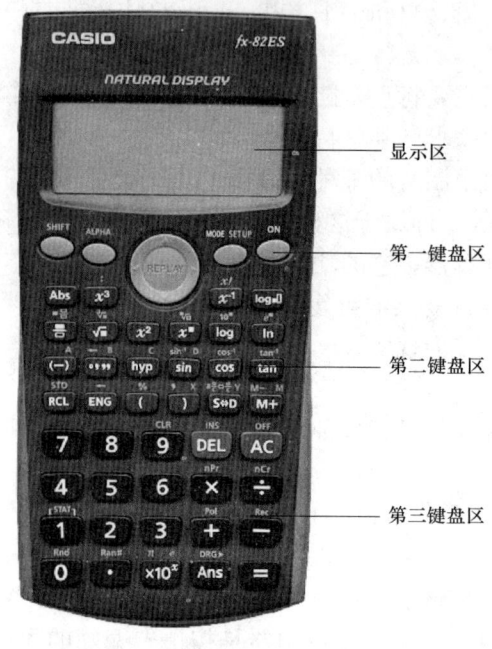

图 3-5　f_x-82ES 型计算器

三、函数型计算器的使用

1. 计算器界面

计算器的使用，关键在正确地掌握键的使用。因此必须先了解各个键的名称、功能等。如图 3-5 所示 f_x-82ES 型计算器。

第一键盘区有模式键 "MODE"、功能键 "SHIFT"、"ALPHA" 和四个光标移动键等组成。

第二键盘区主要是进行数学函数计算。

第三键盘区主要是数字和＋、－、×、÷四则运算。

2. 函数计算器的使用

（1）电源开关键

按下 "ON" 键，接通计算器电源。

按下 "SHIFT" "AC（OFF）" 键，断开计算器电源。

（2）功能键与功能转换键

1）功能键。

用于执行各种运算操作的键，包括清除键类、存储键类、基本运算键类以及程序键类。

键盘上只有少数键具有一种功能，大多数按键均具有一键多功能的作用。

2）功能转换键。

功能转换键是使多功能键能行使第二及以上功能作用的键。

一般单独按一个多功能键，即执行主功能。如果需要第二功能，则先按 "功能转换键"，然后按此功能键。

按下 "SHIFT" 或是 "ALPHA"，接着按下第二键，将会执行第二键的第二功能。该键上方的印刷文字标示了该键的第二功能（图 3-6）。

第二功能键的不同颜色的文字含义表示见表 3-6。

图 3-6　功能键

按键表示 表3-6

按键标记文字颜色	表示
黄色	按下"SHIFT"键,然后按下此键,即可使用本应用键的功能
红色	按下"ALPHA"键,然后按下此键,即可输入可用的变量、常数和符号

(3) 显示屏指示符号

显示屏指示符号如图3-7所示,符号表示见表3-7。

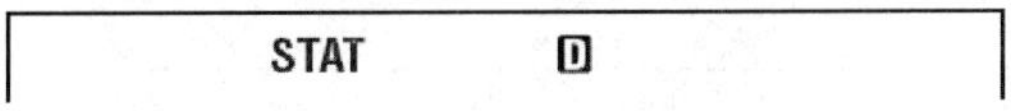

STAT　　D

图3-7　显示屏符号

显示屏符号表示 表3-7

指示符	表示
S	通过按下"SHIFT"键,键盘进入转换键功能。当您按下任一键时,所有键盘会解除转换,而此指示符会消失
A	按下"ALPHA"键,会进入字母输入模式。当您按下任一键时,会退出字母输入模式,而此指示符会消失
M	有一个存贮在独立存储器内的数值
STO	计算器正在等待输入一个变量名称,以便为此变量指定一个数值。在您按下"SHIFT""RCL"(STO)",出现此指示符
RCL	计算器正在等待输入一个变量名称,以便检索此变量的数值。在您按下"RCL"之后,出现此指示符
STAT	计算器处于STAT模式
D	预设角度单位为度数
R	预设角度单位为弧度
G	预设角度单位为百分度
FIX	固定位数的小数位数有效
SCI	固定位数的有效位数有效
Math	数学样式被选定为输入/输出格式
▲▼	可提供并重现计算历史存储数据,或者在现有屏幕之上或之下还有更多的数据
Disp	显示屏目前显示多语句表达式的中间结果

(4) 计算器的初始化

初始化计算器时,计算模式与设置会返回至其初始预设(图3-8)。此项操作也会清除目前计算器存储器内的所有数据。计算器初始化见表3-8。

[SHIFT] [9] (CLR) [3] (All) [=] (Yes)

图3-8　计算器的初始化

若要取消初始化,只需按下"AC"(Cancel),不要按下"="。

(5) 计算模式设置(表3-9)

计算器初始化　　　　　　　　　　　　　　　　　　　表 3-8

此设定	初始化如下
计算模式	COMP
输入/输出格式	MthIO
角度单位	Deg
显示数字	Norm1
分数显示格式	d/c
统计显示	OFF
小数点	Dot

模式设置　　　　　　　　　　　　　　　　　　　　表 3-9

模式	功能
COMP	一般计算
STAT	统计和回归计算
TABLE	在表达式的基础上产生数字表格

1) 模式设置：

按下"MODE"，显示模式菜单（图 3-9）。

按下想要选择的模式相对应的数字键。

例如，若想选择 STAT 模式，请按下"2"。

2) 计算器设定：

按下"SHIFT""MODE（SETUP）"会显示设定菜单。可以用此设定菜单来控制计算的进行与显示的方式。设定菜单有两个屏幕，可以使用"▲"和"▼"键，在它们之间进行切换（图 3-10）。

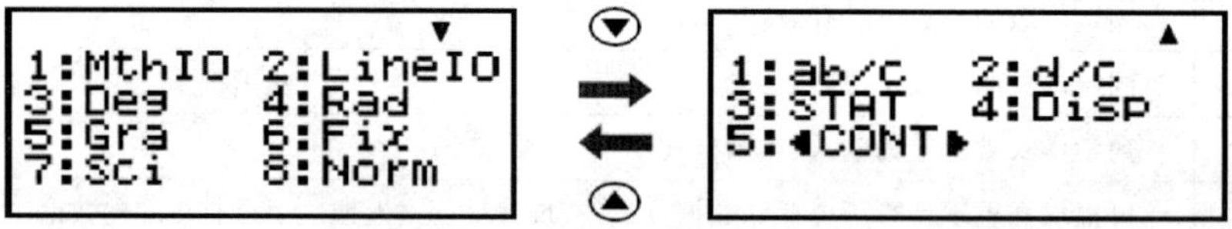

图 3-9　模式菜单

图 3-10　计算器设定

① 指定输入/输出格式。输入输出格式操作见表 3-10，数字格式与线性格式如图 3-11 所示。

输入输出格式操作　　　　　　　　　　　　　　　　　表 3-10

输入/输出格式	操作
数字格式(Math)	"SHIFT""MODE""1"(MthIO)
线性格式(Linear)	"SHIFT""MODE""2"(LineIO)

② 指定预设角度单位，见表 3-11。

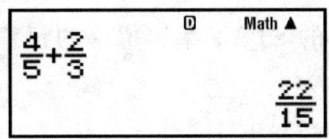 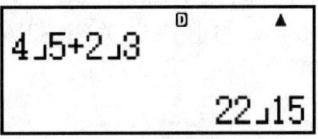

数字格式　　　　　　　　　　　线性格式

图 3-11　数学格式与线性格式

角度单位预设　　　　　　　　　　　　　　　表 3-11

预设角度单位	操　作
度数	"SHIFT""MODE""3"(Deg)
弧度	"SHIFT""MODE""4"(Rad)
百分度	"SHIFT""MODE""5"(Gra)

$90°=\dfrac{\pi}{2}$ 弧度＝100 百分度。

③ 指定显示数字的位数，见表 3-12。

数字位数设置　　　　　　　　　　　　　　　表 3-12

数 字 位 数	操　作
小数位数	"SHIFT""MODE""6"(Fix)"0~9"
有效数字位数	"SHIFT""MODE""7"(Sci)"0~9"
指数显示范围	"SHIFT""MODE""8"(Norm)"1"(Norm1)或者"2"(Norm2)

计算结果显示举例：

Fix：所指定的数值（从 0 至 9）控制计算结果所要显示的小数位数。计算结果在显示之前会先四舍五入到指定的小数位数。

【例】　$100 \div 7 = 14.286$（Fix3）
　　　　　　　　14.29（Fix2）

Sci：您所指定的数值（从 1 至 10）控制计算结果所要显示的有效数字位数。计算结果在显示之前会先四舍五入到指定的小数位数。

【例】　$1 \div 7 = 1.4286 \times 10^{-1}$（Sci5）
　　　　　　1.429×10^{-1}（Sci4）

Norm：选择两个可供选择的设定之一（Norm1，Norm2），决定非指数格式显示结果的范围。在此指定范围之外，计算结果会以指数格式显示。

【例】　$1 \div 200 = 5 \times 10^{-3}$（Norm 1）
　　　　　　0.005　（Norm 2）

④ 指定分数显示格式，见表 3-13。

分数显示格式　　　　　　　　　　　　　　　表 3-13

指定分数显示格式	操　作
带分数	"SHIFT""MODE""▼""1"(ab/c)
假分数	"SHIFT""MODE""▼""2"(d/c)

⑤ 指定统计上的显示格式，见表 3-14。

使用下述步骤，打开或者关闭 STAT 模式下的 STAT 编辑屏幕的频率（FREQ）栏显示。

统计显示格式　　　　　　　　　　　　　　　　　　　　表 3-14

制 定 此	操 作
显示 FREQ 栏位	"SHIFT""MODE"▼"3"(STAT)"1"(ON)
隐藏 FREQ 栏位	"SHIFT""MODE"▼"3"(STAT)"2"(OFF)

⑥ 指定小数点显示格式，见表 3-15。

小数点显示格式　　　　　　　　　　　　　　　　　　　表 3-15

小数点显示格式	操 作
句点(.)	"SHIFT""MODE"▼"4"(Disp)"1"(Dot)
逗点(,)	"SHIFT""MODE"▼"4"(Disp)"2"(Comma)

3. 函数型计算器的计算功能

算术运算：包括四则混合运算、常数运算、分数运算及存储运算等。

函数运算：六十进制与十进制的互相换算；三角函数及反三角函数运算；双曲函数及反双曲函数运算；对数函数（常用对数与自然对数）与指数函数运算；阶乘、乘幂、倒数以及极坐标与直角坐标和角度单位的相互转换等。

统计计算：可求一组统计数的算术平均值、总和、平方和，以及总体标准差和样品标准差等。

（1）输入表达式和数值

1）使用标准格式输入计算表达式。

输入数学计算表达式，就像将它们写在纸上一样。然后只需按下"＝"键，计算该表达式。计算器会自动判断加、减、乘、除、函数与括号的计算优先顺序（图 3-12）。

【例】 $2(5+4)-2\times(-3)=$

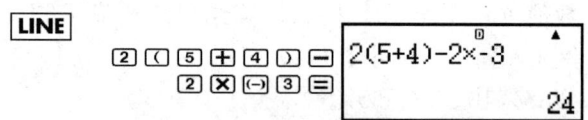

图 3-12　标准格式计算过程

2）输入普通的函数。当输入下述任何普通函数，它会自动加入一左括号（(）。接着，您需要输入自变量与右括号（)）(图 3-13）。

【例】 $\sin 30=$

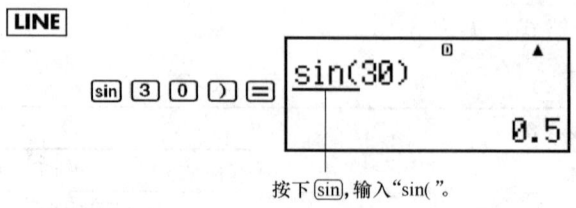

图 3-13　普通函数输入过程

3) 以数学格式输入,见表 3-16。

数学格式输入所支持的函数和符号 表 3-16

函数/符号	按键操作	字节	函数/符号	按键操作	字节
假分数	▯	9	平方,立方	x^2,x^3	4
带分数	SHIFT ▯ (▬▭)	13	倒数	x^{-1}	5
log(a,b)(对数)	log▯	6	幂次	$x^\blacksquare$	4
10^x(10 的 x 次方)	SHIFT log ($10^\blacksquare$)	4	幂次方根	SHIFT $x^\blacksquare$ ($\sqrt[\blacksquare]{\square}$)	9
e^x(e 的 x 次方)	SHIFT ln ($e^\blacksquare$)	4	绝对值	Abs	4
平方根	$\sqrt{\blacksquare}$	4	括弧	(或)	1
立方根	SHIFT $\sqrt{\blacksquare}$ ($\sqrt[3]{\blacksquare}$)	9			

数学格式输入举例如图 3-14 所示。

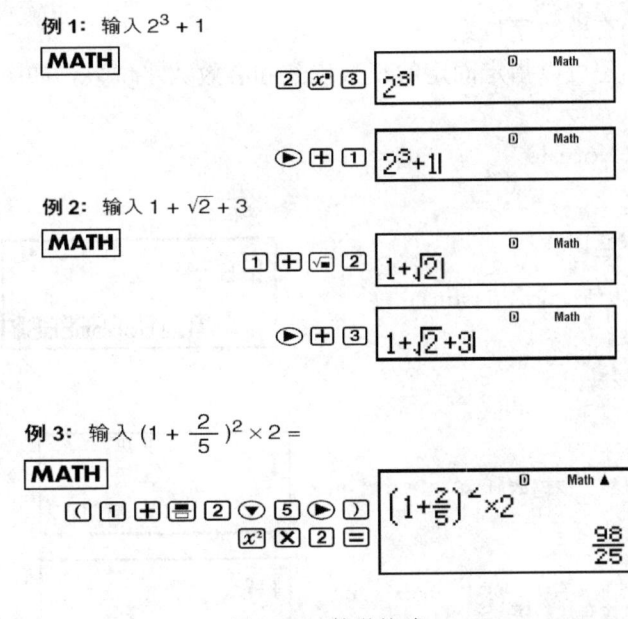

图 3-14 数学格式

(2) 数字的变更
1) 变更刚输入的字符或者函数(如图 3-15 所示)。
【例】 将表达式 369×13 变更成 369×12

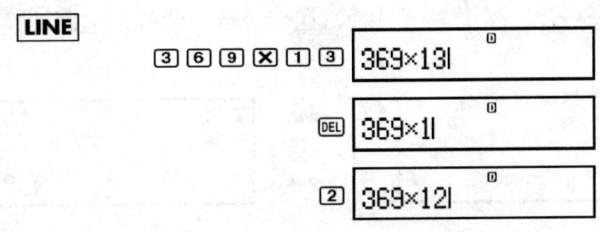

图 3-15 变更输入的字符或函数

2）删除一个字符或者函数，如图 3-16 所示。

【例】 将表达式 369××12 变更成 369×12

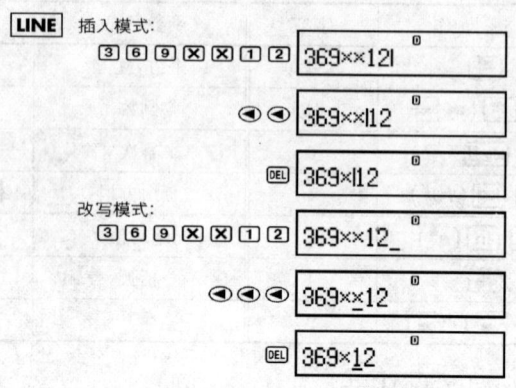

图 3-16 删除一个字符或函数

（3）小数位数和有效数字位数

对于计算结果，您可以指定固定的小数位数和有效数字位数，如图 3-17 所示。

【例】 1÷6＝

初始预设设定（Norm1）

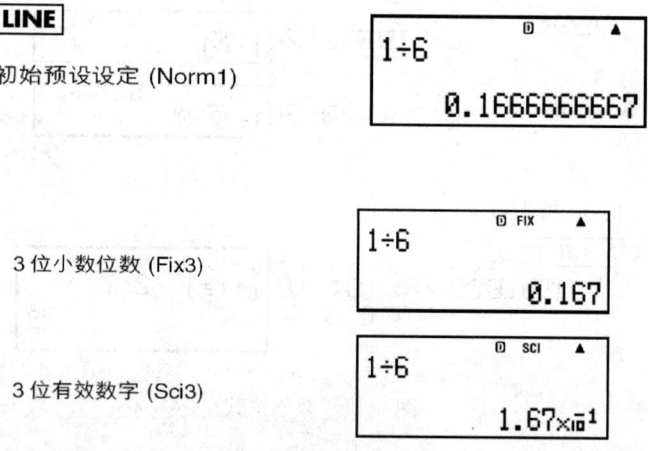

图 3-17 小数位数

（4）在假分数和带分数格式之间进行切换

按下"SHIFT""S↔D"$\left(a\dfrac{b}{c}\leftrightarrow\dfrac{d}{c}\right)$键，在带分数和假分数之间切换显示分数（图 3-18）。

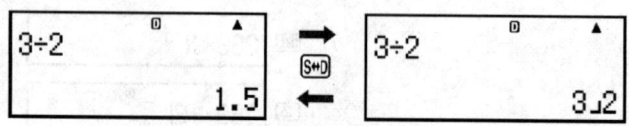

图 3-18 分数格式切换

（5）三角函数和反三角函数

三角函数和反三角函数所需要的角度单位是计算器预设设定的角度单位。在执行计算以前，应确保指定您想要使用的预设角度单位。

（6）指数函数和对数函数

对于对数函数"log（"，您可以使用语法"log（m，n）"指定基数 m。

如果您只输入单一数值，则在计算中使用基数 10。

"ln（"是自然对数函数，基数为 e。

当使用数学格式时，也可以使用"log"键，以"log（m，n）"形式输入表达式。

（7）直角—极坐标转换

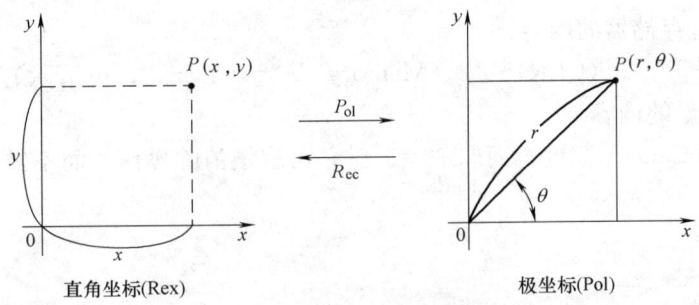

图 3-19　直角—极坐标转换

如图 3-19 所示，坐标转换可以在 COMP 和 STAT 计算模式下执行。

1）转换至极坐标（Pol）：

Pol（X，Y）　　X：指定直角坐标的 X 值

　　　　　　　　Y：指定直角坐标的 Y 值

在 $-180°<\theta\leqslant 180°$ 的范围内显示计算结果 θ。

使用计算器的预设角度单位显示计算结果 θ。

计算结果 r 代入变量 X，而 θ 代入 Y。

2）转换至直角坐标（Rec）：

Rec(r，θ)　r：指定极坐标的 r 值

　　　　　　θ：指定极坐标的 θ 值

依据计算器的预设角度单位设定，将输入值 θ 视为是一直角值。

计算结果 x 代入变量 X，而 y 则代入 Y。

如果您在表达式内执行坐标转换，而非独立操作，则计算结果只会执行转换结果的第一个数值（可能是 r 值或者 X 值）。

【例】　Pol($\sqrt{2}$，$\sqrt{2}$)+5=2+5=7

（8）计算器存储器（表 3-17）

计算器存储器　　　　　　　　　　　　　　　　　　　　　　　　　　　　表 3-17

存储器名称	描　　述
答案存储器	储存最近的计算结果
独立存储器	计算结果可以加入独立存储器中或是从独立存储器中减去。"M"指示符表示数据储存于独立存储器
变量	有六个变数 A、B、C、D、X 和 Y 可以储存个人用数值

1）存储变量。

变量（A、B、C、D、X、Y）可以将特定数值或者计算结果代入一个变量。

【例】 将 3+5 的结果代入变量 A（图 3-20）。

$$\boxed{3}\ \boxed{+}\ \boxed{5}\ \boxed{\text{SHIFT}}\ \boxed{\text{RCL}}\,(\text{STO})\ \boxed{(-)}\,(A)$$

图 3-20　变量存储

即使按下"AC"键，改变计算模式，关闭计算器，变量内容仍然保持不变。

2）清除一个特定变量的内容。

按下"0""SHIFT""RCL（STO）"，然后按下所需要清除内容的变量名称按键。例如：若要清除变量 A，可按下"0""SHIFT""RCL（STO）""（－）（A）"。

3）清除所有存储器的内容。

按下"SHIFT""9（CLR）""2（Memory）""＝（YES）"，可清除答案存储器、独立存储器和所有变量的内容。

按下"AC（Cancel）"键，而非"＝"键，可取消清除操作，而不做任何操作。

第四章 测量误差基础知识

第一节 误差的分类、处理原则及精度评定标准

对未知量进行测量的过程，称为观测。测量所获得的数值称为观测值。在实际的测量工作中，大量实践表明，当对某一未知量进行多次观测时，不论测量仪器有多精密，观测进行的多么仔细，所得的观测值之间总是不尽相同。这种差异都是由于测量中存在误差的缘故。由于观测中误差的存在而往往导致各观测值与其真实值（简称为真值）之间存在差异，这种差异称为测量误差（或观测误差）。用 L 代表观测值，X 代表真值，则误差＝观测值 L－真值 X，即

$$\Delta = L - X \tag{4-1}$$

这种误差通常又被称为真误差。

一、测量误差的来源

由于任何测量工作都是由观测者使用某种仪器、工具，在一定的外界条件下进行的，所以，观测误差来源于以下三个方面：

1. 外界条件

主要指观测环境中气温、气压、空气湿度和清晰度、风力以及大气折光等因素的不断变化，导致测量结果中带有误差。

2. 仪器条件

仪器在加工和装配等工艺过程中，不能保证仪器的结构能满足各种几何关系，这样的仪器必然会给测量带来误差。

3. 观测者的自身条件

由于观测者感官鉴别能力所限，以及技术熟练程度不同，也会在仪器对中、整平和瞄准等方面产生误差。

人、仪器和外界条件是引起测量误差的主要因素，通常把这三个方面综合起来称为观测条件。观测条件将影响观测成果的精度：若观测条件好，则测量误差小，测量的精度就高；反之，则测量误差大，精度就低。若观测条件相同，则可认为精度相同。在相同观测条件下进行的一系列观测称为等精度观测；在不同观测条件下进行的一系列观测称为不等精度观测。

由于在测量的结果中含有误差是不可避免的，因此，研究误差的目的是要对误差的来源、性质及评定标准等进行研究，以便解决测量工作中遇到的一些实际问题。例如：在一系列的观测值中，如何确定观测量的最可靠值，如何来评定测量的精度等。

二、误差的分类

根据性质不同,观测误差可分为系统误差、偶然误差。

1. 系统误差

在相同的观测条件下,对某量进行了 n 次观测,如果误差出现的大小和符号均相同或按一定的规律变化,这种误差称为系统误差。

系统误差主要来源于仪器工具上的某些缺陷;来源于观测者的某些习惯的影响,例如有些人习惯地把读数估读得偏大或偏小;也有来源于外界环境的影响,如风力、温度及大气折光等的影响。例如,用一把名义长度为50m的钢尺去量距,经检定钢尺的实际长度为50.005m,则每量尺就带有+0.005m的误差("+"表示在所量距离值中应加上),丈量的尺段越多,所产生的误差越大。所以这种误差与所丈量的距离成正比。

再如,在水准测量时,当视准轴与水准管轴不平行而产生夹角时,对水准尺的读数所产生的误差为 Li''/ρ''($\rho''=206265''$,是一弧度对应的秒值),它与水准仪至水准尺之间的距离 L 成正比,所以这种误差按某种规律变化。

系统误差具有明显的规律性和累积性,对测量结果的影响很大。但是由于系统误差的大小和符号有一定的规律,所以可以采取措施加以消除或减少其影响。在测量工作中,应尽量设法消除和减少系统误差。方法有:

(1) 在观测方法和观测程度上采用必要的措施,限制或削弱系统误差的影响。如角度测量中盘左、盘右观测,水准测量中限制前后视视距差等。

(2) 找出产生系统误差的原因和规律,对观测值进行系统误差的改正。如对距离观测值进行尺长改正、温度改正和倾斜改正,对竖直角进行指标差改正等。

(3) 将系统误差限制在允许范围内。有的系统误差既不便计算改正,又不能采用一定的观测方法加以消除,例如,经纬仪照准部管水准器轴不垂直于仪器竖轴的误差对水平角的影响,对于这类系统误差,则只能按规定的要求对仪器进行精确检校,并在观测中仔细整平将其影响减小到允许范围内。

2. 偶然误差

在相同的观测条件下,对某一未知量进行一系列观测,如果观测误差的大小和符号没有明显的规律性,即从表面上看,误差的大小和符号均呈现偶然性,这种误差称为偶然误差。例如,在水平角测量中照准目标时,可能稍偏左也可能稍偏右,偏差的大小也不一样;又如,在水准测量或钢尺量距中估读毫米数时,可能偏大也可能偏小,其大小也不一样,这些都属于偶然误差。

产生偶然误差的原因很多,主要是由于仪器或人的感觉器官能力的限制,如观测者的估读误差、照准误差等,以及环境中不能控制的因素如不断变化着的温度、风力等外界环境所造成。

偶然误差在测量过程中是不可避免的,从单个误差来看,其大小和符号没有一定的规律性,但对大量的偶然误差进行统计分析,就能发现在观测值内部却隐藏着一种必然的规律,这给偶然误差的处理提供了可能性。

测量成果中除了系统误差和偶然误差以外,还可能出现错误(有时也称之为粗差)。错误产生的原因较多,可能由作业人员疏忽大意、失职而引起,如大数读错、读数被记录员记错、照错了目标等；也可能是仪器自身或受外界干扰发生故障引起的；还有可能是容许误差取值过小造成的。错误对观测成果的影响极大，所以在测量成果中绝对不允许有错误存在。发现错误的方法是：进行必要的重复观测，通过多余观测条件，进行检核验算；严格按照国家有关部门制定的各种测量规范进行作业等。

在测量的成果中，错误可以发现并剔除，系统误差能够加以改正，而偶然误差是不可避免的，它在测量成果中占主导地位，所以测量误差理论主要是处理偶然误差的影响。下面详细分析偶然误差的特性。

偶然误差的特点具有随机性，所以它是一种随机误差。偶然误差就单个而言具有随机性，但在总体上具有一定的统计规律，是服从于正态分布的随机变量。

在测量实践中，根据偶然误差的分布，我们可以明显地看出它的统计规律。例如在相同的观测条件下，观测了217个三角形的全部内角。已知三角形内角之和等于180°，这是三内角之和的理论值即真值X，实际观测所得的三内角之和即观测值L。由于各观测值中都含有偶然误差，因此各观测值不一定等于真值，其差即真误差Δ。以下分两种方法来分析：

（1）表格法。

由式（4-1）计算可得217个内角和的真误差，按其大小和一定的区间（本例为$d\Delta=3''$），分别统计在各区间正负误差出现的个数k及其出现的频率k/n（$n=207$），列于表4-1中。

从表4-1中可以看出，该组误差的分布表现出如下规律：小误差出现的个数比大误差多；绝对值相等的正、负误差出现的个数和频率大致相等；最大误差不超过27″。

实践证明，对大量测量误差进行统计分析，都可以得出上述同样的规律，且观测的个数越多，这种规律就越明显。

三角形内角和真误差统计表　　　　　　　　　表4-1

误差区间 $d\Delta$	正 误 差		负 误 差		合 计	
	个数k	频率k/n	个数k	频率k/n	个数k	频率k/n
0″～3″	30	0.138	29	0.134	59	0.272
3″～6″	21	0.097	20	0.092	41	0.189
6″～9″	15	0.069	18	0.083	33	0.152
9″～12″	14	0.065	16	0.073	30	0.138
12″～15″	12	0.055	10	0.046	22	0.101
15″～18″	8	0.037	8	0.037	16	0.074
18″～21″	5	0.023	6	0.028	11	0.051
21″～24″	2	0.009	2	0.009	4	0.018
24″～27″	1	0.005	0	0	1	0.005
27″以上	0	0	0	0	0	0
合 计	108	0.498	109	0.502	217	1.000

（2）直方图法。

为了更直观地表现误差的分布，可将表4-1的数据用较直观的频率直方图来表示。以真误差的大小为横坐标，以各区间内误差出现的频率k/n与区间$d\Delta$的比值为纵坐标，在每一区间上根据相应的纵坐标值画出一矩形，则各矩形的面积等于误差出现在该区间内的频率k/n。如图4-1中有斜线的矩形面积，表示误差出现在+6″～+9″之间的频率，等于 0.069。

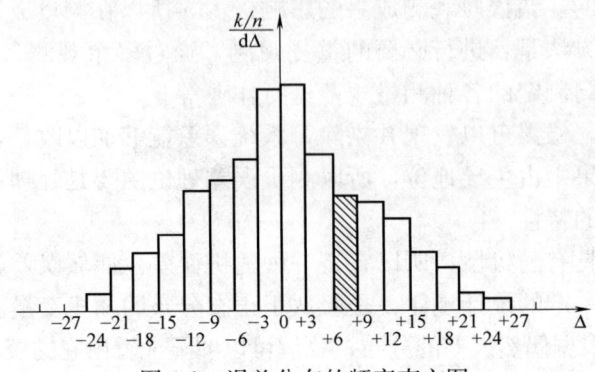

图 4-1　误差分布的频率直方图

显然，所有矩形面积的总和等于 1。

$$f(\Delta)=\frac{1}{\sigma\sqrt{2\pi}}e^{-\frac{\Delta^2}{2\sigma^2}} \tag{4-2}$$

可以设想，如果在相同的条件下，所观测的三角形个数不断增加，则误差出现在各区间的频率就趋向于一个稳定值。当 $n\to\infty$ 时，各区间的频率也就趋向于一个完全确定的数值——概率。若无限缩小误差区间，即 $d\Delta\to 0$，则图 4-1 各矩形的上部折线，就趋向于一条以纵轴为对称的光滑曲线（如图 4-2 所示），称为误差概率分布曲线，简称误差分布曲线，在数理统计中，它服从于正态分布，该曲线的方程式为：

$$\sigma=\lim_{n\to\infty}\sqrt{\frac{[\Delta\Delta]}{n}} \tag{4-3}$$

式中　Δ——偶然误差；

$\sigma(>0)$——与观测条件有关的一个参数，称为误差分布的标准差，它的大小可以反映观测精度的高低。

在图 4-1 中各矩形的面积是频率 k/n。由概率统计原理可知，频率即真误差出现在区间 $d\Delta$ 上的概率 $P(\Delta)$，记为：

$$P(\Delta)=\frac{k/n}{d\Delta}d\Delta=f(\Delta)d\Delta \tag{4-4}$$

根据上述分析，可以总结出偶然误差具有如下四个特性：

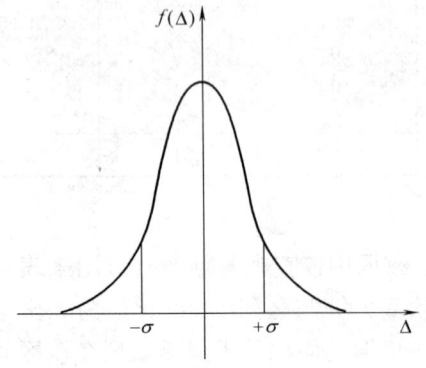

图 4-2　误差频率分布曲线

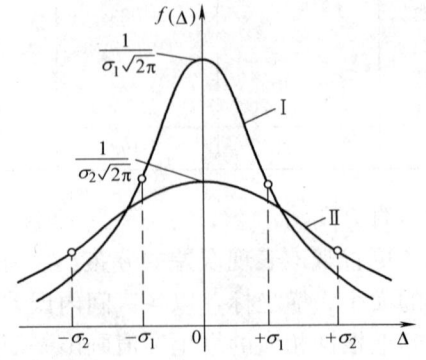

图 4-3　不同精度的误差分布曲线

(1) 有限性：在一定的观测条件下，偶然误差的绝对值不会超过一定的限值。
(2) 集中性：即绝对值较小的误差比绝对值较大的误差出现的概率大。
(3) 对称性：绝对值相等的正误差和负误差出现的概率相同。
(4) 抵偿性：当观测次数无限增多时，偶然误差的算术平均值趋近于零。即

$$\lim_{n\to\infty}\frac{[\Delta]}{n}=0 \tag{4-5}$$

式中，$[\Delta]=\Delta_1+\Delta_2+\cdots+\Delta_n=\sum_{i=1}^{n}\Delta_i$。

在数理统计中，也称偶然误差的数学期望为零，用公式表示为 $E(\Delta)=0$。

图 4-2 中的误差分布曲线，是对应着某一观测条件的，当观测条件不同时，其相应误差分布曲线的形状也将随之改变。例如图 4-3 中，曲线Ⅰ、Ⅱ为对应着两组不同观测条件得出的两组误差分布曲线，它们均属于正态分布，但从两曲线的形状中可以看出两组观测的差异。当 $\Delta=0$ 时，$f_1(\Delta)=\frac{1}{\sigma_1\sqrt{2\pi}}$，$f_2(\Delta)=\frac{1}{\sigma_2\sqrt{2\pi}}$。$\frac{1}{\sigma_1\sqrt{2\pi}}$、$\frac{1}{\sigma_2\sqrt{2\pi}}$ 是这两误差分布曲线的峰值，其中曲线Ⅰ的峰值较曲线Ⅱ的高，即 $\sigma_1<\sigma_2$，故第Ⅰ组观测小误差出现的概率较第Ⅱ组的大。由于误差分布曲线到横坐标轴之间的面积恒等于 1，所以当小误差出现的概率较大时，大误差出现的概率必然要小。因此，曲线Ⅰ表现为较陡峭，即分布比较集中，或称离散度较小，因而观测精度较高。而曲线Ⅱ相对来说较为平缓，即离散度较大，因而观测精度较低。

三、精度评定指标

研究测量误差理论的主要任务之一，是要评定测量成果的精度。在图 4-3 中，从两组观测的误差分布曲线可以看出：凡是分布较为密集即离散度较小的，表示该组观测精度较高；而分布较为分散即离散度较大的，则表示该组观测精度较低。用分布曲线或直方图虽然可以比较出观测精度的高低，但这种方法即不方便也不实用。因为在实际测量问题中并不需要求出它的分布情况，而需要有一个数字特征能反映误差分布的离散程度，用它来评定观测成果的精度，就是说需要有评定精度的指标。在测量中评定精度的指标有下列几种，通常用中误差、相对误差和容许误差作为评定测量成果的精度指标。

1. 中误差

由式（4-3）定义的标准差是衡量精度的一种指标，但那是理论上的表达式。在测量实践中观测次数不可能无限多，因此实际应用中，以有限次观测个数 n 计算出标准差的估值定义为中误差 m，作为衡量精度的一种标准，计算公式为：

$$m=\pm\hat{\sigma}=\pm\sqrt{\frac{\Delta_1^2+\Delta_2^2+\Delta_3^2+\cdots+\Delta_n^2}{n}}=\pm\sqrt{\frac{[\Delta\Delta]}{n}} \tag{4-6}$$

式中 $[\Delta\Delta]$——真误差 Δ 的平方和；
n——观测次数。

【例】 有甲、乙两组各自用相同的条件观测了六个三角形的内角，得三角形的闭合差（即三角形内角和的真误差）分别为：

甲：$+3''$、$+1''$、$-2''$、$-1''$、$0''$、$-3''$；

乙：$+6''$、$-5''$、$+1''$、$-4''$、$-3''$、$+5''$。试分析两组的观测精度。

解： 用中误差公式（4-6）计算得：

$$m_甲 = \pm\sqrt{\frac{[\Delta\Delta]}{n}} = \pm\sqrt{\frac{3^2+1^2+(-2)^2+(-1)^2+0^2+(-3)^2}{6}} = \pm 2.0''$$

$$m_乙 = \pm\sqrt{\frac{[\Delta\Delta]}{n}} = \pm\sqrt{\frac{6^2+(-5)^2+1^2+(-4)^2+(-3)^2+5^2}{6}} = \pm 4.3''$$

从上述两组结果中可以看出，甲组的中误差较小，所以观测精度高于乙组。而直接从观测误差的分布来看，也可看出甲组观测的小误差比较集中，离散度较小，因而观测精度高于乙组。所以在测量工作中，普遍采用中误差来评定测量成果的精度。

注意：在一组同精度的观测值中，尽管各观测值的真误差出现的大小和符号各异，而观测值的中误差却是相同的，因为中误差反映观测的精度，只要观测条件相同，则中误差不变。

2. 相对误差

中误差和真误差都有符号，并且有与观测值相同的单位，它们被称为"绝对误差"。绝对误差可用于衡量那些诸如角度、方向等其误差与观测值大小无关的观测值的精度。然而，有些量如长度，绝对误差不能全面反映观测精度，因为长度丈量的误差与长度大小有关。例如，分别丈量了两段不同长度的距离，一段为100m，另一段为200m，但中误差皆为±0.02m。显然不能认为这两段距离观测成果的精度相同。为此，需要引入"相对误差"的概念，以便能更客观地反映实际测量精度。

相对误差的定义为：相对误差 K 是中误差的绝对值 m 与相应观测值 D 之比，通常以分子为1的分式来表示，即

$$K = \frac{|m|}{D} = \frac{1}{D/|m|} \tag{4-7}$$

分母越大，表示相对误差越小，精度也就越高。

【例】 已知：$D_1 = 100m$，$m_1 = \pm 0.01m$，$D_2 = 200m$，$m_2 = \pm 0.01m$。求：K_1、K_2。

解： $K_1 = m_1/D_1 = 0.01/100 = 1/10000$，

　　　$K_2 = m_2/D_2 = 0.01/200 = 1/20000$。

在距离测量中还常用往返测量结果的相对较差来进行检核。相对较差定义为

$$\frac{|D_往 - D_返|}{D_{平均}} = \frac{|\Delta D|}{D_{平均}} = \frac{1}{\dfrac{D_{平均}}{|\Delta D|}} \tag{4-8}$$

相对较差是真误差的相对误差，它反映的只是往返观测的符合程度，显然，相对较差越小，观测结果越可靠。

3. 极限误差和容许误差

（1）极限误差

由偶然误差的特性一可知，在一定的观测条件下，偶然误差的绝对值不会超过一定的限值。这个限值就是极限误差。在一组等精度观测值中，绝对值大于 m（中误差）的偶然误差，其出现的概率为31.7%；绝对值大于 $2m$ 的偶然误差，其出现的概率为4.5%；绝对值大于 $3m$ 的偶然误差，出现的概率仅为0.3%。

根据式（4-2）和式（4-4）有：

$$P(-\sigma<\Delta<\sigma)=\int_{-\sigma}^{+\sigma}f(\Delta)\mathrm{d}\Delta=\frac{1}{\sigma\sqrt{2\pi}}\int_{-\sigma}^{+\sigma}e^{-\frac{\Delta^2}{2\sigma^2}}\mathrm{d}\Delta\approx 0.683$$

上式表示真误差出现在区间（$-\sigma$，$+\sigma$）内的概率等于 0.683，或者说误差出现在该区间外的概率为 0.317。同法可得：

$$P(-2\sigma<\Delta<2\sigma)=\int_{-2\sigma}^{+2\sigma}f(\Delta)\mathrm{d}\Delta=\frac{1}{\sigma\sqrt{2\pi}}\int_{-2\sigma}^{+2\sigma}e^{-\frac{\Delta^2}{2\sigma^2}}\mathrm{d}\Delta\approx 0.955$$

$$P(-3\sigma<\Delta<3\sigma)=\int_{-3\sigma}^{+3\sigma}f(\Delta)\mathrm{d}\Delta=\frac{1}{\sigma\sqrt{2\pi}}\int_{-3\sigma}^{+3\sigma}e^{-\frac{\Delta^2}{2\sigma^2}}\mathrm{d}\Delta\approx 0.997$$

上列三式的概率含义是：在一组等精度观测值中，绝对值大于 σ 的偶然误差，其出现的概率为 31.7%；绝对值大于 2σ 的偶然误差，其出现的概率为 4.5%；绝对值大于 3σ 的偶然误差，出现的概率仅为 0.3%。

在测量工作中，要求对观测误差有一定的限值。若以 m 作为观测误差的限值，则将有近 32% 的观测会超过限值而被认为不合格，显然这样要求过分苛刻。而大于 $3m$ 的误差出现的机会只有 3‰，在有限的观测次数中，实际上不大可能出现。所以可取 $3m$ 作为偶然误差的极限值，称为极限误差，即 $\Delta_{极}=3m$。

（2）容许误差

实际工作中，测量规范要求观测中不容许存在较大的误差，可由极限误差来确定测量误差的容许值，称为容许误差，即 $\Delta_{容}=3m$。

当要求严格时，也可取两倍的中误差作为容许误差，即 $\Delta_{容}=2m$。

如果观测值中出现了大于所规定的容许误差的偶然误差，则认为该观测值不可靠，应舍去不用或重测。

第二节 中误差、边角精度匹配及点位误差

如图 4-4 所示，欲根据已知点 B 和已知方向 BA，用极坐标法测设点 C，则需要测设水平角 β 和水平距离 d，以确定 C 点位置。由于测角误差 $\Delta\beta$ 使 C 点产生横向误差 $m_{横}=CC_1$ 或 CC_2；由于量距误差使 C 点产生纵向误差 $m_{纵}=CC'$ 或 CC''。

1. 横向误差和纵向误差的计算

测角误差（$\Delta\beta$）对点位 C 产生的横向误差为

$$m_{横}=CC_1=CC_2=d\tan(\Delta\beta) \quad (4-9)$$

量距误差（$k \cdot d$）对点位 C 产生的纵向误差为

$$m_{纵}=CC'=CC''=kd \quad (4-10)$$

2. 边角与量距精度的匹配

若测角误差使 C 点产生的横向误差 $m_{横}=CC_1$（或 CC_2）与量距误差使 C 点产生的纵向误差 $m_{纵}=CC'(CC'')$ 相等，则说明测角与量距精度相匹配，$m_{横}=m_{纵}$，即 $CC_1=CC'$，从而有 $d\tan(\Delta\beta)=kd$。进一步推出下述公式

$$\left.\begin{array}{l}\Delta\beta=\cot k\\ k=\tan(\Delta\beta)\end{array}\right\} \quad (4-11)$$

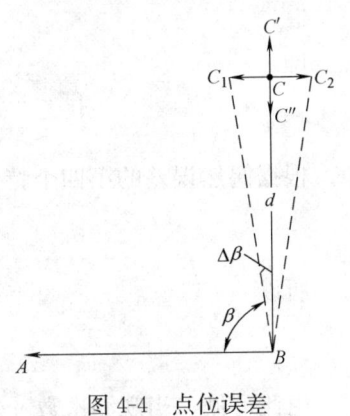

图 4-4 点位误差

3. 点位误差

由测角误差引起的横向误差 $m_横$ 与由量距引起的点位纵向误差 $m_纵$，两者的综合影响即为点位误差 $m_点$。计算公式为：

$$m_点=\sqrt{m_横+m_纵} \tag{4-12}$$

【例】 如图4-4中 $d=40.000$m，测角误差 $\Delta\beta=\pm20''$，量距精度 $k=1/10000$。求 $m_点$ 的值。

解：$m_横=d\tan(\Delta\beta)=40.000\text{m}\times\tan20''=0.0039\text{m}=3.9\text{mm}$

$m_纵=kd=\dfrac{1}{10000}\times40.000\text{m}=0.004\text{m}=4.0\text{mm}$

$m_点=\sqrt{m_横+m_纵}=\sqrt{(3.9\text{mm})^2+(4.0\text{mm})^2}=5.6\text{mm}$

第三节 观测值精度评定误差处理方法

当测定一个角度、一点高程或一段距离的值时，按理说观测一次就可以获得。但仅有一个观测值，测得对错与否，精确与否，都无从知道。如果进行多余观测，就可以有效地解决上述问题，它可以提高观测成果的质量，也可以发现和消除错误。

一、等精度直接观测值的最或然值

等精度直接观测值的最或然值即是各观测值的算术平均值。

设对某未知量进行了一组等精度观测，其观测值分别为 L_1、L_2、$\cdots$、L_n，该量的真值设为 X，各观测值的真误差为 Δ_1、Δ_2、$\cdots$、Δ_n，则

$$\Delta_i=L_i-X(i=1,2,\cdots,n) \tag{4-13}$$

即

$$\left.\begin{array}{l}\Delta_1=l_1-X\\ \Delta_2=l_2-X\\ \vdots\\ \Delta_n=l_n-X\end{array}\right\} \tag{4-14}$$

将各式取和再除以次数 n，得

$$\frac{[\Delta]}{n}=\frac{[L]}{n}-X \tag{4-15}$$

即

$$\frac{[L]}{n}=\frac{[\Delta]}{n}+X \tag{4-16}$$

根据偶然误差的第四个特性有

$$\lim_{n\to\infty}\frac{[L]}{n}=X \tag{4-17}$$

所以

$$\lim_{n\to\infty}\frac{[\Delta]}{n}=0 \tag{4-18}$$

由此可见，当观测次数 n 趋近于无穷大时，算术平均值就趋向于未知量的真值。当 n

为有限值时，算术平均值最接近于真值，因此在实际测量工作中，将算术平均值作为观测的最后结果，增加观测次数则可提高观测结果的精度。

二、评定精度

1. 观测值的中误差

（1）由真误差来计算

当观测量的真值已知时，可根据中误差的定义即

$$m=\pm\sqrt{\frac{[\Delta\Delta]}{n}}$$

由观测值的真误差来计算其中误差。

（2）按观测值的改正数计算中误差

在实际工作中，观测量的真值除少数情况外一般是不易求得的。因此在多数情况下，我们只能按观测值的最或然值来求观测值的中误差。

1）改正数及其特征。

最或然值 x 与各观测值 L_i 之差称为观测值的改正数，其表达式为

$$v_i = x - L_i \quad (i=1,2,\cdots,n) \tag{4-19}$$

在等精度直接观测中，最或然值 x 即是各观测值的算术平均值。即

$$x=\frac{[L]}{n} \tag{4-20}$$

显然

$$[v] = \sum_{i=1}^{n}(x - L_i) = nx - [L] = 0 \tag{4-21}$$

上式是改正数的一个重要特征，在检核计算中有用。

2）公式推导。

已知 $\Delta_i = L_i - X$，将此式与式（4-19）相加，得

$$v_i + \Delta_i = x - X \tag{4-22}$$

令 $x - X = \delta$，则

$$\Delta_i = -v_i + \delta \tag{4-23}$$

对上面各式两端取平方，再求和，得

$$[\Delta\Delta] = [vv] - 2\delta[v] + n\delta^2$$

由于 $[v]=0$，故

$$[\Delta\Delta] = [vv] + n\delta^2 \tag{4-24}$$

而

$$\delta = x - X = \frac{[L]}{n} - X = \frac{[L-X]}{n} = \frac{[\Delta]}{n},$$

$$\delta^2 = \frac{[\Delta]^2}{n^2} = \frac{1}{n^2}(\Delta_1{}^2 + \Delta_2{}^2 + \cdots + \Delta_n{}^2 + 2\Delta_1\Delta_2 + 2\Delta_2\Delta_3 + \cdots + 2\Delta_{n-1}\Delta_n)$$

$$= \frac{[\Delta\Delta]}{n^2} + \frac{2(\Delta_1\Delta_2 + \Delta_2\Delta_3 + \cdots + \Delta_{n-1}\Delta_n)}{n^2}$$

根据偶然误差的特性，当 $n \to \infty$ 时，上式的第二项趋近于零；当 n 为较大的有限值

时，其值远比第一项小，可忽略不计。故

$$\delta^2 = \frac{[\Delta\Delta]}{n^2} \tag{4-25}$$

将式（4-25）代入式（4-24），得

$$[\Delta\Delta] = [vv] + \frac{[\Delta\Delta]}{n} \tag{4-26}$$

根据中误差的定义 $m^2 = \frac{[\Delta\Delta]}{n}$，式（4-26）可写为

$$n \cdot m^2 = [vv] + m^2 \tag{4-27}$$

即

$$m = \pm\sqrt{\frac{[vv]}{n-1}} \tag{4-28}$$

式（4-28）即是等精度观测用改正数计算观测值中误差的公式，又称"白塞尔公式"。

2. 最或然值的中误差

一组等精度观测值为 L_1、L_2、$\cdots L_n$，其中误差均相同，设为 m，最或然值 x 即为各观测值的算术平均值。则有

$$x = \frac{[L]}{n} = \frac{1}{n}L_1 + \frac{1}{n}L_2 + \cdots + \frac{1}{n}L_n$$

根据误差传播定律，可得出算术平均值的中误差 M 为

$$M^2 = \left(\frac{1}{n^2}m^2\right) \cdot n = \frac{m^2}{n}$$

故

$$M = \frac{m}{\sqrt{n}} \tag{4-29}$$

顾及式（4-28），算术平均值的中误差也可表达如下

$$M = \pm\sqrt{\frac{[vv]}{n(n-1)}} \tag{4-30}$$

由式（4-30）可以看出，算术平均值的中误差是观测值中误差的 $1/\sqrt{n}$ 倍，这说明算术平均值的精度比观测值的精度要高，且观测次数越多，精度越高。所以多次观测取其平均值，是减小偶然误差的影响、提高成果精度的有效方法。当观测的中误差 m 一定时，算术平均值的中误差 M 与观测次数 n 的平方根成反比。

【例】 对某段距离进行五次同精度丈量，观测值分别为 148.064m、148.058m、148.063m、148.062m、148.060m。求这段距离的算术平均值、观测值中误差、算术平均值中误差。

解： 计算结果见下表。

编号	L(m)	v	vv	精度评定
1	148.064	−3	9	观测值中误差
2	148.058	3	9	$m = \pm\sqrt{\frac{[\Delta\Delta]}{n-1}} = \pm\sqrt{\frac{24}{4}} = \pm 2.4$mm
3	148.063	−2	4	
4	148.062	−1	1	算术平均值中误差：$m_x = \pm\sqrt{\frac{[\Delta\Delta]}{n(n-1)}} = \pm\sqrt{\frac{24}{20}} = \pm 1.1$mm
5	148.060	1	1	
辅助计算	$x = 148.061$		$[vv] = 24$	最后结果：$x = 148.061 \pm 1.1$mm

三、误差处理方法

1. 量距中误差

当诸观测值 x_i 为同精度观测值时,设其中误差为 m,即 $m_{x_1}=m_{x_2}=\cdots\cdots=m_{x_n}=m$,则

$$m_z=m\sqrt{n} \tag{4-31}$$

这就是说,在同精度观测时,观测值代数和(差)的中误差,与观测值个数 n 的平方根成正比。

【例】 用长为 l 的卷尺量距,共丈量了 n 个尺段,已知每尺段量距的中误差都为 m。求全长 S 的中误差 m_s。

解:因为全长 $S=l+l+\cdots\cdots l$(式中共有 n 个 l)。而 l 的中误差为 m。

$$m_s=m\sqrt{n}$$

即量距的中误差与丈量段数 n 的平方根成正比。

例如,以 30m 长的钢尺丈量 90m 的距离,当每尺段量距的中误差为 ±5mm 时,全长的中误差为

$$m_{90}=\pm 5\sqrt{3}=\pm 8.7\text{mm}$$

当使用量距的钢尺长度相等,每尺段的量距中误差都为 m_l,则每公里长度的量距中误差 m_{km} 也是相等的。当对长度为 S 公里的距离丈量时,全长的真误差将是 S 个一公里丈量真误差的代数和,于是 S 公里的中误差为

$$m_s=\sqrt{S}m_{km} \tag{4-32}$$

式中,S 的单位是公里。即:在距离丈量中,距离 S 的量距中误差与长度 S 的平方根成正比。

2. 水准测量高差中误差

【例】 为了求得 A、B 两水准点间的高差,今自 A 点开始进行水准测量,经 n 站后测完。已知每站高差的中误差均为 $m_{站}$。求 A、B 两点间高差的中误差。

解:因为 A、B 两点间高差 h_{AB} 等于各站的观测高差 $h_i(i=1,2,\cdots,n)$ 之和,即

$$h_{AB}=H_B-H_A=h_1+h_2+\cdots h_n$$

则 $m_{h_{AB}}=\sqrt{n}\cdot m_{站}$

即水准测量高差的中误差,与测站数 n 的平方根成正比。

在不同的水准路线上,即使两点间的路线长度相同,设站数不同时,则两点间高差的中误差也不同。但是,当水准路线通过平坦地区时,每公里的水准测量高差的中误差可以认为相同,设为 m_{km}。当 A、B 两点间的水准路线为 S 公里时,A、B 点间高差的中误差为

$$m_{h_{AB}}^2=\underbrace{m_{km}^2+m_{km}^2+\cdots+m_{km}^2}_{S\text{个}}=S\cdot m_{km}^2$$

或

$$m_{h_{AB}}=\sqrt{S}m_{km} \tag{4-33}$$

即水准测量高差的中误差与距离 S 的平方根成正比。

【例】 用某种仪器,按某种操作方法进行水准测量时,每公里高差的中误差为

±20mm，则按这种水准测量进行了 25km 后，测得高差的中误差为 $\pm 20\sqrt{25} = \pm 100$mm。

在水准测量作业时，对于地形起伏不大的地区或平坦地区，可用 $m_{h_{AB}} = \sqrt{s}m_{km}$ 式计算高差的中误差；对于起伏较大的地区，则用式 $m_{h_{AB}} = \sqrt{n} \cdot m_{站}$ 计算高差的中误差。

3. 角度测量中误差

对一角度进行同精度观测，该角度一测回的两个方向值分别为 β_1、β_2，设各方向一测回的方向中误差为 m，则 $\beta = \beta_1 - \beta_2$。

角度值 β 的中误差为：

$$m_\beta = \sqrt{m_{\beta_1}^2 + m_{\beta_2}^2} = \sqrt{2}m$$

【例】 对三角形三个内角等精度观测，已知测角中误差为 m。计算三角形闭合差的中误差。

解： 三角形的闭合差为：$\Delta = 180° - \beta_1 - \beta_2 - \beta_3$

$$m_\Delta = \sqrt{m_{\beta_1}^2 + m_{\beta_2}^2 + m_{\beta_3}^2} = \sqrt{3}m$$

若测角中误差为 $10''$，则三角形闭合差的中误差为 $\sqrt{3} \cdot 10'' = 17.3''$。

第四节　施工作业过程中减弱误差的方法

本章第一节提到任何测量工作的误差都来源于仪器误差、观测误差和外界条件的影响，下面具体分析水准测量、角度测量、距离测量的误差消除和减弱的方法。

一、水准测量的误差减弱方法

1. 水准仪的仪器误差和水准尺刻划误差

（1）水准仪的望远镜视准轴不平行于水准管轴所产生的误差。

仪器虽在测量前经过校正，仍会存在残余误差。因此造成水准管气泡居中，水准管轴居于水平位置而望远镜视准轴却发生倾斜，致使读数误差。这种误差与视距长度成正比，观测时可通过中间法（前后视距相等）和距离补偿法（前视距离和等于后视距离总和）消除。针对中间法在实际过程中的控制，立尺人是关键，通过应用普通皮尺测距离，之后立尺，简单易行。而距离补偿法不仅繁琐，并且不容易掌握。

（2）水准尺刻划误差。

主要包含尺长误差（尺子长度不准确）、刻划误差（尺上的分划不均匀）和零点差（尺的零刻划位置不准确），对于较精密的水准测量，一般应选用尺长误差和刻划误差小的标尺。尺的零误差的影响，控制方法可以通过在一个水准测段内，两根水准尺交替轮换使用（在本测站用作后视尺，下测站则用作前视尺），并把测段站数目布设成偶数，即在高差中相互抵消。同时可以减弱刻划误差和尺长误差的影响。

2. 观测误差

（1）符合水准管气泡居中的误差。

由于符合水准气泡未能做到严格居中，造成望远镜视准轴倾斜，产生读数误差。读数误差的大小与水准管的灵敏度有关，主要是水准管分划值 τ 的大小。此外，读数误差与视线长度成正比。水准管居中误差一般认为是 0.1τ，根据公式 $m_{居}=0.1\tau s/2\rho$，DS3 级水准仪水准管的分划值一般为 $\tau=20''$，视线长度 s 为 75m，$\rho=206265''$，那么，$m_{居}=0.7$mm。由此看来，只要观测时符合水准管气泡能够认真仔细进行居中，且对视线长度加以限制，与中间法一致，此误差也可以消除。

（2）视差的影响。

当存在视差时，尺像不与十字丝平面重合，观测时眼睛所在的位置不同，读出的数也不同，因此，产生读数误差。所以在每次读数前，控制方法就是要仔细进行物镜对光，消除视差。

（3）水准尺的倾斜误差。

水准尺如果是向视线的左右倾斜，观测时通过望远镜十字丝很容易察觉而纠正。但是，如果水准尺的倾斜方向与视线方向一致，则不易察觉。尺子倾斜总是使尺上读数增大，它对读数的影响与尺的倾斜角和尺上读数的大小（即视线距地面的高度）有关。尺的倾斜角越大，对读数的影响就越大；尺上读数越大，对读数的影响就越大。所产生的读数误差为 $\Delta a=a(1/\cos\gamma-1)$。可见 Δa 的大小既与尺子倾斜角 γ 有关，也和在尺子上的读数 a 有关。当 $\gamma=3°$，$a=1.5$m 时，$\Delta a=2$mm。由此可以看出，此项影响是不可忽视的，因此，在水准测量中，立尺是一项十分重要的工作，一定要认真立尺，使尺处于铅垂位置。尺上有圆水准的应使气泡居中。必要时可用摇尺法，即读数时尺底置于点上，尺的上部在视线方向前后慢慢摇动，读取最小的读数。当地面坡度较大时，尤其应注意将尺子扶直，并应限制尺的最大读数。最重要的是在转点位置。

3. 外界条件的影响

（1）地球曲率及大气折光。

用水平视线代替大地水准面地尺上读数产生的误差为 $C=D^2/2R$，由于大气折光，视线并非完全是水平的，而是一条曲线，曲线的曲率半径为地球半径的 7 倍，其折光量的大小对水准读数产生的影响为 $r=D^2/2\times 7R$。

折光影响与地球曲率影响之和为：

$$f=C-r=\frac{D^2}{2R}-\frac{D^2}{14R}=0.43\frac{D^2}{R}$$

如果前视水准尺和后视水准尺到测站的距离相等，这样在高差中就没有误差的影响了。因此，设站时要争取"前后视距相等"。由公式 $r=D^2/2\times 7R$ 表示，视线离地面越近，折射越大，因此，视线距离地面的高度不应小于 0.3m，并且其影响也可用中间法消除或减弱。此外，应选择有利的时间，一日之中，上午 10 时至下午 4 时这段时间大气比较稳定，便于消除大气折光的影响，但在中午前后观测时，尺像会有跳动，影响读数，应避开这段时间，阴天、有微风的天气可全天观测。

（2）仪器及水准尺下沉的影响。

仪器下沉是指在一测站上读的后视读数和前视读数之间仪器发生下沉，使得前视读数减小，算得的高差增大。为减弱其影响，当采用双面尺法或变更仪器高法时，第一次是读后视读数再读前视读数，而第二次则先读前视读数再读后视读数。即"后、前、前、后"的观测程序。这样的两次高差的平均值即可消除或减弱仪器下沉的影响。

水准尺下沉的误差是指仪器在迁站过程中，转点发生下沉，使迁站后的后视读数增大，算得的高差也增大。如果采取往返测，往测高差增大，返测高差减小，所以取往返高差的平均值，可以减弱水准尺下沉的影响。最有效的方法是应用尺垫，在转点的地方必须放置尺垫，并将其踩实，以防止水准尺在观测过程中下沉。

以上所述的各项误差来源，都是采用单独应用的原则进行分析的，而实际情况则是综合性的影响。只要在作业中注意上述措施，特别是操作熟练后观测速度提高的情况下，各项影响的误差都将大幅度减小，完全能够达到施测精度要求。

二、角度测量的误差减弱方法

1. 仪器误差

仪器误差有属于制造方面的，如度盘偏心、度盘刻划误差、水平度盘与竖轴不垂直等；有属于校正不完善的，如竖轴与照准部水准管轴不完全垂直，视准轴与横轴的残余误差。这些误差中，有的可用适当的观测方法来消除或减低其影响，有的误差本身很小，对测角精度的影响不大。

（1）度盘偏心误差，可取对径分划读数的平均值消除。即使是单指标读数的经纬仪，若采用盘左和盘右两个位置进行观测，同一方向的水平度盘读数正好相差 180°，按理取其平均值就可消除水平度盘偏心的影响，但因竖轴旋转时有晃动而微小地改变了偏心元素 θ 和 e 的值。所以对单指标读数的经纬仪，取盘左和盘右的平均值只能减小而不能完全消除偏心误差。

（2）度盘刻划误差和水平度盘平面不与竖轴垂直的误差，就现代生产的仪器来说，一般都很小，而且当观测的测回数不止一个时，还可以采用变换度盘位置的方法来减低度盘刻划误差的影响。

（3）视准轴误差和横轴误差，用盘左和盘右两个位置进行观测可以抵消这两种误差在观测方向上的影响。

（4）竖轴不垂直于水准管轴所引起的误差则不能通过盘左、盘右观测取平均或其他观测方法来消除，因此，必须认真做好仪器此项检验、校正。

2. 观测误差

（1）对中误差。

仪器对中不准确，使仪器中心偏离测站中心的位移叫做偏心距，偏心距将使所观测的水平角值不是大就是小。经研究知道，对中引起的水平角观测误差与偏心距成正比，并与测站到观测点的距离成反比。因此，在进行水平角观测时，应严格对中，把对中误差限制到最小的程度。

（2）整平误差。

若仪器未能精确整平或在观测过程中气泡不再居中，竖轴就会偏离铅直位置。整平误差不能用观测方法来消除，此项误差的影响与观测目标时视线竖直角的大小有关，当观测目标与仪器视线大致同高时，影响较小；当观测目标时，视线竖直角较大，则整平误差的影响明显增大，此时，应特别注意认真整平仪器。当发现水准管气泡偏离零点超过一格以上时，应重新整平仪器，重新观测。

（3）目标偏心误差。

由于测点上的标杆倾斜而使照准目标偏离测点中心所产生的偏心差称为目标偏心误差。目标偏心是由于目标点的标志倾斜引起的。观测点上一般都是竖立标杆，当标杆倾斜而又瞄准其顶部时，标杆越长，瞄准点越高，则产生的方向值误差越大；边长短时误差的影响更大。为了减少目标偏心对水平角观测的影响，观测时，标杆要准确而竖直地立在测点上，且尽量瞄准标杆的底部。

(4) 瞄准误差。

引起误差的因素很多，如望远镜孔径的大小、分辨率、放大率、十字丝粗细、清晰等，人眼的分辨能力，目标的形状、大小、颜色、亮度和背景，以及周围的环境，空气透明度，大气的湍流、温度等，其中与望远镜放大率的关系最大。观测时应注意消除视差，调清十字丝，选择适宜的观测标志及有利的观测时间。

(5) 读数误差。

读数误差与读数设备、照明情况和观测者的经验有关。一般来说，主要取决于读数设备。对于 $2''$ 级光学经纬仪其误差不超过 $\pm 2''$。根据观测精度要求选择相应等级的仪器设备。

3. 外界条件的影响

影响角度测量的外界因素很多，大风、松土会影响仪器的稳定；地面辐射热会影响大气稳定而引起物像的跳动；空气的透明度会影响照准的精度，温度的变化会影响仪器的正常状态等。这些因素都会在不同程度上影响测角的精度，要想完全避免这些影响是不可能的，观测者只能采取措施及选择有利的观测条件和时间，使这些外界因素的影响降低到最小的程度，从而保证测角的精度。

三、距离测量的误差减弱方法

1. 钢尺量距的误差分析及减弱方法

(1) 尺长误差。

钢尺的名义长度和实际长度不符，产生尺长误差。尺长误差是积累性的，它与所量距成正比。精密量距时，钢尺虽经检定并在丈量结果中进行了尺长改正，其成果中仍存在尺长误差。

(2) 定线误差。

钢尺丈量时钢尺偏离定线方向，将使测线成为一折线，导致丈量结果偏大，这种误差称为定线误差。

(3) 拉力误差。

钢尺有弹性，受拉会伸长。量距时，钢尺在丈量时所受拉力应与检定时拉力相同。如果拉力变化 $\pm 2.6 kg$，尺长将改变 $\pm 1mm$。一般量距时，主要保持拉力均匀即可。精密量距时，必须使用弹簧秤。

(4) 钢尺垂曲误差。

钢尺悬空丈量时中间下垂，称为垂曲，由此产生的误差为钢尺垂曲误差。垂曲误差会使量得的长度大于实际长度，故在钢尺检定时，亦可按悬空情况检定，得出相应的尺长方程式。在成果整理时，按此尺长方程式进行尺长改正。

(5) 钢尺不水平误差。

用平量法丈量时，钢尺不水平，会使所量距离增大。对于 30m 的钢尺，如果目估尺子水平误差为 0.5m（倾角约 1°），由此产生的量距误差为 4mm。因此，用平量法丈量时应尽可能使钢尺水平。

精密量距时，测出尺段两端点的高差，进行倾斜改正，可消除钢尺不水平的影响。

（6）丈量误差。

钢尺端点对不准、测钎插不准、尺子读数不准等引起的误差都属于丈量误差。这种误差对丈量结果的影响可正可负，大小不定。在量距时应尽量认真操作，以减小丈量误差。

（7）温度改正。

钢尺的长度随温度变化，丈量时温度与检定钢尺时温度不一致，或测定的空气温度与钢尺温度相差较大，都会产生温度误差。所以，精度要求较高的丈量，应进行温度改正，并尽可能用温度计测定尺温，或尽可能在阴天进行，以减小空气温度与钢尺温度的差值。

2. 视距测量误差分析及减弱方法

（1）用视距丝读取尺间隔的误差。

读取视距尺间隔的误差是视距测量误差的主要来源，因为视距尺间隔乘以常数，其误差也随之扩大 100 倍。因此，读数时注意消除视差，认真读取视距尺间隔。另外，对于一定的仪器来讲，应尽可能缩短视距长度。

（2）垂直角测定误差。

从视距测量原理可知，垂直角误差对于水平距离影响不显著，而对高差影响较大，故用视距测量方法测定高差时应注意准确测定垂直角。读取竖盘读数时，应严格令竖盘指标水准管气泡居中。对于竖盘指标差点影响，可采用盘左、盘右观测垂直角平均值的方法来消除。

（3）标尺倾斜误差。

标尺立不直，前后倾斜时将给视距测量带来较大误差，其影响随着尺子倾斜度和地面坡度的增加而增加。因此标尺必须严格铅直（尺长应有水准器），特别是在山区作业时。

（4）外界条件的影响。

1）大气垂直折光影响。由于视线通过的大气密度不同而产生垂直折光差，而且视线越接近地面垂直折光差的影响也越大，因此观测时应使视线离开地面至少 1m 以上（上丝读数不得小于 0.3m）。

2）空气对流使成像不稳定产生的影响。这种现象在视线通过水面和接近地表时较为突出，特别在烈日下更为严重。因此应选择合适的观测时间，尽可能避开大面积水域。

3. 电磁波测距的误差分析及其减弱

（1）比例误差

1）光速值的误差。光速值对测距误差的影响甚微，可以忽略不计。

2）调制频率的误差。调制频率的误差，包括两个方面，即频率校正的误差（反映了频率的精确度）和频率的漂移误差（反映了频率的稳定度）。频率误差影响在精密中远程测距中是不容忽视的，作业前后及时进行频率检校，必要时还得确定晶体的温度偏频曲线，以便给以频率改正。

3）大气折射率误差。正确测定测站和镜站上的气象元素，并计算得出的大气折射系数与传播路径上的实际数值十分接近，可以大大地减少大气折射的误差影响，这时精密中、远程测距乃是十分重要的。

（2）固定误差

测相误差、仪器加常数误差和对中误差都属于固定误差，在精密的短程测距时，这类误差将处于突出的地位。

1）仪器和反棱镜的对中误差。在控制测量中，一般要求对中误差在 3mm 以下，要求归心误差在 5mm 左右。但在精密短程测距时，由于精度要求高，必须采用强制归心方法，最大限度地削弱此项误差影响。

2）仪器加常数的测定误差。经常对加常数进行及时检测，予以发现并改用新的加常数来避免这种影响。

3）测相误差。包括测相设备本身的误差、幅像误差、照准误差、信噪比引起的误差和周期误差。

近几年来生产的测距仪周期误差振幅都比较小，当振幅 A 小于测距中误差的 1 倍时，在成果中可以不改正。但由于在仪器的使用过程中会发生变化，因此应做定期检查。若存在较大的周期误差，测距成果就要进行改正。严重时要送工厂检修。

第五章 测量坐标系

第一节 不同测量坐标系的特点

确定地球表面或外层空间中实体（点）的空间位置，是测绘的基本任务之一，也是最重要、最基础的工作。

实体（点）的空间位置的表达可用多种方式。常用的是用处于某种坐标系中的坐标表达。要表达实体（点）的空间位置，应用三维坐标表示。测量上的常用坐标系有多种，下面介绍几个我们测量中常用的坐标系。

一、地理坐标系

地理坐标系是指用经度、纬度表示地面点位置的球面坐标系，根据建立球面坐标系时采用的基准面与基准线的不同，地理坐标系分为大地坐标系与天文坐标系。

（1）大地坐标系 Geodetic Coordinate System

大地坐标系是以参考椭球面为基准面，以其法线为基准线建立的坐标系，是测量上最重要的坐标系统之一，现介绍与建立大地坐标系有关的参考椭球面上的点、线、面的基本概念（图 5-1）。

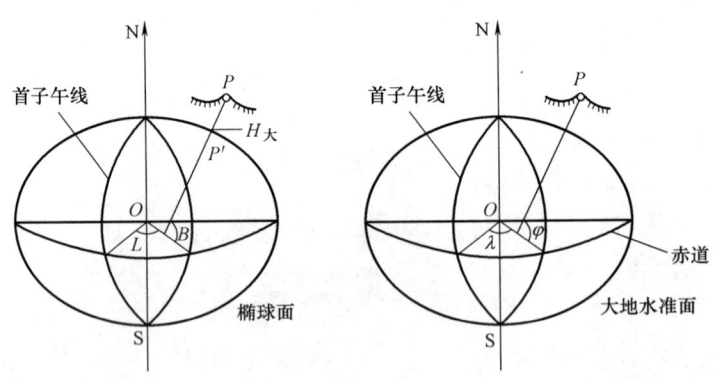

图 5-1 大地坐标系

1) 基本概念。

① 参考椭球面上的点、线、面：

O 点：参考椭球中心。

极点：北极 N，南极 S。

子午面 (meridian plane)：包含参考椭球面短轴 NS 的平面。

子午线 (meridian)：子午面与参考椭球面的交线。

首子午面（first meridian plane）：过英国格林尼治天文台中心 G 的子午面。
首子午线（first meridian）：首子午面与参考椭球面的交线。
赤道面（equatorial plane）：过参考椭球的中心与短轴正交的平面。
赤道（equator）：赤道面与参考椭球面的交线。
纬线（parallel）：与赤道平行的平面与参考椭球面的交线。
法线（ellipsoidal normal）：过地面点与参考椭球面正交的直线。

② 大地经度（geodetic longitude）。过地面点的子午面与首子午面之间的夹角，称为该点的大地经度。从首子午面起算，向东为正，称东经；向西为负，称为西经。测量上一般用 L 表示，其取值范围为 $0 \sim \pm 180°$。

③ 大地纬度 geodetic latitude。过地面点的法线与赤道面的夹角称为该点的大地纬度。从赤道面起算向北为正，称为北纬；向南为负，称为南纬。测量上一般用 B 表示，其取值范围为 $0 \sim \pm 90°$。

2）大地坐标系表示点在大地坐标系中的位置，用经度、纬度和高程表示。

经、纬度：经纬度有天文经纬度和大地经纬度之分（图 5-1）。

天文经、纬度用 $\lambda \varphi$ 表示，以铅垂线为基准线，用天文测量方法测定。

大地经、纬度用 L、B 表示，以地球椭球的发现为计算的基准线，用大地测量的方法计算得到。

同一点的天文经纬度和大地经纬度不相同，原因在于同点上的铅垂线和地球椭球的法线不相重合。两者产生的夹角称之为垂线偏差。

3）我国采用的大地坐标系。

① 1954 年北京坐标系（BJ54 旧）：

坐标原点：苏联的普尔科沃。

参考椭球：克拉索夫斯基椭球。

平差方法：分区分期局部平差。

存在问题：

a. 椭球参数有较大误差。

b. 参考椭球面与我国大地水准面存在着自西向东明显的系统性倾斜。

c. 几何大地测量和物理大地测量应用的参考面不统一。

d. 定向不明确。

② 1980 年国家大地坐标系（GDZ80）：

坐标原点：陕西省泾阳县永乐镇。

参考椭球：1975 年国际椭球。

平差方法：天文大地网整体平差。

特点：

a. 采用 1975 年国际椭球。

b. 参心大地坐标系是在 1954 年北京坐标系基础上建立起来的。

c. 椭球面同似大地水准面在我国境内最为密合，是多点定位。

d. 定向明确。

e. 大地原点地处我国中部。

f. 大地高程基准采用1956年黄海高程。

③ 新1954年北京坐标系（BJ54新）：

新1954年北京坐标系（BJ54新）是由1980年国家大地坐标系（GDZ80）转换得来的。

坐标原点：陕西省泾阳县永乐镇。

参考椭球：克拉索夫斯基椭球。

平差方法：天文大地网整体平差。

BJ54新的特点：

a. 采用克拉索夫斯基椭球。

b. 是综合GDZ80和旧BJ54建立起来的参心坐标系。

c. 采用多点定位。但椭球面与大地水准面在我国境内不是最佳拟合。

d. 定向明确。

e. 大地原点与GDZ80相同，但大地起算数据不同。

f. 大地高程基准采用1956年黄海高程。

g. 与BJ54旧相比，所采用的椭球参数相同，其定位相近，但定向不同。

h. BJ54旧与BJ54新无全国统一的转换参数，只能进行局部转换。

④ 2000国家大地坐标系。

2008年3月，由国土资源部正式上报国务院《关于中国采用2000国家大地坐标系的请示》，并于2008年4月获得国务院批准。自2008年7月1日起，我国将全面启用2000国家大地坐标系，国家测绘地理信息局受权组织实施。

2000国家大地坐标系是全球地心坐标系在我国的具体体现，其原点为包括海洋和大气的整个地球的质量中心。2000国家大地坐标系采用的地球椭球参数如下：

长半轴　$a = 6378137$ m

扁率　$f = 1/298.257222101$

地心引力常数　$GM = 3.986004418 \times 10^{14}$ m³s⁻²

自转角速度　$\omega = 7.292115 \times 10^{-5}$ rads⁻¹

（2）天文坐标系 Astronomical Coordinate System

以大地水准面和铅垂线为基准面与基准线建立的球面坐标系称为天文坐标系。在该坐标系中，用天文经度、天文纬度表示地面点的位置，如图5-2所示，图中NS为地球自转轴。

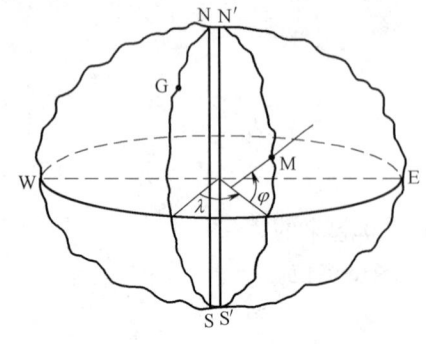

图5-2　天文坐标系

由于地面各点的铅垂线方向的不规则性，过地面某点的铅垂线一般不与地球的自转轴相交。规定过地面点的铅垂线且与地球自转轴平行的平面为该点的天文子午面；过地球质心且与地球自转旋转轴正交的平面为地球赤道面；过格林尼治天文台的天文子午面为起始天文子午面；天文经纬度的定义如下：

天文经度：过地面点的天文子午面与起始天文子午面的夹角称天文经度，从首子午面起算，向东为正,称东经;向西为负,称为西经,测量上一般用λ表示。其取值范围为0~±180°。

天文纬度:过地面点的铅垂线与地球赤道面的夹角称为该点的天文纬度,从地球赤道面起算向北为正,称为北纬,向南为负,称为南纬,测量上一般用φ表示,其取值范围为0~±90°。

天文坐标系是以客观存在的自然特性为基础建立的。通过观测合适的天体可以测定地面点的天文经度和天文纬度。而大地经纬度并不能通过直接观测获得。

由于过地面点的铅垂线一般不与过该点的法线重合,因而地面点大地经纬度与天文经纬度之间也略有差异。地面点的铅垂线与法线方向的偏差称为"垂线偏差"。垂线偏差是研究地球形状的重要数据,也是将大地观测成果归算到参考椭球面上的重要参数。用天文重力和水准测量的方法可以测定和计算垂线偏差的大小。

二、高程

无论是大地坐标、天文坐标,还是平面坐标,只表示了点在地面上的位置,但点的高低的信息还没有表示,在测量上,用高程来表示点的高低信息。

1. 高程定义

选择不同的基准面,就有不同的高程系统。测量中通常以大地水准面作为高程的起算面,因此,我们把地面点沿铅垂线方向至大地水准面的距离,称为高程,亦称为海拔或正高,以大地水准面为起算面,其上为正,其下为负,如图5-3所示。

2. 我国的高程系统

由于大地水准面是一个理想的面,在实际测量中不易找到其位置,所以高程起算面一般是用对海水验潮求得平均海水面的方法而得到。我国的验潮站设在青岛。同时又在验潮站附近设一固定点,求得该点的高程,将该点作为全国统一的高程起算点,称为水准原点(leveling origin)。

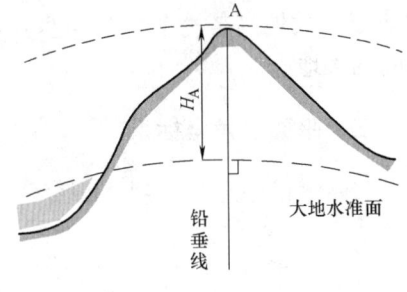

图5-3 高程定义

我国解放初期采用1950~1956年验潮资料,求得平均海水面位置,进而测得水准原点的高程为72.289m,此高程系统称为1956年黄海高程系。由于验潮资料时间周期短,不甚精确。为提高大地水准面的精度,国家又根据青岛验潮站1952~1979年的验潮资料组合成了10个周期为19年的验潮资料,经精确计算,于1985年重新确定了黄海平均海水面的位置和高程原点的高程(72.260m),并决定从1988年起,一律按此原点高程推算全国控制点的高程,称为"1985年国家高程基准"(图5-4)。可见,我国的验潮资料也为近年来海平面上涨提供了依据。

3. 高差

同一高程系中,地面两点高程之差称为高差(Difference of elevtion)。

实际测量中,一般是测量未知点与另一个已知高程的点之间的高差来求得未知点高程的,如图5-5中,B点对A点的高差$h_{AB}=H_B-H_A$,若已知A点高程H_A,通过测量得到h_{AB},则B点高程可用$H_B=H_A+h_{AB}$求得。需要强调的是高差是相对的,一定要冠以正负号。

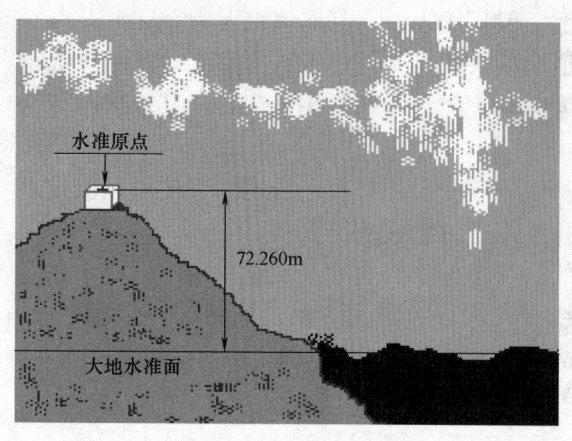

图 5-4　1985 年高程基准

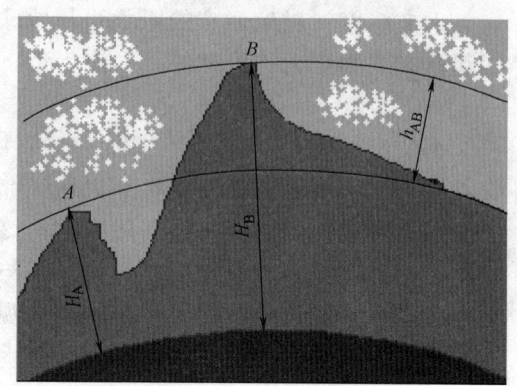

图 5-5　高差

4. 高程系统

正高系统是以大地水准面为基准面的高程系统。某点的正高是该点到通过该点的铅垂线与大地水准面的交点之间的距离，正高用符号 H_g 表示。

正常高系统是以似大地水准面为基准的高程系统。某点的正常高是该点到通过该点的铅垂线与似大地水准面的交点之间的距离，正常高用符号 H_r 表示。

大地高系统是以参考椭球面为基准面的高程系统。某点的大地高是该点到通过该点的参考椭球的法线与参考椭球面的交点间的距离。大地高也称为椭球高，大地高一般用符号 H 表示。大地高是一个纯几何量，不具有物理意义，同一个点，在不同的基准下，具有不同的大地高。

三、平面直角坐标系

实际测量中经常用到平面直角坐标系，如图 5-6 所示。

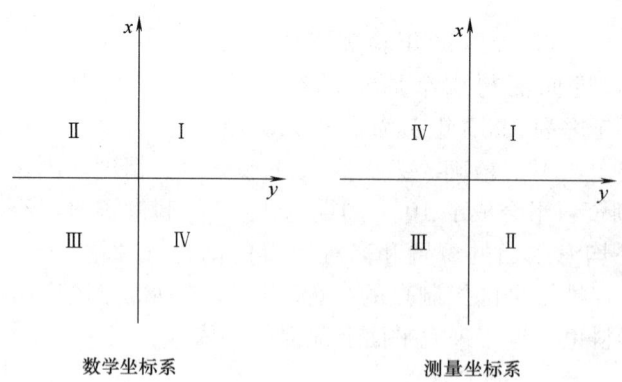

图 5-6　数学坐标系与测量坐标系的异同

需要指出的是，测量中采用的平面直角坐标系与数学上的平面直角坐标系有一些不同（表 5-1），x、y 轴进行了交换，象限的顺序也随之改变，但是坐标轴与象限的相对关系没变，数学上的所有公式都适用于该坐标系。测量上在下列两种情况下采用平面直角坐标系：

（1）局部范围内测量。如建筑中的工程测量，将地球表面近似看成平面，建立平面直角坐标系，用一对坐标（x,y）表示点位置，再加上高程 H 表示点的高程信息，这样用（x,y,H）就可以表示点的三维坐标。

（2）通过地图投影，将参考椭球面投影到平面上，建立参考椭球面上点与平面上点的一一对应关系。再在投影平面上建立平面直角坐标系，用（x,y,H）表示三维坐标。

数学坐标系与测量坐标系的异同　　　　　　　表 5-1

类　别	测量坐标系	数学坐标系
坐标轴指向	纵轴(x):南北方向 横轴(y):东西方向	纵轴(x):南北方向 横轴(y):东西方向
象限编号	顺时针	逆时针
目的	为了便于定向,可以不改变数学公式而直接将其应用于测量计算中	

第二节　坐标系间平面坐标转换计算

一、基本概念

1. 方位角计算

（1）方位角。

由基本方向线的北端起顺时针方向到某一方向线的水平角度，称为该方向的方位角。方位角的角值为 $0°\sim360°$ 取值。方位角有三种，真方位角、磁方位角、坐标方位角。以真子午线为基本方向线，所得方位角称为真方位角，一般以 A 表示。以磁子午线为基本方向线，则所得方位角称为磁方位角，一般以 $A_磁$ 来表示。以坐标纵轴为基本方向线所得方位角，称为坐标方位角（有时简称方位角），通常以 α 来表示。

（2）象限角。

从过直线一端的基本方向线的北端或南端，依顺时针（或逆时针）的方向量至直线的锐角，称为该直线的象限角，一般以 R 表示。象限角的角值为 $0°\sim90°$。图 5-7 所示，NS 为经过 O 点的基本方向线，R_1、R_2、R_3、R_4 分别为直线 O_1、O_2、O_3、O_4 的象限角。它们顺次相应等于第一、二、三、四象限中的象限角。象限角也有正反之分，正反象限角值相等，象限名称相反。

（3）坐标方位角。

由坐标纵轴方向的北端起，顺时针量到直线间的夹角，称为该直线的坐标方位角，常简称方位角，用 α 表示，它以 x 轴正方向为起算方向。相对来说，一条直线有正、反两个方向。直线的两端可以按正、反方位角进行定向。若设定直线的正方向为 P_1P_2，则直线 P_1P_2 的方位角为正方位角，而直线 P_2P_1 的方位角就是直线 AB 的反方位角。图 5-8 中，$\alpha_{21}=\alpha_{12}+180°$

正、反方位角的一般关系式为：

$$\alpha_反=\alpha_正\pm180° \tag{5-1}$$

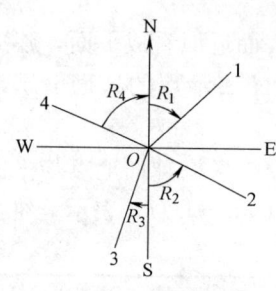

图 5-7 象限角

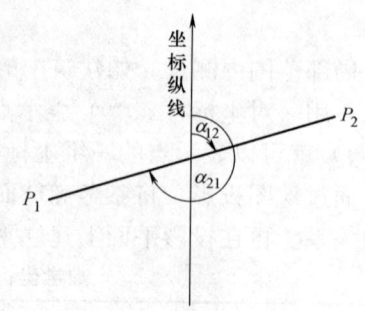

图 5-8 坐标方位角

(4) 坐标方位角的计算。

B、A 为已知点，BA 边的坐标方位角 α_{AB} 为已知，通过联测求得 AB 边与 $B1$ 边的连接角为 β_A（左角），测出了各点的左（或右）角，现在要推算 12、23 和 3C 边的坐标方位角，如图 5-9 所示。则有如下推算式

$$\alpha_{B1} = \alpha_{AB} + \beta_{B左} \pm 180°$$

$$\alpha_{12} = \alpha_{B1} + \beta_{1左} \pm 180° \tag{5-2}$$

$$\alpha_{23} = \alpha_{12} + \beta_{2左} \pm 180° \tag{5-3}$$

$$\alpha_{3C} = \alpha_{23} + \beta_{3左} \pm 180° \tag{5-4}$$

综合以上各式，可以得出规律。由此得公式

$$\alpha_{n,n+1} = \alpha_{n-1,n} + \beta_{左} \pm 180° \tag{5-5}$$

如果一律测量导线的右角，则各边的方位角的推算公式如下

$$\alpha_{n,n+1} = \alpha_{n-1,n} - \beta_{右} \pm 180° \tag{5-6}$$

在推算导线边的坐标方位角的过程中必须注意，如果计算出的方位角 $>360°$ 时，则应减去 $360°$；若方位角 $<0°$，则应加上 $360°$，以保证计算出的坐标方位角在 $0° \sim 360°$ 之间。

2. 坐标正算

根据已知点坐标、已知边长和该边的坐标方位角，计算该边未知端点的坐标的方法，称为坐标正算。

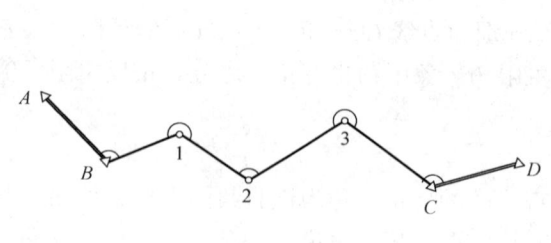

图 5-9 坐标方位角推算

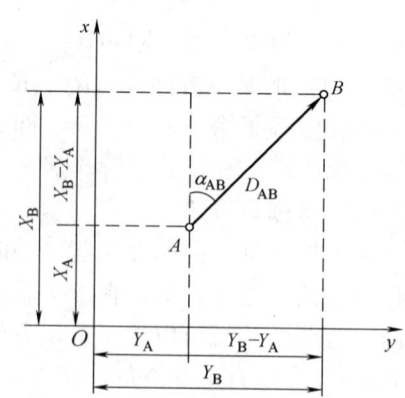

图 5-10 坐标正算

如图 5-10 所示，设 A 点坐标为 (X_A, Y_A)，A 至 B 点边长 D_{AB} 和坐标方位角 α_{AB} 均为已知，求 B 点坐标 (X_B, Y_B)。图中，ΔX_{AB} 和 ΔY_{AB} 分别称为 A 至 B 点的纵坐标增量

和横坐标增量，即 A、B 两点的纵坐标值和横坐标值之差。由图中关系，计算 B 点坐标的公式为

$$X_B = X_A + \Delta X_{AB}$$
$$Y_B = Y_A + \Delta Y_{AB} \tag{5-7}$$

式中

$$\Delta X_{AB} = D_{AB} \times \cos\alpha_{AB}$$
$$\Delta Y_{AB} = D_{AB} \times \sin\alpha_{AB}$$

3. 坐标反算

根据导线边两端点坐标计算该导线的坐标方位角及边长的方法，称为坐标反算，如图 5-10 所示，可知

$$\tan\alpha_{AB} = \frac{\Delta Y_{AB}}{\Delta X_{AB}} \tag{5-8}$$

由于坐标方位角 α_{AB} 在 0°～360°之间取值，则计算坐标方位角的实际公式为

$$\alpha_{AB} = \arctan\frac{\Delta Y_{AB}}{\Delta X_{AB}} \quad (\Delta X_{AB} \text{ 和 } \Delta Y_{AB} \text{ 同号且同为正}) \tag{5-9}$$

或 $\quad \alpha_{AB} = 180° - \arctan\left|\frac{\Delta Y_{AB}}{\Delta X_{AB}}\right| \quad (\Delta X_{AB} < 0, \Delta Y_{AB} > 0) \tag{5-10}$

$$\alpha_{AB} = 180° + \arctan\left|\frac{\Delta Y_{AB}}{\Delta X_{AB}}\right| \quad (\Delta X_{AB} < 0, \Delta Y_{AB} < 0) \tag{5-11}$$

$$\alpha_{AB} = 360° - \arctan\left|\frac{\Delta Y_{AB}}{\Delta X_{AB}}\right| \quad (\Delta X_{AB} > 0, \Delta Y_{AB} < 0) \tag{5-12}$$

AB 直线的水平边长，其计算公式如下

$$D_{AB} = \sqrt{\Delta X_{AB}^2 + \Delta Y_{AB}^2} \tag{5-13}$$

式中

$$\Delta X_{AB} = X_B - X_A$$
$$\Delta Y_{AB} = Y_B - Y_A$$

【**例**】 如图 5-11 已知 AB 两点的边长为 188.43m，方位角为 146°07′06″，则 AB 的 x 坐标增量为（　　）。

(A) −156.433m　　　(B) 105.176m　　　(C) 105.046m　　　(D) −156.345m

参考答案：A。

二、测量坐标系与施工坐标系的换算

坐标换算关系，是把一个点的施工坐标能够换算成测图坐标，或者将一个点的测图坐标换算成施工坐标系的坐标。

如图 5-12 中，XOY 为测图坐标系，$AO'B$ 为施工坐标系。工程坐标系的原点 O' 的测量坐标为（$X_{O'}$，$Y_{O'}$），设 P 点在测图坐标系中的坐标为（X_P，Y_P），在施工坐标系中的坐标为（A_P，B_P）。则 P 点由施工坐标（A_P，B_P）换算成测量坐标（X_P，Y_P）的公式为：

$$X_P = X_{O'} + A_P\cos\alpha - B_P\sin\alpha$$
$$Y_P = Y_{O'} + A_P\sin\alpha + B_P\cos\alpha \tag{5-14}$$

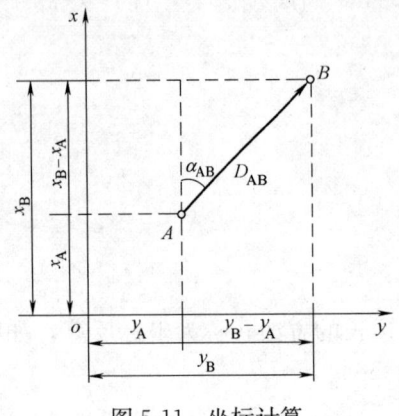

图 5-11 坐标计算

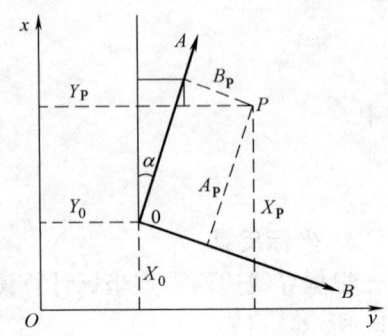

图 5-12 施工坐标系与测量坐标系转换

由测量坐标换算为施工坐标的公式为：

$$A_P = (X_P - X_{O'})\cos\alpha + (Y_P - Y_{O'})\sin\alpha$$
$$B_P = -(X_P - X_{O'})\sin\alpha + (Y_P - Y_{O'})\cos\alpha \tag{5-15}$$

$X_{O'}$、$Y_{O'}$、α 称为坐标换算元素，一般由设计文件明确给定。

三、任意两平面坐标系间的转换

实际工作中，常常需要对两组不同的平面坐标系进转换，其转换公式为：

平面直角坐标转换模型：

$$\begin{bmatrix} x_2 \\ y_2 \end{bmatrix} = \begin{bmatrix} x_0 \\ y_0 \end{bmatrix} + (1+m)\begin{bmatrix} \cos\alpha & -\sin\alpha \\ \sin\alpha & \cos\alpha \end{bmatrix}\begin{bmatrix} x_1 \\ y_1 \end{bmatrix} \tag{5-16}$$

式中　x_0, y_0——平移参数；

　　　α——旋转参数；

　　　m——尺度参数；

　　　x_2, y_2——目标大地坐标系下的平面直角坐标；

　　　x_1, y_1——原坐标系下平面直角坐标，坐标单位为米。

上述公式中，两坐标系之间的转换参数包括两个平移参数（x_0，y_0）、1 个旋转参数 α 和 1 个尺度参数 m，因此至少应不少于两个公共点才能求解，这一转换计算模型通常称为四参数模型。

实际工作中，如果公共点较多，计算上述参数的方程式也就越多，这时需要对公共点进行分析，选择误差较小的公共点和用最小二乘法原理来解算才能获得满意的结果。

四、极坐标与测量平面直角坐标的换算

在平面内取一个定点 O，叫做极点；引一条射线 Ox，叫做极轴；再选定一个长度单位和角度的正方向（通常取逆时针方向）。对于平面内任何一点 M，用 ρ 表示线段 OM 的长度，θ 表示从 Ox 到 OM 的角度，ρ 叫做点 M 的极径，θ 叫做点 M 的极角，有序数对 (ρ, θ) 就叫做点 M 的极坐标，这样建立的坐标系叫做极坐标系。

令极坐标系的极点 O 与测量平面直角坐标系的原点重合，极轴 Ox 与正向纵轴（x

轴）重合。设 M 为平面上任意一点，x 和 y 为该点的直角坐标，D 和 α 为极坐标，如图 5-13 所示。

则：
$$x = D\cos\alpha$$
$$y = D\sin\alpha \tag{5-17}$$

反之：
$$D^2 = \sqrt{x^2 + y^2} \tag{5-18}$$
$$\tan\alpha = \frac{y}{x}$$
$$\alpha = \tan^{-1}\left(\frac{y}{x}\right) \tag{5-19}$$

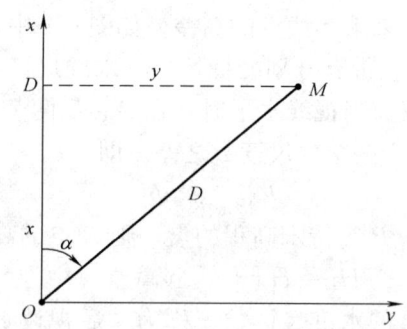

图 5-13　极坐标与测量平面直角坐标系换算

第六章 水准测量

第一节 水准测量原理

一、水准测量的原理

水准测量是利用水平视线来求得两点的高差。如图 6-1 中,为了求出 A、B 两点的高差 h_{AB},在 A、B 两个点上竖立带有分划的标尺——水准尺,在 A、B 两点之间安置可提供水平视线的仪器——水准仪。当视线水平时,在 A、B 两个点的标尺上分别读得读数 a 和 b,则 A、B 两点的高差等于两个标尺读数之差。即:

$$h_{AB} = a - b \tag{6-1}$$

如果 A 为已知高程的点,B 为待求高程的点,则 B 点的高程为:

$$H_B = H_A + h_{AB} (\text{高差法}) \tag{6-2}$$

读数 a 是在已知高程点上的水准尺读数,称为"后视读数";b 是在待求高程点上的水准尺读数,称为"前视读数"。高差必须是后视读数减去前视读数。高差 h_{AB} 的值可能是正,也可能是负,正值表示待求点 B 高于已知点 A,负值表示待求点 B 低于已知点 A。此外,高差的正负号又与测量进行的方向有关,例如图 6-1 中测量由 A 向 B 进行,高差用 h_{AB} 表示,其值为正;反之,由 B 向 A 进行,则高差用 h_{BA} 表示,其值为负。所以,说明高差时必须标明高差的正负号,同时要说明测量进行的方向。

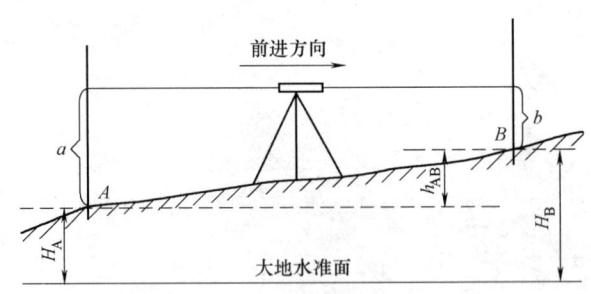

图 6-1 水准测量原理

由图 6-1 可以看出,B 点高程还可以通过仪器的视线高程 H_i 来计算,即

$$H_i = H_A + a \tag{6-3}$$

$$H_B = H_i - b (\text{仪高法}) \tag{6-4}$$

二、转点、测站

图 6-1 所表示的水准测量是当 A、B 两点相距不远的情况,这时水准仪可以直接在水

准尺上得到读数,且能保证一定的读数精度。如果两点之间的距离较远,或高差较大时,仅安置一次仪器便不能测得它们的高差,这时需要加设若干临时的立尺点,作为传递高程的过渡点,称为转点。转点的特点:传递高程,转点上产生的任何差错,都会影响到以后所有点的高程;既有前视读数又有后视读数,它们在前一测站先作为待求高程的点,然后在下一测站再作为已知高程的点,如图 6-2 所示。

从公式(6-5)就可以看出来:每一站的高差等于此站的后视读数减去前视读数;起点到闭点的高差等于各段高差的代数和,也等于后视读数之和减去前视读数之和。通常要同时用$\sum h$ 和($\sum a - \sum b$)进行计算,用来检核计算是否有误。

$$h_1 = a_1 - b_1$$
$$h_2 = a_2 - b_2$$
$$\cdots\cdots$$
$$h_n = a_n - b_n$$
$$h_{AB} = \sum h = \sum a_n - \sum b_n \tag{6-5}$$

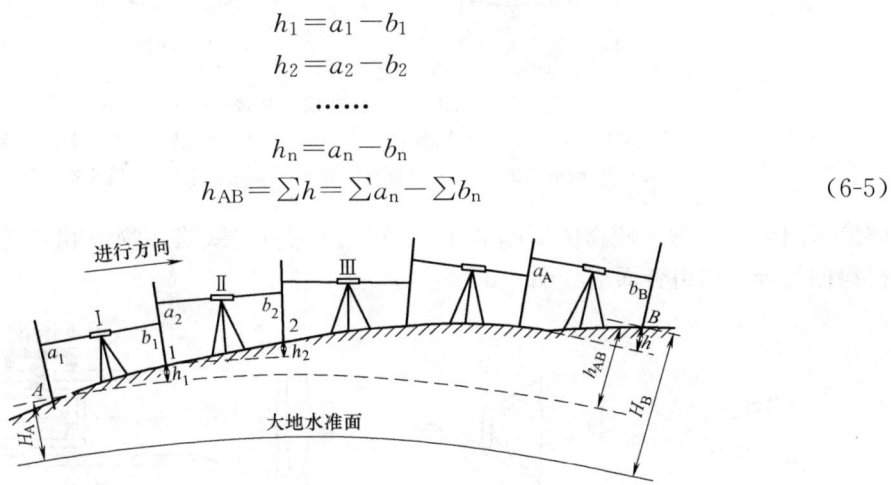

图 6-2 附合水准路线

第二节 自动安平水准仪的构造及其操作使用

水准仪是进行水准测量的主要仪器,它可以提供水准测量所必需的水平视线。目前的普通水准仪一般都是自动安平水准仪,自动安平水准仪(automatic level)是在望远镜的光学系统中安装了补偿器,能使水准仪望远镜在倾斜±15″的情况下,仍能自动提供一条水平视线。水准仪安置后调置圆水准器气泡使其居中就可以进行水准测量,然后用望远镜照准水准尺,即可读取读数。再加上它无水平制动螺旋,水平微动螺旋依靠摩擦传动无限量限制,照准目标十分方便。在水准仪的基座上有水平度盘刻度线,利用它还能在较为平坦的地方进行碎部测量。所以,水准仪在建筑施工测量中得到了广泛的使用。

一、水准仪及工具

1. 水准仪的构造

图 6-3 为水准仪的结构图,主要由望远镜、补偿器、基座三个主要部分组成。

(1)望远镜

望远镜一般是由物镜、物镜调焦镜、目镜和十字丝分划板组成。物镜的作用是使物体在物镜的另一侧构成一个倒立的实像,目镜的作用是使这一实像在同一侧形成一个放大的

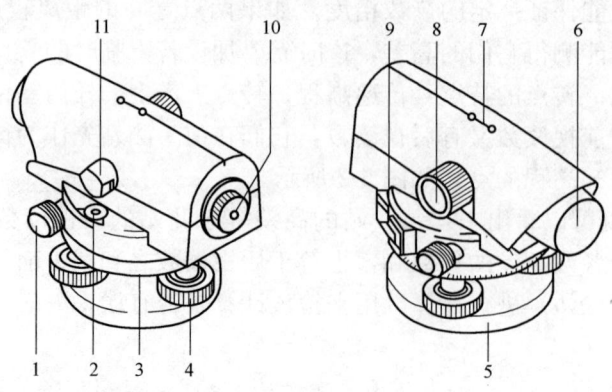

图 6-3 水准仪结构图

1—无级微动螺旋；2—圆水准气泡；3—水平圆环；4—脚螺旋；5—底盘；6—物镜；
7—粗瞄器；8—调焦螺旋；9—水平度盘读数窗；10—目镜；11—圆水准气泡反射镜

虚像（图 6-4）。为了使物像清晰并消除单透镜的一些缺陷，物镜和目镜都是用两种不同材料的复合透镜组合而成（图 6-5）。

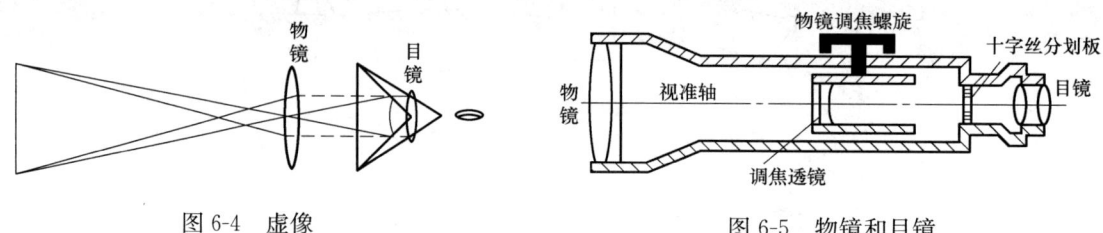

图 6-4 虚像　　　　　　　　　　图 6-5 物镜和目镜

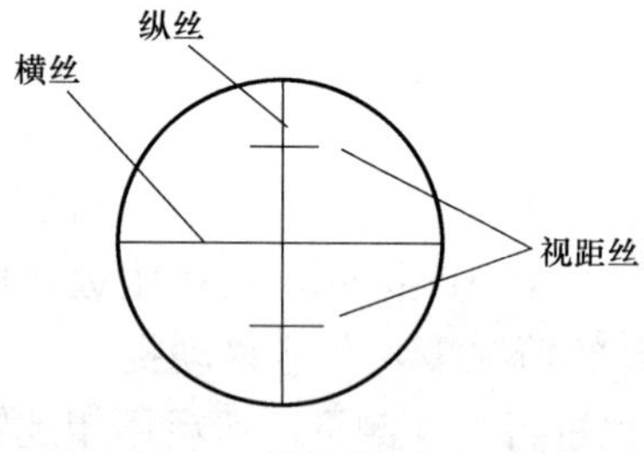

测量仪器上的望远镜还必须有一个十字丝分划板，是安装在物镜与目镜之间的一块平板玻璃，上面刻有两条相互垂直的细线，称为十字丝，中间横的一条称为中丝（或横丝），水准测量中其中丝所对应的水准尺读数是用来计算测站两观测点的高差的。与中丝平行的上、下两短丝称为视距丝，其在同一把尺上所对应读数则用来计算仪器与观测点间的水平距离。水准仪十字丝的示意图如图 6-6 所示。

图 6-6 望远镜十字丝

十字丝交点和物镜光心的连线称为视准轴，也就是视线方向，它是水准测量中用来读取中丝读数的视线。视准轴是水准仪的主要轴线之一。

为了能准确地照准目标且读出读数，在望远镜内必须同时能看到清晰的物像和十字丝刻划。为此必须使物像成像在十字丝分划板平面上。为了使离仪器不同距离的目标都能成像于十字丝分划板平面上，望远镜内还必须安装一个调焦透镜。观测不同距离的目标时，可旋转调焦螺旋改变调焦透镜的位置，从而能在望远镜内清晰地看到十字丝和所要观测的目标。

（2）补偿器

水准仪依靠补偿器来使视线轴处于水平。补偿器是利用地球引力进行工作的，它将一组透镜用掉丝悬挂，在地球引力的作用下，悬挂的透镜始终垂直于地面，当仪器没有完全整平时，也就是望远镜轴与水平线有一夹角（i），则相应的补偿器会始终垂直于地面，其也将与望远镜轴产生夹角（$i+90°$），经过悬挂的透镜改正视线，最终得到正确的水平视线。

（3）基座

基座起支撑仪器上部的作用，通过连接螺旋与三脚架相连接。基座由轴座、脚螺旋、底板和三角压板构成。转动脚螺旋，可使圆水准器气泡居中，使仪器竖轴竖直。

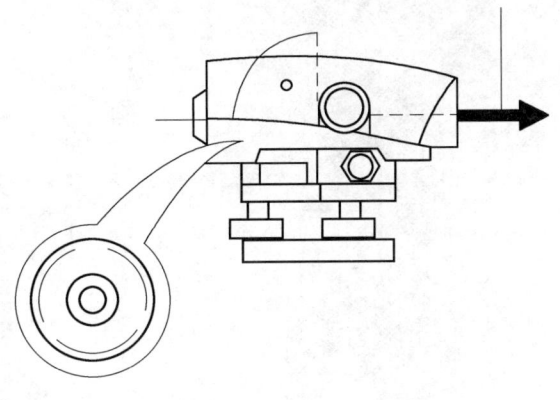

图 6-7　补偿器示意图

2. 水准尺和尺垫

（1）水准尺（图 6-8）是水准测量使用的标尺，其质量的好坏直接影响水准测量的精度。因此，水准尺需要不易变形且干燥的优质木材或玻璃钢、铝合金等材料制成；要求尺长稳定，分划准确。常用的水准尺有塔尺和双面尺两种，用优质木材或铝合金制成。

塔尺为水准尺的一种。早期的水准尺大都采用木材制成，质重且长度有限（一般为 2m），测量时，携带不方便。后逐渐采用铝合金等轻质高强材料制成，采用塔式收缩形式，在使用时方便抽出，单次高程测量范围大大提高，携带时将其收缩即可，因其形状类似塔状，故常称之为塔尺。塔尺由两节或三节套接而成，长度有 3m 和 5m 两种。尺的底部为零刻划，尺面以黑白相间的分划刻划，每格宽 1cm，也有的为 0.5cm，分米处注有数字，大于 1m 的数字注记加注红点或黑点，点的个数表示米数。塔尺因节段接头处存在误差，故多用于精度较低的水准测量中。

双面水准尺比较坚固可靠，其长度为 3m。双面水准尺在两面标注刻划，尺的分划线宽为 1cm，其中，尺的一面为黑白相间刻划，称为黑面，尺底端起点为零；另一面为红白相间刻划，称为红面，尺底端起点不为零，而是一常数 K。每两根配为一对，其中一把尺常数为 4.687m，与之相配的另一把尺常数为 4.787m。利用黑红面尺零点差可对水准测量读数进行校核。为了方便扶尺竖直，在水准尺的两侧装有把手和圆水准器，双面水准尺多用在三四等水准测量中。

（2）尺垫是一种用在转点上的辅助测量工具，用钢板或铸铁制成（见图 6-9）。使用时把三个尖脚踩入土中，把水准尺立在凸出的圆顶上。依据尺垫可保证转点稳固，提高精度。

二、自动安平水准仪的原理

水准仪是由望远镜、补偿器及基座等部分组成。光学系统如图 6-10 所示，望远镜为内调焦式的正像望远镜，大物镜采用单片加双胶透镜形式，具有良好的成像质量，结构简单。调焦机构采用齿轮齿条形式，操作方便，望远镜上有光学粗瞄器。

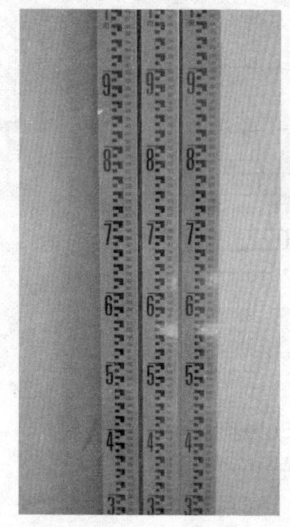

图 6-8 水准尺

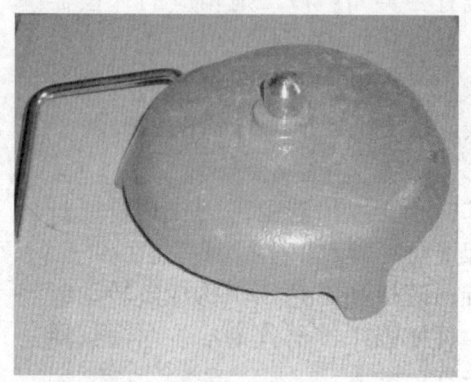

图 6-9 尺垫

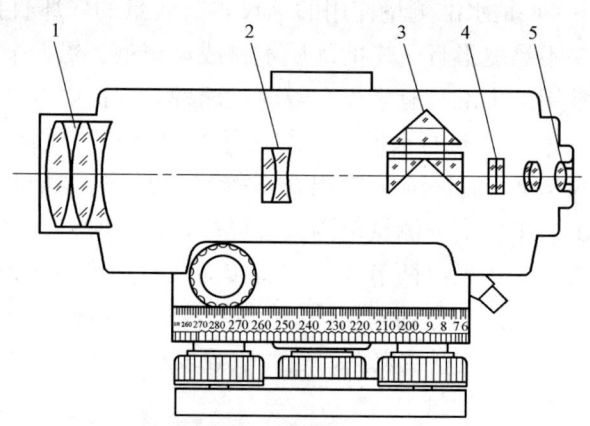

图 6-10 水准仪光学系统

1—物镜;2—物镜调焦透镜;3—补偿器棱镜组;4—十字丝分划板;5—目镜

视线自动安平原理如图 6-11 所示,当圆水准器气泡居中后,视准轴仍存在一个微小倾角 α,在望远镜的光路上安置一个补偿器,使通过物镜光心的水平光线经过补偿器后偏转一

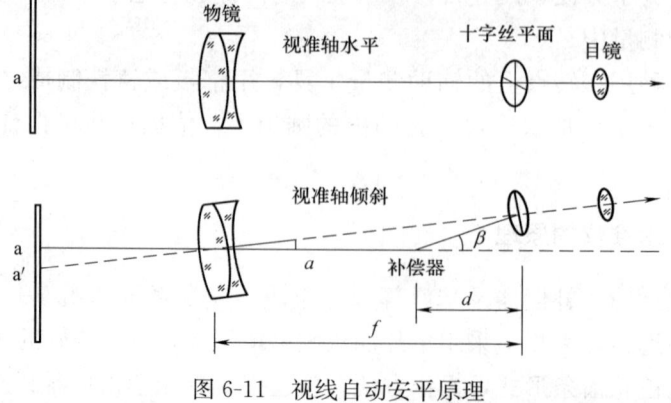

图 6-11 视线自动安平原理

个 β 角，仍能通过十字丝交点，这样十字丝交点上读出的水准尺读数，即为视线水平时应该读出的水准尺读数。

这样不仅可以缩短水准测量的观测时间，而且对于场地地面的微小震动以及风吹等原因引起的视线微小倾斜，能迅速自动安平仪器，从而提高了水准测量的观测精度。

三、自动安平水准仪的使用操作

水准仪的基本作业程序为：首先在适当位置安置水准仪并粗平仪器，然后照准立在观测点上的水准尺，等待 2～4 秒后，即可读取水准尺上的读数并记录相应数据。水准仪的具体操作程序如下。

1. 安置仪器

首先打开三脚架，将三脚架置于两尺中间，三个脚尖大致等距，同时要注意三脚架的张角和高度要适宜，且应保持架面尽量水平，顺时针转动脚架下端的翼形手把，可将伸缩腿固定在适当位置。脚架尖要牢固插入地面，要保持三脚架在测量过程中稳定可靠。然后把水准仪用中心连接螺旋连接到三脚架上，取水准仪时必须握住仪器的坚固部位，并确认仪器可靠紧固地安置在三脚架上。

2. 粗略整平

粗平工作是旋转三个脚螺旋使圆水准器的气泡居中。操作方法如下：用两手分别以相对方向转动两个脚螺旋，此时气泡移动方向与左手大拇指旋转时的移动方向相同。然后再转动第三个脚螺旋，使气泡居中。实际操作时可以不转动第三个脚螺旋，而以相同方向同样速度转动原来的两个脚螺旋使气泡居中。在操作熟练以后，不必将气泡移动分解为两步，而可以转动两个脚螺旋直接导致气泡居中。这时，两个脚螺旋各自的转动方向和转动速度都要视气泡的具体位置而定，按照气泡移动的方向及时控制两手的动作。若仍有偏差，可重复进行。

3. 瞄准标尺

（1）调节视度：使望远镜对着亮处，逆时针旋转望远镜目镜，这时分划板变得模糊，然后慢慢顺时针转动望远镜，使分划板变得清晰可见时停止转动。

（2）用光学粗瞄准器粗略地瞄准目标：粗瞄时用双眼同时观测，一只眼睛注视瞄准口内的十字丝，一只眼睛注视目标，转动望远镜，使十字丝和目标重合，在视窗中观看水准尺的上下端，不应有视差晃动，否则应重调；调焦后，用望远镜精确瞄准目标，使目标清晰地成像在分划板上，观测过程中眼睛稍微上下移动，直到目标像与分划板刻划线应无任何相对位移为止。若发现尺像与十字丝有相对的移动，即读数有改变，则表示仪器存在视差。清除视差的方法是对仪器进行重新调焦，先对目镜调焦直至可清晰地看见板上的刻划丝，然后再对物镜调焦，直至十字丝板上的尺像清晰稳定，最后进行仔细观察，直到不再出现尺像和十字丝有相对移动为止。

4. 读数

在精确整平和水准标尺竖直的情况下，方可进行读数。还应注意，转动望远镜后，每次都要重新调整使水准器气泡居中，再进行读数。

为了保证读数的准确性，并提高读数的速度，可以首先看估读数（即毫米数），然后再将全部读数报出。一般习惯上是报四个数字，即米、分米、厘米、毫米，并且以毫米为单位，例如1.419m只须读1419四个字，1.000m则读1000，0.049m则读0049。这对于观测、记录及计算工作都有一定的好处，可以防止不必要的误会和错误。

四、水准仪的检验与校正

根据水准测量的基本原理，要求水准仪具有一条水平视线。这个要求是水准仪构造上的一个极为重要的问题。此外还要创造一些条件使仪器便于操作，例如增设了一个圆水准器，利用它使水准仪初步安平。在正式作业之前必须对水准仪加以检验，视其是否满足要求。对某些不合要求的条件，应对仪器加以必要的校正，使之符合要求。

1. 水准仪应满足的条件

（1）水准仪应满足的主要条件

主要条件包括水准管水准轴应与望远镜的视准轴平行；望远镜的视准轴不因调焦而变动位置。如果第一个主要条件的要求不能满足，水准测量的水准管气泡居中后，即水准轴已经水平而视准轴却未水平，不符合水准测量基本原理要求。第二个条件是为满足第一个条件而提出的。如果望远镜在调焦时视准轴位置发生变形，就不能设想在不同位置的许多条视线都能够与一条固定不变的水准轴平行。望远镜的调焦在水准测量中是绝不可免的，所以必须提出此项条件。

（2）水准仪应满足的次要条件

次要条件包括圆水准器的水准轴应与水准仪的旋转平行；十字丝的横丝应当垂直于仪器的旋转轴。第一个条件是为了能迅速地整置好仪器，提高作业速度。第二个条件是当仪器旋转已经竖直，在水准尺上的读数可以不必严格用十字丝的交点而可以用交点附近的横丝。

2. 水准仪的检验与校正

（1）三脚架的检查和校正

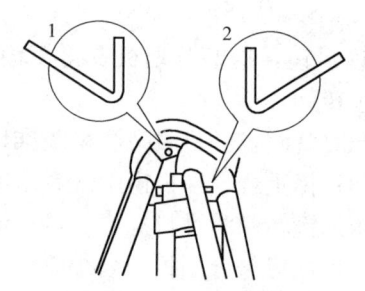

图6-12 三脚架的校正

为保证观测中仪器的安全稳固，脚架中的木质部分与金属部分的连接必须牢固可靠。如发现脚架松动，可用内六角扳手拧紧如图6-12所示的螺丝2；调整脚架的压紧螺丝1，使松紧度适中，以保证当脚架腿离开地面时仍能保持张开状态。

（2）圆水准器泡的检定

如图6-13所示，先将仪器整平，将仪器转动180°；若气泡位于圆圈外或不居中，应适当进行调整；调整时需要使用内六角扳手，如果向左调整，则气泡向调整螺丝方向移动；向右则反之。反复2~3次，直至仪器转动180°，气泡依然居中，说明调整完毕。应当注意，调整完圆水准气泡后，要将所有的螺丝都要上紧。

（3）补偿器警示指示窗亮线位置的检校

将圆水准器气泡精确居中，指示窗中亮线应与三角缺口基本重合，否则应予校正。方法如下：如图6-14所示，打开仪器两侧的盖，可以看到如左图所示的调整机构。松开螺丝1，使其上下移动，可以调整亮线的清晰程度。松开螺丝2，使滑动3左右移动，可以调整亮线的上下位置。拧动顶丝4，可以调整亮线的歪斜。调整完毕，将螺丝拧紧，点上

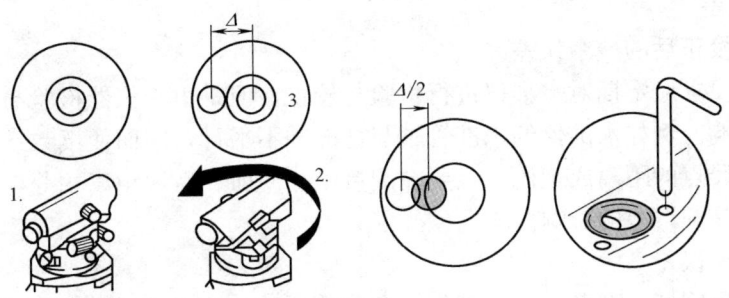

图 6-13 水准气泡的检定与校正

少许胶或清漆，然后将盖旋紧。警告指示窗的校正对望远镜成像无影响。校正应在干燥、清洁的室内进行。切勿使灰尘及水汽进入仪器。

3. 水准尺的检验

水准尺是水准测量所用仪器的重要组成部分，水准尺质量的好坏直接影响到水准测量的成果，如果尺的质量很差，甚至会造成返工。因此对水准尺进行检验也是十分必要的。

（1）一般检验

对水准尺进行一般的查看，首先应查看是否有弯曲，程度如何，若 $a<8mm$，则对尺长的影响可以不计。a 的量取系在水准尺两端张拉一细直线，量取尺中央至细直线的垂距。再看尺上刻划的着色是否清晰，注记有无错误，尺的底部有无磨损情况等。

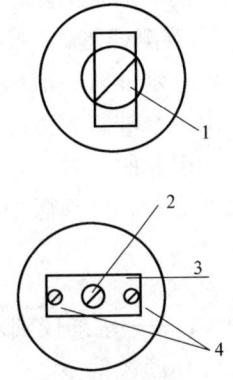

图 6-14 补偿器警示指示窗亮线位置的检校

（2）圆水准器的检验与校正

除一般检验，还要检查圆水准器装置是否正确，其检查与校正的方法有两种：一是用一个垂球挂在水准尺上，使尺的边缘与垂线一致，用圆水准器的校正螺钉导致气泡居中，这种方法须在室内或能避风之处进行。第二种方法是安置一架经检校后的水准仪，在相距约 50m 处的尺垫上竖立水准尺，检查时观测者指挥立尺人员将水准尺的边缘与望远镜中竖丝重合，用圆水准器校正螺钉导致气泡居中，然后将水准尺转动 90°，再次进行操作，这样反复进行至少两次。

五、水准观测误差

测量人员总是希望在进行水准测量时能够得到准确的观测数据，但由于使用的水准仪不可能完美无缺。观测人员的感官也有一定的局限，再加上野外观测必定要受到外界环境的影响，使水准测量中不可避免地存在着误差。为了保证应有的观测精度，测量人员应对水准测量误差产生的原因及控制误差在最低程度的方法有所了解。尤其是要避免误读尺上读数、错记读数、碰动脚架或尺垫等观测错误。

水准测量误差按其来源可分为：仪器误差、观测与操作者的误差以及外界环境的影响三个方面。

1. 仪器误差

（1）仪器校正后的残余误差

按照规定要求应定期对水准仪进行检验与校正，但是由于仪器检验与校正的不完善及其他原因的影响。例如水准仪的水准管轴与视准轴不平行，因而使读数产生误差。这项误差与仪器至立尺点的距离成正比。只要在测量中，使前、后视距离相等，在高差计算中就可消除或减少该项误差的影响。

（2）水准尺误差

由于水准尺刻划不准确、尺长变化、弯曲等影响，都会影响水准测量的精度。因此，水准尺须经过检验才能使用。至于水准尺的零点误差在成对使用水准尺时，可采取设置偶数测站的方法来消除；也可在前、后视中使用同一根水准尺来消除。

2. 观测误差

（1）水准管气泡居中误差

由于水准管内液体与管壁的黏滞作用和观测者眼睛分辨能力的限制，致使气泡没有严格居中引起的误差。水准管气泡居中误差一般为±0.15τ″（τ″为水准管分划值），采用符合水准器时，气泡居中精度可提高一倍。故由气泡居中误差引起的读数误差为：

$$m_\tau = \frac{0.15\tau''}{2\rho} D \tag{6-6}$$

式中　D——水准仪到水准尺的距离。

（2）读数偏差

在水准尺上估读毫米数的误差，该项误差与人眼分辨能力、望远镜放大率以及视线长度有关。通常按下式计算：

$$m_V = \frac{60''}{V} \cdot \frac{D}{\rho''} \tag{6-7}$$

式中　V——望远镜放大率；

$60''$——人眼能分辨的最小角度。

为保证估读数精度，各等级水准测量对仪器望远镜的放大率和最大视线长都有相应规定。

（3）视差影响

当存在视差时，十字丝平面与水准尺影像不重合，若眼睛观察位置的不同，便读出不同的读数，因此产生读数误差。操作中应仔细调焦，避免出现视差。

（4）水准尺倾斜偏差

水准尺倾斜将使尺上读数增大，其偏差大小与尺倾斜的角度和在尺上的读数大小有关。例如，尺子倾斜3°30′，视线在尺上读数为1.0m时，会产生约2mm的读数偏差。因此，测量过程中，要认真扶尺，尽可能保持尺上水准气泡居中，将尺立直。

3. 外界条件影响

（1）仪器下沉

仪器安置在土质松软的地方，在观测过程中会产生下沉。由于仪器下沉，使视线降低，从而引起高差误差。若采用"后、前、前、后"的观测程序，可减小其影响。此外，应选择坚实的地面作测站，并将脚架踏实。

（2）尺垫下沉

仪器搬站时，如果在转点处尺垫下沉，会使下一站后视读数增大，这将引起高差误差。所以转点也应选在坚实地面并将尺垫踏实，或采取往返观测的方法，取其成果的平均值，可以消减其影响。

第三节　水准路线布设及常用水准测量方法

一、水准点

用水准测量的方法测定的高程控制点称为水准点，（一般用 BM 表示）。水准点可作为引测高程的依据，水准点应按照水准路线等级，根据不同性质的土壤并结合现场实际情况和需要而设立。根据使用时间的长短，一般分为永久性和临时性两种。

二、水准路线

从一个水准点到另一个水准点所经过的水准测量线路称为水准路线。水准路线的选定主要包括两个方面：其一由已知点到引测点之间实测路线的选定，应选设在坡度较小、土质坚实、施测方便的道路附近；其二是根据已知点与引测点的个数、位置，选定水准路线的形式为进行线路校核。根据测区情况和作业要求，水准路线可布设成以下几种形式：闭合水准路线、附合水准路线、支水准路线等。

1. 闭合水准路线

如图 6-15 (a) 所示。BM_1 为已知高程的水准点，1、2、3、4 是待定高程的水准点。这样由一个已知高程的水准点出发，经过各待定高程水准点又回到原已知点上的水准测量路线，称为闭合水准路线。适用于施工场地附近只有一个水准点，想要求得多个新设的水准点时。

2. 附合水准路线

如图 6-15 (b) 所示。BM_2 和 BM_3 为已知高程的水准点，1、2、3 为待测高程的水准点。这种由一个已知高程的水准点出发，经过各待定高程水准点后附合到另一个已知高程点上的水准路线，称为附合水准路线。适用于有一个以上已知高程点的施工现场。

3. 支水准路线

如图 6-15 (c) 所示。BM_4 为已知高程的水准点，1、2、3 为待测高程的水准点。由一个已知水准点出发，而另一端为未知点的水准路线。该路线既不自行闭合，也不附合到其他水准点上，这种既不联测到另一已知点，也未形成闭合的水准路线称为支水准路线。为了进行成果检核和提高观测精度，支水准路线必须进行往、返测量。

为了便于检核和观测精度，水准路线应尽量选择闭合水准路线或附合水准路线。支水准路线有距离的限制。

三、施测方法

1. 简单水准测量的观测程序

（1）在已知高程的水准点上立水准尺，作为后视尺。

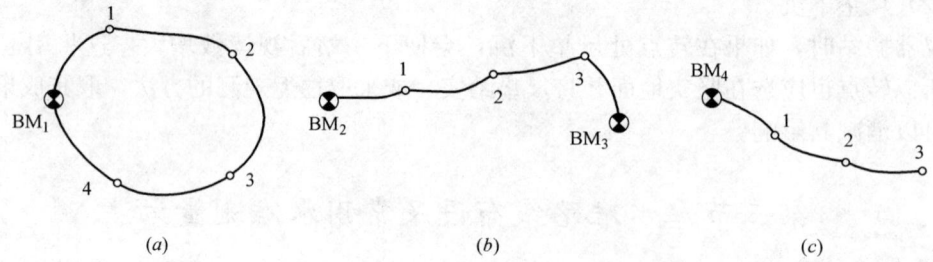

图 6-15 水准测量路线的布设形式
(a) 闭合水准路线；(b) 附合水准路线；(c) 支承准路线

(2) 在路线的前进方向上的适当位置设立第一个转点，必要时可以放置尺垫，在尺垫上竖立水准尺作为前视尺。仪器距离两水准尺间的距离基本相等，最大视距不大于150m。

(3) 安置仪器，使圆水准气泡居中。照准后视标尺，消除视差，调节水准气泡并使其精确居中，用中丝读取后视读数，记入手簿。

(4) 照准前视标尺，使水准气泡居中，用中丝读取前视读数，并记入手簿。

(5) 将仪器迁至第二站，同时，第一站的前视尺不动，变成第二站的后视尺，第一站的后视尺移至前面适当位置成为第二站的前视尺，按第一站相同的观测程序进行第二站测量。

(6) 如此连续观测、记录，直至终点。

2. 复合水准测量的施测方法

在实际测量中，由于起点与终点间距离较远或高差较大，一个测站不能全部通视，需要把两点间分成若干段，然后连续多次安置仪器，重复一个测站的简单水准测量过程，这样的水准测量称为复合水准测量，它的特点就是工作的连续性。

四、记录

观测所得每一读数应立即记入手簿，填写时应注意把各个读数正确地填写在相应的行和栏内。例如仪器在测站 I 时，起点 A 上所得水准尺读数 2.073 应记入该点的后视读数栏内，照准转点 Z_1 所得读数 1.526 应记入 Z_1 点的前视读数栏内（图 6-16）。后视读数减前视读数得 A、Z_1 两点的高差 +0.547 记入高差栏内。以后各测站观测所得均按同样方法记录（表 6-1）。

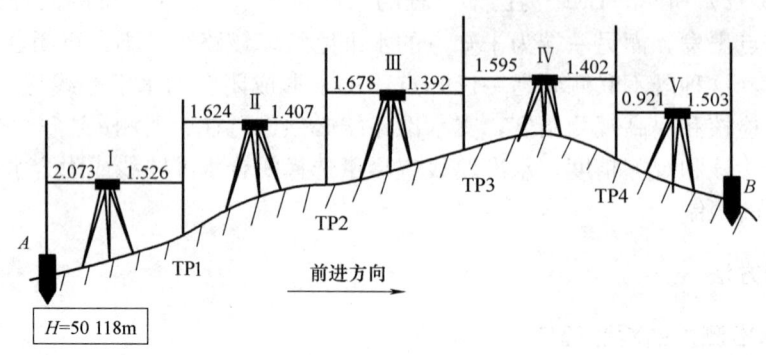

图 6-16 水准路线

水准测量手簿 表 6-1

测站	测点	后视读数（m）	前视读数（m）	高差(m) +	高差(m) −	高程（m）	备注
Ⅰ	A	2.073	1.526	0.547			
Ⅱ	TP1	1.624	1.407	0.217			
Ⅲ	TP2	1.678	1.392	0.286			
Ⅳ	TP3	1.595	1.402	0.193			
Ⅴ	TP4	0.921	1.503		0.582		
Σ		7.891	7.230	1.243	0.582		
计算校核		$\Sigma a-\Sigma b=(7.891-7.230)\text{m}=+0.661\text{m}$ $\Sigma h=(1.243-0.582)\text{m}=+0.661\text{m}$					

因为测量的目的是求 B 点的高程，所以各转点的高程不需计算。

为了节省手簿的篇幅，在实际工作中常把水准手簿格式简化。这种格式实际上是把同一转点的后视读数和前视读数合并填在同一行内，两点间的高差则一律填写在该测站前视读数的同一行内。其他计算和检核均相同。

在每一测段结束后或手簿上每一页之末，必须进行计算检核。检查后视读数之和减去前视读数之和（$\Sigma a-\Sigma b$）是否等于各站高差之和 Σh，并等于终点高程减起点高程。如不相等，则计算中必有错误，应进行检查。但应注意这种检核只能检查计算工作有无错误，而不能检查出测量过程中所产生的错误，如读错、记错等。

第四节 水准测量平差处理方法

一、水准测量成果校核

为了保证水准测量成果的正确、可靠，对水准测量的外业成果必须进行校核。校核方法有测站校核和水准路线校核两种。

1. 测站检核

在水准测量每一站测量时，任何一个观测数据出现错误，都将导致所测高差不正确。因此，对每一站的高差，都必须采取措施进行检核测量，这种检核称为测站检核。测站检核通常采用变动仪器高法和双面尺法。

（1）变动仪器高法

在每一测站上测出两点高差后，改变仪器高度再测一次高差，测得两次高差以进行比较检核。两次高差之差不超过容许值（如图根水准测量容许值为±6mm），取其平均值作为该测站所得高差；若超过容许值，则需进行重测，如图 6-17 所示。

表 6-2 以测站为序，将每个测站两次仪器高所读得的后视、前视读数，记入相应表格中，计算所得两个高差值也记入相应的栏中。

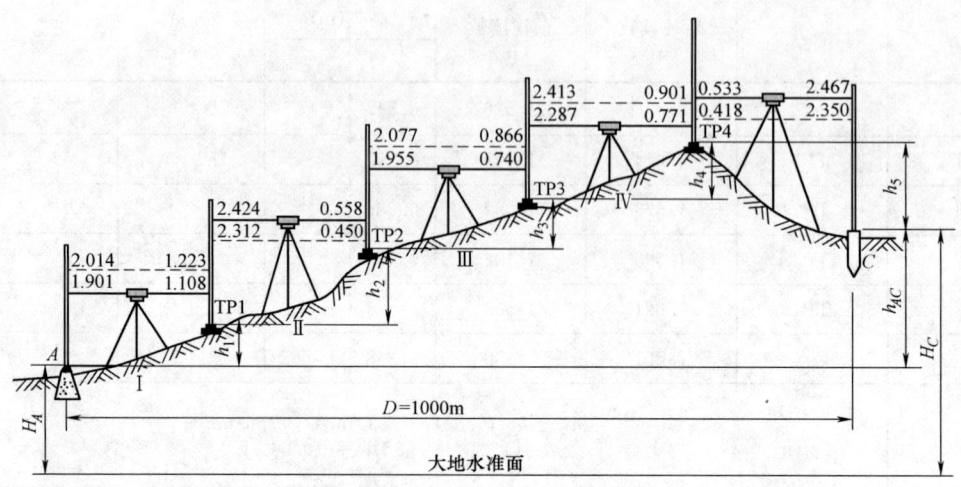

图 6-17 水准路线(变动仪器高)

水准测量记录(两次仪器高) 表 6-2

测站	测点	后视读数(m)	前视读数(m)	高差(m)	平均高差(m)	高程(m)	备注
1	BMA	2014		+0791		32.186	已知点
		1901					
	TP1		1223	+0793			
			1108		+0792		
2	TP1	2312		+1862			
		2424					
	TP2		0450	+1866			
			0558		+1864		
3	TP2	2077		+1211			
		1955					
	TP3		0866	+1215			
			0740		+1213		
4	TP3	2413		+1512			
		2287					
	TP4		0901	+1516			
			0771		+1514		
5	TP4	0418		−1932			
		0533					
	BMC		2350	−1934		35.636	已知点
			2467		−1933		
Σ		Σ后=18.334	Σ前=11.434	Σh=3.450			
计算校核			$\sum a - \sum b = 6.900$m $(\sum a - \sum b)/2 = 3.450$m				

计算：AC 两点的高差等于各测站的高差总和，即 $h_{AC}=\sum h$
则 C 点高程为： $H_C=H_A+h_{AC}$
那么本题中： $h_{AC}=+3.450\text{m}$
$$H_C=35.636\text{m}$$

计算校核：为了保证记录表中数据的正确，应对记录表中计算的高差和高程进行校核，即

$$\sum a-\sum b=6.900\text{m}$$
$$(\sum a-\sum b)/2=3.450\text{m}$$
$$H_C-H_A=35.636\text{m}-32.186\text{m}=+3.450\text{m}$$

（2）双面尺法

在每一测站上，仪器高度不变，分别测出两点的黑面尺高差和红面尺高差，测得的两次高差相互进行校核。若同一水准尺红面读数与黑面读数之差，以及红面尺高差与黑面尺高差均在容许值范围内，取平均值作最后结果，否则应进行检查或重测（表 6-3）。

水准测量记录（双面尺法） 表 6-3

测站	测点	后视读数(m)	前视读数(m)	高差(m)	平均高差(m)	高程(m)	备注
1	BM1	1367				14.077	已知点
		6056					
	1		0831	+0536			
			5518	+0538	+0537		
2	1	1418					标准差 4687m
		6106					
	2		1010	+0408			
			5698	+0408	+0408		
3	2	0794					
		5481					
	3		1424	−0630			
			6109	−0628	−629		
4	3	1203				14.077	
		5890					
	BM1		1519	−0316			
			6204	−0314	−0315		
计算校核			$\sum a=28.315, \sum b=28.313, \sum h=0.001$ $\sum a-\sum b=0.002\text{m}$ $(\sum a-\sum b)/2=0.001\text{m}$					

2. 水准路线检核

测站检核能检查每一测站的观测数据是否存在错误，但有些偏差，例如在转站时转点的位置被移动，测站检核是查不出来的。此外，每一测站的高差偏差如果出现符号一致性，随着测站数的增多，偏差积累起来，就有可能使高差总和的误差积累过大。因此，还必须对水准测量进行成果检核，其方法是将水准路线布设成如下几种形式。

(1) 附合水准路线

为使测量成果得到可靠的校核，最好把水准路线布设成附合水准路线。理论上附合水准路线中各测站实测高差的代数和应等于两已知水准点间的高差。即

$$\sum h = \sum_{终} - \sum_{始} \tag{6-8}$$

由于实测高差存在误差，使两者之间不完全相等，其差值称为高差闭合差 f_h，即

$$f_h = \sum h_{测} - (H_{终} - H_{始}) \tag{6-9}$$

式中 $H_{终}$——附合路线终点高程；

$H_{始}$——起点高程。

高差闭合差的大小在一定程度上反映了测量成果的质量。

(2) 闭合水准路线

在闭合水准路线上亦可对测量成果进行校核。对于闭合水准路线，因为它起始于同一个水准点，所以理论上闭合水准路线中各段高差的代数和应为零，即

$$\sum h = 0 \tag{6-10}$$

如果高差之和不等于零，则其差值即 $\sum h$ 就是闭合水准路线的高差闭合差，即

$$f_h = \sum h_{测} \tag{6-11}$$

(3) 支水准路线

支水准路线要在起点、终点间用往返测进行校核，理论上往测高差总和与返测高差总和应大小相等符号相反。或者是往返测高差的代数和应等于零，即

$$\sum h_{往} = -\sum h_{返}$$

或

$$\sum h_{往} + \sum h_{返} = 0$$

但实测值两者之间存在差值，即产生高差闭合差 f_h

$$f_h = \sum h_{往} + \sum h_{返} \tag{6-12}$$

有时也可以用两组并测来代替一组的往返测以加快工作进度。两组所得高差应相等，若不等，其差值即为支水准线路的高差闭合差。故

$$f_h = \sum h_1 - \sum h_2 \tag{6-13}$$

高差闭合差是各种因素产生的测量误差，反映了测量成果的精度，故闭合差的数值应该在容许值范围内，否则应检查原因并进行返工。在各种不同性质的水准测量中，都规定了高差闭合差的限值即容许高差闭合差。图根水准测量高差闭合差容许值为：

$$平地 \qquad f_{h容} = \pm 40\sqrt{L}(\text{mm}) \tag{6-14}$$

$$山地 \qquad f_{h容} = \pm 12\sqrt{n}(\text{mm}) \tag{6-15}$$

四等水准测量高差闭合差容许值为：

$$平地 \qquad f_{h容} = \pm 20\sqrt{L}(\text{mm}) \tag{6-16}$$

$$山地 \qquad f_{h容} = \pm 6\sqrt{n}(\text{mm}) \tag{6-17}$$

式 (6-14) 和式 (6-16) 中：L 为水准路线总长（以公里为单位），n 为测站数。

一般规定平坦场地水准线路的长度每1000m的测站数不应超过16站。

当实际测量高差闭合差小于容许闭合差时，表示观测精度满足要求，否则应对外业资

料进行检查或返工重测。

二、高差闭合差的计算与调整

1. 高差闭合差的计算

当外业观测手簿检查无误后，便可进行内业计算，最后求得各待定点的高程。

水准路线的高差闭合差，根据其布设形式的不同而采用上述不同的计算公式进行，具体计算过程和步骤详见后面的示例。

2. 高差闭合差的调整

闭合差的调整是按与距离或与测站数成正比例反符号分配到各测段高差中。当实际的高差闭合差在容许值以内时，可把闭合差分配到各测段的高差上。显然，高差测量的误差是依水准路线的长度（或测站数）的增加而增加，所以分配的原则是把闭合差以相反的符号根据各测段路线的长度（或测站数）按正比例分配到各测段的高差上。故各第 i 测段高差改正数为

$$V_i = -\frac{f_\mathrm{h}}{n}n_i \tag{6-18}$$

或

$$V_i = -\frac{f_\mathrm{h}}{L}D_i \tag{6-19}$$

式中　n——路线总测站数；

　　　n_i——第 i 段测站数；

　　　L——路线总长；

　　　D_i——第 i 段距离。

求得各水准测段的高差改正数后，即可计算出各测段改正后的高差，它等于每段实测高差与本段高差的改正数之和。

3. 计算各点高程

根据已知高程点的高程和各测段改正后的高差，便可依次推算出各待定点的高程。各点的高程为其前一点的高程加上该测段改正后的高差。

通常，在计算完水准路线各段高差之后，应再次计算路线闭合差。闭合差应为零，否则就应检查各项计算是否有误。

三、水准测量成果计算及误差分配

1. 附合水准路线测量成果计算

水准测量的成果计算，首先要算出高差闭合差，它是衡量水准测量精度的重要指标。当高差闭合差在容许值范围内时，再对闭合差进行调整，求出改正后的高差，最后求出待测水准点的高程。

图 6-18 是一条附合水准路线，根据水准测量手簿整理得到的观测数据，各测段高差和测站数如图所示。A、B 为已知高程水准点，1、2、3 点为待求高程的水准点。列入表 6-4 进行高差闭合差的调整和高程计算。

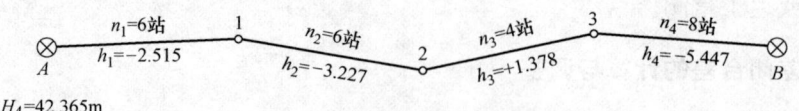

图 6-18 附合水准路线计算图

附合水准路线成果计算　　　　　　表 6-4

测点	测站数	实测高差(m)	高差改正数(m)	改正后高差(m)	高程(m)
A					42.365
	6	-2.515	-0.011	-2.526	
1					39.839
	6	-3.227	-0.011	-3.238	
2					36.601
	4	+1.378	-0.008	+1.370	
3					39.971
	8	-5.447	-0.015	-5.462	
B					32.509
∑	24	-9.811	-0.045	-9.856	
辅助计算	$f_h = 45$mm　$f_{h容} = \pm 12\sqrt{24} = \pm 59$mm					

（1）将测点、各测段测站数、各测段的观测高差、已知高程数填入相应栏目。

（2）进行高差闭合差计算：

由式（6-9）：

$$f_h = \sum h_{测} - (H_B - H_A) = -9.811 - (32.509 - 42.365) = +0.045\text{m}$$

由于图中标注了测段的测站数，说明是山地观测，因此依据总测站数 n 计算高差闭合差的容许值为：

$$f_{h容} = \pm 12\sqrt{n} = \pm 12\sqrt{24} = \pm 59\text{mm}$$

计算的高差闭合差及其容许值填于表辅助计算栏。

（3）高差闭合差的调整。

本例中，将高差闭合差反符号，按下式依次计算各测段的高差改正数：

$$\Delta h_i = -f_h / \sum n \times n_i = 45/24 \times 6 = -11\text{mm}（\sum n \text{ 测站总数}，n_i \text{ 第 } i \text{ 测段测站数}）$$

同法算得其余各测段的高差改正数分别为 -11、-8、-15mm，依次列入表中。

注：所算得的高差改正数总和应与高差闭合差的数值相等，符号相反，以此对计算进行校核，如因取整误差造成二者出现小的较差可对个别测段高差改正数尾数适当取舍 1mm，以满足改正数总和与闭合差数值相等的要求。

按水准精确度计算闭合差容许值为：根据 $f_h \leq f_{h容}$，故符合图根水准测量技术要求。

（4）计算各点高程。

用每段改正后的高差，由已知水准点 A 开始，逐点算出各点高程，列入表6-4中。由计算得到的 B 点高程应与 B 点的已知高程相等，以此作为计算检核。

将高差观测值加上改正数即得各测段改正后高差：

$$h_{i改} = h_i + \Delta h_i (i=1,2,3,4) \tag{6-20}$$

据此，即可依次推算各待定点的高程。

注：改正后的高差代数和，应等于高差的理论值（$H_B - H_A$），即：$\sum h$ 改 $= H_B - H_A$，如不相等，说明计算中有错误存在。最后推出的终点高程应与已知高程相等。

2. 闭合水准路线的内业计算

闭合水准路线的计算方法除高差闭合差的计算有所区别外，其余与附合路线的计算完全相同。计算时应当注意高差闭合差的公式为：$f_h = \sum h_{测}$。

表6-5为一闭合水准路线的闭合差校核和分配以及高程计算的实例。

闭合水准测量高程的计算　　　　　表 6-5

点号	测站数	实测高差（m）	改正数（mm）	改正后高差（m）	高程（m）
BM1	3	+0.255	-5	+0.250	26.262
1					26.512
2	3	-1.632	-5	-1.637	24.875
3	4	+1.823	-6	+1.817	26.692
4	1	+0.302	-2	+0.300	26.992
BM1	5	-0.722	-8	-0.730	26.262
$\sum$	16	26	-26	0	

$f_h = \sum h = +0.026\text{m}$

$f_{h容} = \pm 12\sqrt{n}\text{mm} = \pm 12\sqrt{16}\text{mm} = \pm 48\text{mm}$

$f_h < f_{h容}$（合格）

闭合水准路线上共设置了4个待求水准点，各水准点间的距离和实测高差均列于表6-4中。已知水准点的高程为已知，实际高程闭合差为 +0.026m 小于容许高程闭合差 ±0.048m。表中高差的改正数是依测站数相应计算的，改正数总和必须等于实际闭合差，但符号相反。实测高差加上高差改正数得各测段改正后的高差。由起点 BM1 的高程累计加上各测段改正后的高差，就得出相应各点的高程。

3. 支水准路线测量

对于支水准线路，应将高差闭合差按相反的符号平均分配在往测和返测所得的高差值上。具体计算举例如下。

在 A、B 两点间进行往返水准测量，已知 $H_A = 8.475\text{m}$，$\sum h_{往} = 0.028\text{m}$，$\sum h_{返} = -0.018\text{m}$，$A$、$B$ 间线路长 L 为 3km，求改正后的 B 点高程。

实际高差闭合差：$f_h = \sum h_{往} + \sum h_{返} = (0.028 + (-0.018))\text{m} = 0.010\text{m}$

容许高差闭合差：$f_{h容} = \pm 40\sqrt{L} = \pm 40\sqrt{3}\text{mm} = \pm 69\text{mm}$，因 $f_h < f_{h容}$，故精度符合要求。

改正后往测高差：

$$\sum h'_{往} = \sum h_{往} + 1/2 \times (-f_h) = (-0.028 - 0.005)\text{m} = 0.023\text{m}$$

改正后返测高差：

$$\sum h'_{返} = \sum h_{返} + 1/2 \times (-f_h) = (-0.018 - 0.005)\text{m} = -0.023\text{m}$$

故 B 点高程为：

$$H_B = H_A + \sum h'_{往} = (8.475 + 0.023)\text{m} = 8.498\text{m}$$

四、水准测量中的注意事项

由于测量误差的产生与测量工作中的观测者、仪器和外界条件三个方面有关，所以整个测量过程应注意这三个方面对测量成果的影响，从而最大限度地降低对测量结果的影响程度。为减少水准测量误差，提高测量的精度，在整个测量过程中应注意以下事项。

（1）在测量工作之前，应对水准仪、水准尺进行检验，符合要求方可使用。

（2）每次读数之前和之后均应检查水准气泡是否居中。

（3）读数之前检查是否存在视差，读数要估读至毫米（mm）。

（4）前后视距尽量相等，同一测站前后视距读数时尽量避免调焦。

（5）固定观测线路、人员、仪器、时段及数据处理方法。

（6）为防止水准尺竖立不直和大气折光对测量结果产生的影响，要求在水准尺上读取的中丝读数的最小读数应大于 0.3m，最大读数应小于 2.5m。

（7）为防止仪器和尺垫下沉对测量的影响，应选择坚固稳定的地方作为转点，使用尺垫时要用力踏实，在观测过程中保护好转点位置，精度要求高时也可用往返观测取平均值的方法以减少其误差的影响。

（8）读数时，记录员要复述，以便核对；记录要整齐、清楚；记录有误不准擦去及涂改，应划掉重写。

第五节　三角高程测量

水准测量的精度高，但工作时速度较慢，适用于平坦地区。如果在地形起伏变化较大的山区、丘陵地区，采用水准测量难度较大，在这种情况下，还要保证其精度，可采用三角高程的方法来测定控制点的高程。但必须用水准测量的方法在测区内引测一定数量的水准点，作为高程起算的依据。

一、三角高程测量的原理

三角高程测量是通过观测两点间的水平距离和天顶距（或高度角）求定两点间高差的方法（图 6-19）。它观测方法简单，不受地形条件限制，是测定大地控制点高程的基本方法。

已知 A 点高程 H_A，欲求 B 点高程 H_B，将仪器架设于 A 点，用中丝瞄准 B 点的目标，丈量仪器高 i、觇标高 v，观测竖直角 α 和平距 S，则可求得高差：

$$h_{AB}=S \cdot \tan\alpha+i-v \quad (6\text{-}21)$$

可得 B 点高程

$$H_B=H_A+h_{AB}=H_A+S \cdot \tan\alpha+i-v \quad (6\text{-}22)$$

式中，观测竖直角 α 为仰角时取正号，相应的 $\tan\alpha$ 为正；为俯角时取负号，$\tan\alpha$ 同样为负。在实际计算中一定要注意正负号。

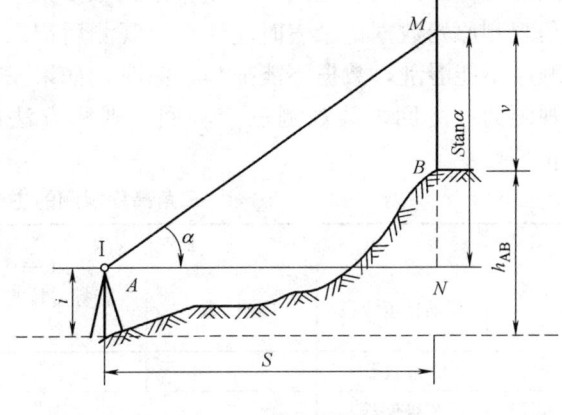

图 6-19 三角高程测量原理

其中，从已知点到未知点的观测为直觇，从未知点到已知点的观测为反觇。直觇和反觇称为对向观测，对向观测的方法可减弱地球曲率和大气折光的影响。

二、三角高程路线的形式

三角高程测量的最大优点是在测定控制点平面位置的过程中同时测定高程，能一次性测定距离较远或高差较大的两点间距离，通常有三种形式。

1. 独立高程点

所谓独立高程点，是指由两个至三个已知的高程点对一个未知的高程点，用三角高程的方法求出该点的高程。凡是不能包括在三角高程路线内的锁网形平面控制点及各种交会点，可采用独立高程点的方法测定。

2. 三角高程路线

指在两已知高程点间，由已知水平距离的若干条边组成的路线，用三角高程测量的方法，对每一条边进行往返向测定高差。三角高程路线中每条边的高差均需进行往返观测，其竖角均用盘左盘右测定。推算出路线的总高差，再根据两点的已知高程算得高差闭合差，用水准测量的方法将闭合差按边长成比例分配，最后求出路线各点的高程。

3. 高程导线

高程导线是用电磁波测距和观测竖直角的方式依次测定和传递地面点高程的路线。一般应在高级点之间布设成附合路线和高程导线网。如果测区范围远离国家水准点，可引测国家水准点高程布设成支线作为测区的高程起算点。三角高程观测的主要技术指标见表 6-6。

三、三角高程测量的观测方法及记录

三角高程测量的观测主要是对竖直角的观测，其观测方法是：首先在测站上安置好仪器，并进行对中、整平且量取仪器高；在目标点上安置标杆或觇牌，量取觇标高；将仪器盘左位置瞄准目标，使指标水准器气泡精密符合，读取垂直度盘的中丝读数（盘左读数）；在盘右位置，按照盘左时的方法照准原目标，读取盘右读数，此种观测方法仅用十字丝中丝照准目标，称为中丝法。将竖直角读数及观测距离记录在手簿内（表6-7），在填写竖直角观测原始数据记录表时应注意：观测后记录员应核实数据确保记录准确，盘左盘右观测顺序不能混乱，数据不能描写、涂改，如果发现错误及时进行调整或重新观测。盘左盘右观测为一测回，共观测三个测回，观测方法以顺时针方向观测，直到完成观测作业为止。

三角高程观测的主要技术指标　　　　　　　　　　表6-6

等级	垂直角观测				边长测量	
	仪器精度等级	测回数	指标差较差（″）	测回较差（″）	仪器精度等级	观测次数
四等	2″级仪器	3	≤7″	≤7″	10mm级仪器	往返各一次
五等	2″级仪器	2	≤10″	≤10″	10mm级仪器	往一次

垂直角观测记录表　　　　　　　　　　表6-7

测站	盘位	目标	竖盘读数（°′″）	半测回竖直角（°′″）	指标差（″）	一测回竖直角（°′″）	三测回竖直角（°′″）	距离（m）	备注
SG4	左	SG3	93 05 09	−3 05 09	−7	−3 05 16		204.762	
								204.762	
	右	SG3	266 54 37	−3 05 23				204.761	
								204.761	
SG4	左	SG3	93 05 9	−3 05 09	−7	−3 05 16	−3 05 16	204.761	仪器高 1.583m 棱镜高 1.295m
								204.762	
	右	SG3	266 54 37	−3 05 23				204.761	
								204.761	
SG4	左	SG3	93 05 10	−3 05 10	−7	−3 05 17		204.761	
								204.761	
	右	SG3	266 54 36	−3 05 24				204.761	
								204.760	
SG3	左	SG4	87 03 41	2 56 19	−6.5	2 56 12		204.762	
								204.761	
	右	SG4	272 56 06	2 56 06				204.763	
								204.763	
SG3	左	SG4	87 04 42	2 56 18	−5.5	2 56 12	2 56 12	204.763	仪器高 1.544m 棱镜高 1.295m
								204.762	
	右	SG4	272 56 07	2 56 07				204.763	
								204.763	
SG3	左	SG4	87 04 42	2 56 18	−6	2 56 12		204.762	
								204.763	
	右	SG4	272 56 06	2 56 06				204.763	
								204.763	

在观测记录过程中，应及时对竖直角相关数据进行计算。如半测回竖直角，竖盘读数记录完毕后，应对其进行计算，经过复核后再进行下一站的测量，半测回竖直角取其平均值。

四、三角高程测量的计算

1. 独立高程点的计算

独立高程点的计算属于测量的内业作业，在现场整理好原始数据后，在室内进行数据整理的计算。

起算点、待算点、往返测、平距、竖直角、仪器高、棱镜高都是已知条件，在现场竖直角观测时都已经进行记录并复核，整理的时候只需要求出单向高差及往返平均高差。表6-8是根据上面外业进行观测记录表6-7所求出的高差计算。

三角高程测量高差计算　　　　　　　表6-8

起算点	SG4		
待测点	SG3		
往返测	往	返	
平距 S	204.761	204.763	
竖直角 α	−3 05 16	2 56 12	
仪器高 i	1.583	1.544	
棱镜高 v	1.295	1.295	
单向高差 h	−10.758	10.753	
往返平均高差 h′	−10.756		
计算方法	$h_{AB}=S \cdot \tan\alpha+i-v$　$\pm h'=\dfrac{\|h_{往}+h_{返}\|}{2}$　（往返平均高差"+""−"值，取$h_{往}$）		

表6-8是三角高程路线中一条边的记录计算。三角高程路线应置于水准点联测的高程点上。三角高程闭合差的平差和各点高程的计算与水准测量相同。

2. 三角高程路线的高差计算

（1）高差计算

外业成果检查、整理，不合格的应重测；画草图，计算相邻点间的高差、距离，当往返测高差互差符合规范要求后取其平均值。

（2）三角高程路线成果整理

计算高差闭合差

$$\Delta f_h = \sum h - (H_b - H_a) \tag{6-23}$$

计算每公里高差改正数

$$\delta_{公里} = -\dfrac{\Delta f_h}{\sum S_{公里}} \tag{6-24}$$

计算每测段高差改正数

$$\delta_i = S_i \cdot \delta_{公里} \tag{6-25}$$

五、三角高程的测量误差

1. 边长误差

边长误差决定于距离丈量方法。用普通视距法测定距离，精度只有 1/300；用电磁波测距仪测距，精度很高，边长误差一般为几万分之一到几十万分之一。边长误差对三角高程的影响与垂直角大小有关，垂直角越大，其影响也越大。

2. 竖直角误差

竖直角观测误差包括仪器误差、观测误差和外界环境的影响。对三角高程的影响与边长及推算高程路线总长有关，边长或总长越长，对高程的影响也越大。因此，竖直角的观测应选择大气折光影响较小的阴天观测较好。

3. 大气折光系数误差

大气垂直折光误差主要表现为折光系数 K 值测定误差。折光系数的误差对于短距离三角高程测量的影响不是主要的；但对于长距离三角高程测量而言，其影响比较明显，应予以注意。

4. 丈量仪高和觇标高的误差

仪高和觇标高采用盒尺直接进行量取，仪高和觇标高的量测误差有多大，对高差的影响也会有多大。因此，应仔细量测仪高和觇标高。

六、三角高程测量的精度

1. 观测高差中误差

如何估算三角高程测量外业的精度，在理论上很难推导出一个普遍适用的精度估算公式。我国根据不同地区地理条件 20 个测区实测资料，用不同边长的三角形高差闭合差来估算三角高程测量的精度，有经验公式：

$$M_h = P \cdot s \tag{6-26}$$

式中　M_h——对向观测高差平均值的中误差（m）；

　　　s——边长（km）；

　　　P——每公里的高差中误差（m/km），$P = 0.013 \sim 0.022$，取 $P = 0.025$，$M_h = 0.025s$。

高差中误差与边长是成正比例的关系，对短边三角高程测量精度较高，边长愈长精度愈低。

2. 对向观测高闭合差的限差

同一条观测边上对向观测高差的绝对值应相等，或者说对向观测高差之和应等于零。但实际上由于各种误差的影响不等于零，而产生所谓对向观测高差闭合差。对向观测也称往返测，所以对向观测高差闭合差也称为往返测高差闭合差，以 W 表示

$$W = h_{12} + h_{21}$$

以 m_W 表示闭合差 W 的中误差，以 m_{h_0} 表示单向观测高差 h 的中误差，

$$m_W^2 = 2m_{h_0}^2$$

取两倍中误差作为限差，则往返测观测高差闭合差限 $W_限$ 为

$$W_限 = 2m_w = \pm 2\sqrt{2}m_{h_0}$$

若以 W_h 表示对向观测高差中误差，则单向观测高差中误差可以写为

$$m_{h_0} = \sqrt{2}M_h = 0.025\sqrt{2}s$$

最终求得对向观测高差闭合差限差的公式

$$W_限 = 2\sqrt{2} \times 0.025\sqrt{2}s = 0.1s \tag{6-27}$$

3. 环形闭合差的限差

如果若干条对向观测边构成一个闭合环线，其观测高差的总和应该等于零，当这一条件不能被满足，就会产生环线闭合差。最简单的闭合环是三角形，这时的环线闭合差就是三角形高差闭合差。

$$W = h_1 + h_2 + h_3$$
$$m_w^2 = m_1^2 + m_2^2 + m_3^2$$

最终得环线闭合差限差为

$$W_限 = 2m_w = \pm 0.025\sqrt{\sum s_i^2}$$

4. 提高三角高程测量精度的措施

（1）缩短视线：当视线长 1000m 时，折光角通常只是 $2''$ 或 $3''$。在这样的距离上进行对向三角高程测量，其精度同普通水准测量相当。

（2）对向观测垂直角。

（3）选择有利的观测时间，一般情况下，中午前后观测垂直角最有利。

（4）提高视线高度。

第七章 角度测量

第一节 角度测量原理

角度测量是确定地面点位的三大基本测量工作之一，包括水平角测量和竖直角测量，经纬仪是主要的测角仪器。

一、水平角测量原理

水平角是指地面上一点到两个目标的方向线在同一水平面上的垂直投影间的夹角，或是过两条方向线的竖直面所夹的两面角。如图 7-1 所示，A、B、C 为地面三点，过 AB、AC 直线的竖直面，在水平面 P 上的交线 ab、ac 所夹的角 β，就是直线 AB 和 AC 之间的水平角。

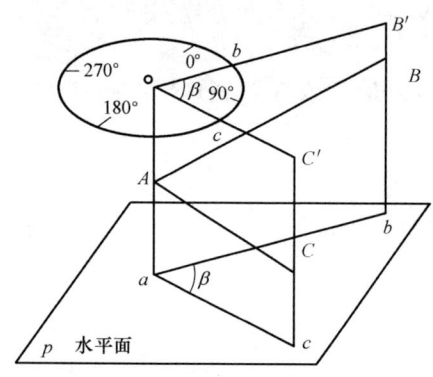

图 7-1 水平角测量原理

依据水平角的概念，欲直接观测水平角，其观测的设备必须具备两个条件：其一，要有一个与水平面平行的水平度盘，并要求该度盘的中心能通过仪器操作与该空间地面点处在一条铅垂线上；其二，要有个瞄准两目标点的望远镜，要求望远镜能上下、左右转动，并且在转动时能在度盘上分别获取读数，以计算水平角。经纬仪即具备此条件，因而可以完成该角度的观测，观测时，只要通过对中操作将仪器安置于欲测角的顶点 A，且整平水平度盘，则可利用望远镜观测目标 B、C，并在水平度盘上产生投影 Ob、Oc，读取各自对应的水平读数 b、c，即测得为 A、B、C 三点的水平角。一般水平度盘为顺时针注记，故

$$\angle boc = c - b = \beta \tag{7-1}$$

水平角取值范围为 $0°\sim360°$。

二、竖直角测量原理

竖直角是指在同一竖直面内，一点到目标的方向线与水平线的夹角，又称倾斜角或竖角。如图 7-2 所示，竖直角有仰角和俯角之分，夹角在水平线之上为"正"，称为仰角，如 α_A；夹角在水平线之下为"负"，称为俯角，如 α_B。图中仰角为 $48°30'36''$，俯角为 $-29°16'24''$。竖直角取值范围为 $-90°\sim+90°$。

如果在过 O 点的铅垂面上，装置一个垂直圆盘，使其中心过 O 点，这个盘称为竖盘。操作仪器使过地面目标直线 OA 的竖直面与竖盘平行，则直线 OA 方向与水平方向在竖盘

上的投影所夹的角即为 OA 方向的竖直角，其角值用该两方向的度盘读数之差计算。因此两方向中必有一个方向为水平方向，故设计经纬仪时，提供了此水平方向为固定方向，将其竖直度盘读数在视线水平的情况下，固定为 90°的整数倍，因而在实际测竖直角时，只需观测目标点的一个方向值，便可计算出目标方向的竖角。

根据此测角原理，设计生产出的能进行水平角及竖直角测量的仪器称为经纬仪。现在在工程中常用的为 J2 型经纬仪，不同厂家生产的经纬仪在构造上略有差异，但是基本原理一样。

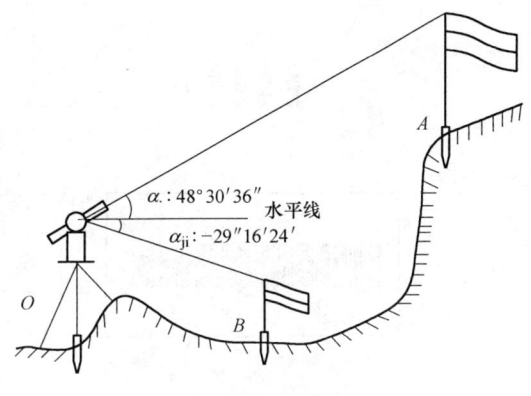

图 7-2 竖直角测量原理

第二节 电子经纬仪

随着电子技术、计算机技术、光电技术、自动控制等现代科学技术的发展，使角度测量向自动化记录方向的发展有了技术基础，出现了能自动显示、自动记录和自动传输数据的电子经纬仪。这种仪器的出现标志着测角工作向自动化迈出了新的一步。

电子经纬仪与光学经纬仪相比，外形结构相似，但测角和读数系统有很大的区别。电子经纬仪测角系统主要有以下三种：

① 编码度盘测角系统。是采用编码度盘及编码测微器的绝对式测角系统。
② 光栅度盘测角系统。是采用光栅度盘及莫尔干涉条纹技术的增量式读数系统。
③ 动态测角系统。是采用计时测角度盘及光电动态扫描绝对式测角系统。

一、电子经纬仪测角原理

由于目前电子经纬仪大部分是采用光栅度盘测角系统和动态测角系统，现介绍这两种测角原理。

1. 光栅度盘测角原理

在光学玻璃上均匀地刻划出许多等间隔细线，即构成光栅。刻在直尺上用于直线测量，称为直线光栅。刻在圆盘上由圆心向外辐射的等角距光栅，称为径向光栅，用于角度测量，也称光栅度盘，如图 7-3 所示。

光栅的基本参数是刻划线的密度和栅距。密度为一毫米内刻划线的条数。栅距为相邻两栅的间距。光栅宽度为 a，缝隙宽度为 b，栅距为 $d=a+b$。

电子经纬仪是在光栅度盘的上、下对称位置分别安装光源和光电接收机。由于栅线不透光，而缝隙透光，则可将光栅盘是否透光的信号变为电信号。当光栅度盘移动时，光电接收管就可对通过的光栅数进行计数，从而得到角度值。这种靠累计计数而无绝对刻度数的读数系统称为增量式读数系统。

由此可见，光栅度盘的栅距就相当于光学度盘的分划，栅距越小，则角度分划值越

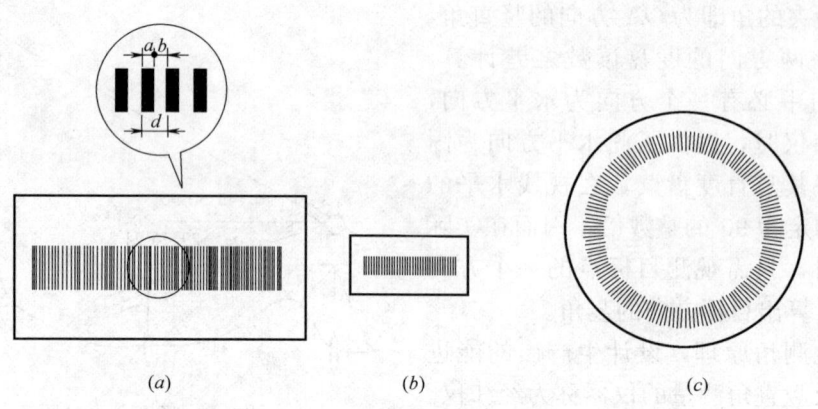

图 7-3 光栅
(a) 直线光栅；(b) 指示光栅；(c) 径向光栅

小，即测角精度越高。例如，在 80mm 直径的光栅度盘上，刻划有 12500 条细线（刻线密度为 50 条/mm），栅距分划值为 $1'44''$。要想再提高测角精度，必须对其作进一步的细分。然而，这样小的栅距，再细分实属不易。所以，在光栅度盘测角系统中，采用了莫尔条纹技术进行测微。

所谓莫尔条纹，就是将两块密度相同的光栅重叠，并使它们的刻划线相互倾斜一个很小的角度，此时便会出现明暗相间的条纹，如图 7-4（a）所示，该条纹称为莫尔条纹。

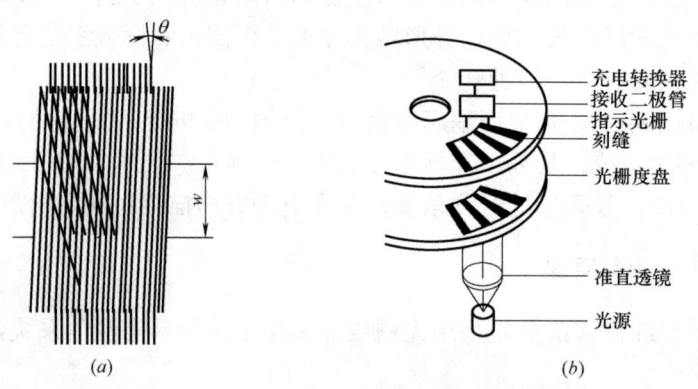

图 7-4 光栅度盘测角原理

根据光学原理，莫尔条纹有如下特点：

（1）两光栅之间的倾角越小，条纹间距 ω 越宽，则相邻明条纹或暗条纹之间的距离越大。

（2）在垂直于光栅构成的平面方向上，条纹亮度按正弦规律周期性变化。

（3）当光栅在垂直于刻线的方向上移动时，条纹顺着刻线方向移动。光栅在水平方向上相对移动一条刻线，莫尔条纹则上下移动一周期，如图 7-4（a）所示，即移动一个纹距 ω。

（4）纹距 ω 与栅距 d 之间满足如下关系：

$$\omega = \frac{d}{\theta}\rho' \tag{7-2}$$

式中 ρ'——3438′；

　　　θ——两光栅（图 7-4 中的指示光栅和光栅度盘）之间的倾角。

例如，当 $\theta=20'$ 时，纹距 $\omega=172d$，即纹距比栅距放大了 172 倍。这样，就可以对纹距进一步细分，以达到提高测角精度的目的。

使用光栅度盘的电子经纬仪，如图 7-4（b）所示，其指示光栅、发光管（光源）、光电转换器和接收二极管位置固定，而光栅度盘与经纬仪照准部一起转动。发光管发出的光信号通过莫尔条纹落到光电接收管上，度盘每转动一栅距（d），莫尔条纹就移动一个周期（ω）。所以，当望远镜从一个方向转动到另一个方向时，流过光电管光信号的周期数，就是两个方向间的光栅数。由于仪器中两光栅之间的夹角是已知的，所以通过自动数据处理，即可算得并显示两方向间的夹角。为了提高测角精度和角度分辨率，仪器工作时，在每个周期内再均匀地填充 n 个脉冲信号，计数器对脉冲计数，则相当于光栅刻划线的条数又增加了 na 倍，即角度分辨率就提高了 n 倍。

为了判别测角时照准部旋转的方向，采用光栅度盘的电子经纬仪其电子线路中还必须有判向电路和可逆计数器。判向电路用于判别照准时旋转的方向，若顺时针旋转时，则计数器累加；若逆时针旋转时，则计数器累减。

2. 动态测角原理

动态测角原理的仪器的度盘为玻璃圆环，测角时，由微型马达带动而旋转。度盘分成 1024 个分划，每一分划由一对黑白条纹组成，白的透光，黑的不透光，相当于栅线和缝隙，其栅距设为 ϕ_0，如图 7-5 所示。光阑 L_S 固定在基座上，称固定光阑（也称光闸），相当于光学度盘的零分划。光阑 L_R 在度盘内侧，随照准部转动，称活动光阑，相当于光学度盘的指标线。它们之间的夹角即为要测的角度值。因此这种方法称为绝对式测角系统。两种光阑距度盘中心远近不同，照准部旋转以瞄准不同目标时，彼此互不影响。为消除度盘偏心差，同名光阑按对径位置设置，共 4 个（两对），图中只绘出两个。竖直度盘的固定光阑指向天顶方向。

光阑上装有发光二极管和光电二极管，分别处于度盘上、下侧。发光二极管发射红外光线，通过光阑孔隙照到度盘上。当微型马达带动度盘旋转时，因度盘上明暗条纹而形成透光亮的不断变化，这些光信号被设置在度盘另一侧的光电二极管接收，转换成正弦波的电信号输出，用以测角。

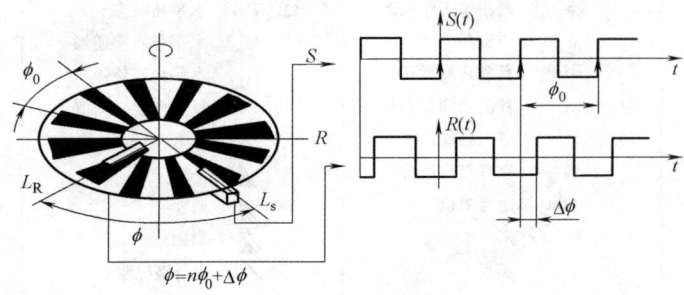

图 7-5　动态测角原理

二、电子经纬仪使用

下面以国内应用较广泛的博飞电子经纬仪（图 7-6）为例进行介绍。

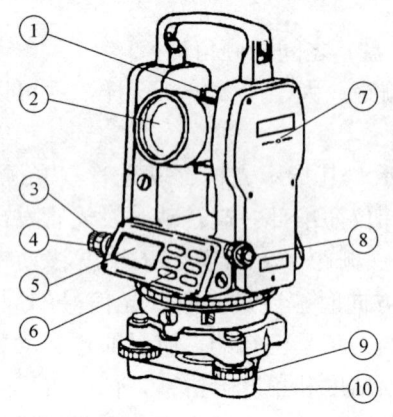 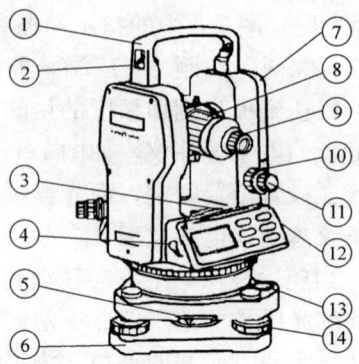

①—粗瞄准；②—物镜；③—水平固定螺旋；
④—水平微动螺旋；⑤—显示器；⑥—操作键；
⑦—仪器中心标志；⑧—光学对中器；
⑨—脚螺旋；⑩—三角座

①—提把；②—提把螺丝；③—长水准器；
④—通信接口(用与EDM)；⑤—基座固定钮；
⑥—三角座；⑦—电池盒；⑧—调焦手轮；
⑨—目镜；⑩—垂直固定螺旋；⑪—垂直微动螺旋；
⑫—RS-232C通讯接口；⑬—圆水准器；⑭—脚螺旋

图 7-6　博飞 DJD2-PG 系列

1. 显示器和显示标记

显示器和显示标记如图 7-7 所示。

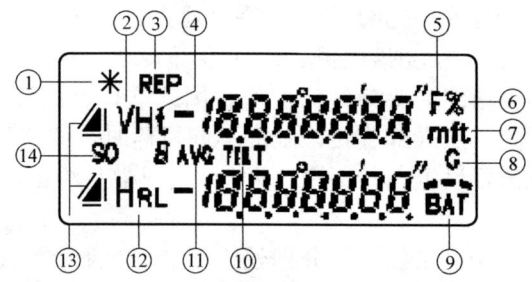

符号		内容	符号		内容
①	✱	测距仪工作状态	⑫	H_H	水平角状态
②	V	垂直角		H_R	水平角右旋递增
③	REP	复测角测量状态		H_L	水平角左旋递增
④	Ht	复测角测量总值		H	复测角度平均值
⑤	F	第二功能选择	⑬	◢	距离/坐标状态
⑥	%	垂直坡度百分比		▱	平距
⑦	mft	距离单位		◿	高差
	m	米		◹	斜距
	ft	英尺		∕	北向坐标N(x)
⑧	G	400格显示单位		⌐	Z坐标(高差)
⑨	B̄ĀT̄	电池电量指示		∠	东向坐标E(y)
⑩	TILT	倾斜补偿功能	⑭	SO	放样测量
⑪	AVG	复测角平均数			

图 7-7　显示器与显示标记

2. 操作面板和操作键

操作面板和操作键如图 7-8 所示。

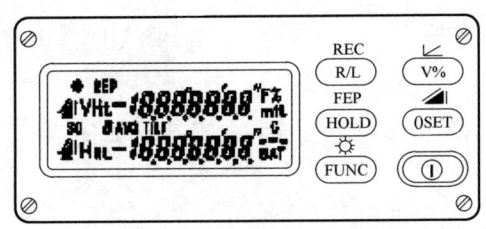

按键	功能1	功能2
REC R/L	水平角右旋增量 或左旋增量	测量数据存储 或输出
REP HOLD	水平角锁定	重复角度测量
☼ FUNC	第二功能键选择	显示器照明和 视距板照明
V%	垂直角/坡度百分比	坐标测量
0SET	水平角置零	距离测量
⏻	电源开关	

图 7-8　操作面板和操作键

3. 角度测量

将电子经纬仪对中整平后，按住电源开关开机，旋转望远镜使传感器通过零位，瞄准目标第一个目标 A 后，按 [0SET] 键，使水平角读数设置为 "0°00′00″"。作为水平角起算的零方向，如图 7-9 所示。

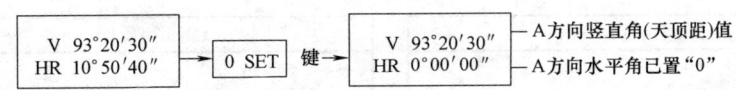

图 7-9　水平角置零设置

顺时针转动仪器照准部，瞄准另一个目标 B，这时仪器显示为如图 7-10 所示。

按 [R/L] 键后，水平角设置成左旋测量方式。逆时针方向转动仪器照准部，瞄准目标 A，对水平角度置零。然后逆时针方向转动仪器照准部，照准目标 B 时显示为如图7-11 所示。

图 7-10 AB 方向间右旋读数图　　　　图 7-11 AB 方向间左旋读数图

第三节　全站仪构造及操作使用

一、全站仪的基本结构及功能

随着我国经济和技术水平的飞速发展，国产普通型全站仪以其价格低、性能稳定、操作简便，在建筑施工测量中得到广泛应用，下面以国产型号为 NTS-660 全站仪为例介绍普通型全站仪（图 7-12）。

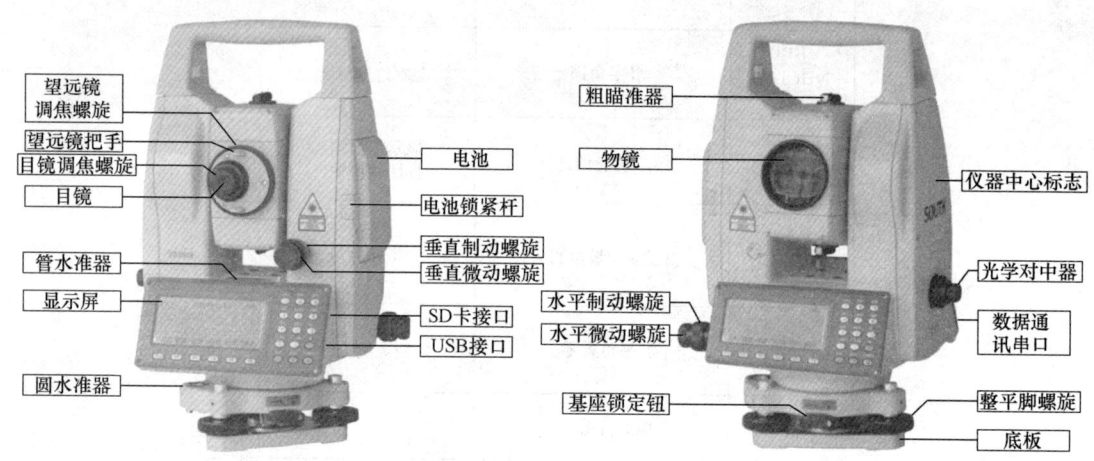

图 7-12　NTS-660 结构图

1. 仪器部件的名称

图 7-12 标示出了 NTS-660 仪器各个部件的名称。

（1）显示屏

一般上面几行显示观测数据，底行显示软键功能，它随测量模式的不同而变化，如图 7-13 所示。利用星键（★）可调整显示屏的对比度和亮度。

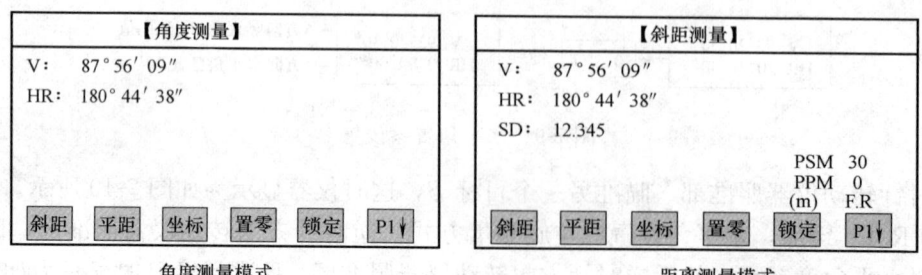

图 7-13　显示屏

(2) 显示符号

在显示屏中显示的符号见表 7-1。

显示符号及其含义　　　　　　　　表 7-1

符号	含义	符号	含义
V	垂直角	*	电子测距正在进行
V%	百分度	m	以米为单位
HR	水平角(右角)	ft	以英尺为单位
HL	水平角(左角)	F	精测模式
HD	平距	T	跟踪模式(10mm)
VD	高差	R	重复测量
SD	斜距	S	单次测量
N	北向坐标	N	N 次测量
E	东向坐标	ppm	大气改正值
Z	天顶方向坐标	ism	棱镜常数值

(3) 操作键

显示屏上的各操作键如图 7-14 所示，具体名称及功能说明见表 7-2。

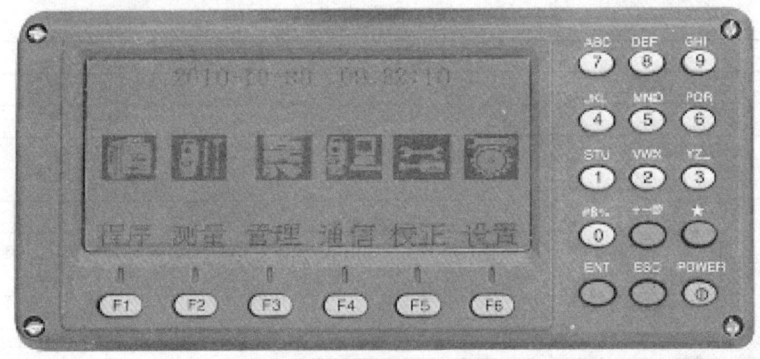

图 7-14　显示屏操作键示意图

操作键名称及功能说明　　　　　　　　表 7-2

按键	名称	功能
F1～F6	软　键	功能参见所显示的信息
0～9	数字键	输入数字,用于欲置数值
A～/	字母键	输入字母
ESC	退出键	退回到前一个显示屏或前一个模式
★	星　键	用于仪器若干常用功能的操作
ENT	回车键	数据输入结束并认可时按此键
POWER	电源键	控制电源的开/关

2. 功能键（软键）

软键功能标记在显示屏的底行。该功能随测量模式的不同而改变。

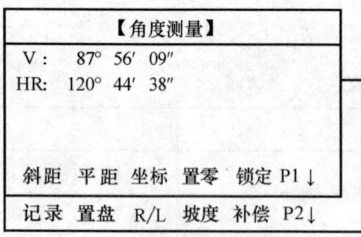
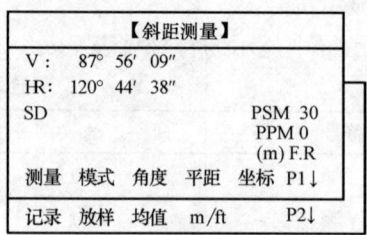
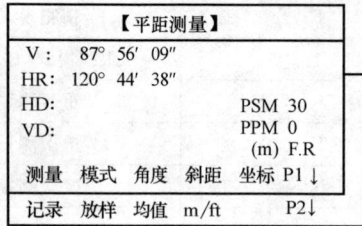

图 7-15 测量模式

测量模式有角度测量模式、斜距测量模式、平距测量模式和坐标测量模式。各测量模式又有若干页,可以用 F6 键翻页。具体操作及模式说明见图 7-15 及表 7-3～表 7-6。

角度测量模式　　表 7-3

模式	显示	软键	功能
角度测量	斜距	F1	倾斜距离测量
	平距	F2	水平距离测量
	坐标	F3	坐标测量
	置零	F4	水平角置零
	锁定	F5	水平角锁定
	记录	F1	将测量数据传输到数据采集器
	置盘	F2	预置一个水平角
	R/L	F3	水平角右角/左角变换
	坡度	F4	垂直角/百分度的变换
	补偿	F5	设置倾斜改正
	斜距	F1	若打开补偿功能,则显示倾斜改正值

斜距测量模式　　表 7-4

模式	显示	软键	功能
斜距测量	测量	F1	启动斜距测量。选择连续测量/N 次(单次)测量模式
	模式	F2	设置单次精测/N 次精测/重复精测/跟踪测量模式
	角度	F3	角度测量模式
	平距	F4	平距测量模式,显示 N 次或单次测量后的水平距离
	坐标	F5	坐标测量模式,显示 N 次或单次测量后的坐标
	记录	F1	将测量数据传输到数据采集器
	放样	F2	放样测量模式
	均值	F3	设置 N 次测量的次数
	m/ft	F4	距离单位米或英尺的变换

平距测量模式　　　　　　　　　　　　　　　　　　　　　　表 7-5

模式	显示	软键	功能
平距测量	测量	F1	启动平距测量。选择连续测量/N 次（单次）测量模式
	模式	F2	设置单次精测/N 次精测/重复精测/跟踪测量模式
	角度	F3	角度测量模式
	斜距	F4	斜距测量模式，显示 N 次或单次测量后的倾斜距离
	坐标	F5	坐标测量模式，显示 N 次或单次测量后的坐标
	记录	F1	将测量数据传输到数据采集器
	放样	F2	放样测量模式
	均值	F3	设置 N 次测量的次数
	m/ft	F4	米或英尺的变换

坐标测量模式　　　　　　　　　　　　　　　　　　　　　　表 7-6

模式	显示	软键	功能
坐标测量	测量	F1	启动坐标测量。选择连续测量/N 次（单次）测量模式
	模式	F2	设置单次精测/N 次精测/重复精测/跟踪测量模式
	角度	F3	角度测量模式
	斜距	F4	斜距测量模式，显示 N 次或单次测量后的倾斜距离
	平距	F5	平距测量模式，显示 N 次或单次测量后的水平距离
	记录	F1	将测量数据传输到数据采集器
	高程	F2	输入仪器高/棱镜高
	均值	F3	设置 N 次测量的次数
	m/ft	F4	米或英尺的变换
	设置	F5	预置仪器测站点坐标

3. 星键模式

按下（★）键即可看到仪器的若干操作选项。这些选项分两页屏幕显示。按［F5］（P1↓）键查看第 2 页屏幕，再按［F5］（P2↓）可返回第 1 页屏幕，如图 7-16、图 7-17 所示。

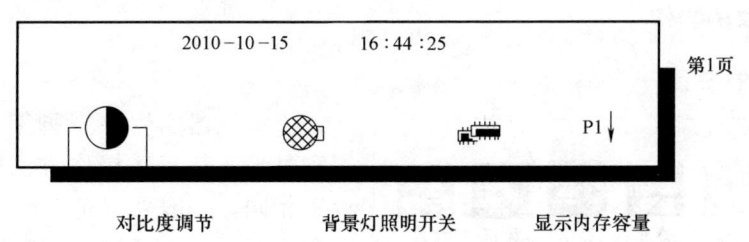

图 7-16 （★）键第 1 页屏幕

二、反射棱镜

可根据需要选用各种棱镜框、棱镜、标杆连接器、三角基座连接器以及基座等系统组

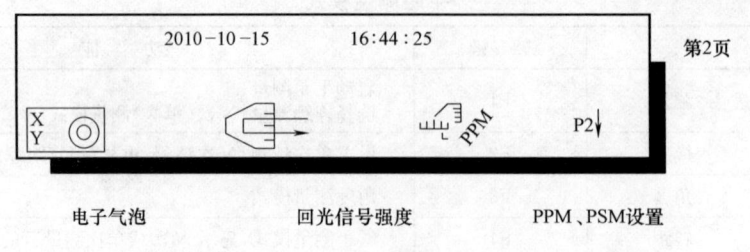

图 7-17 (★) 键第 2 页屏幕

件,并可根据测量的需要进行组合,形成满足各种距离测量所需的棱镜组合。

棱镜有单棱镜、三棱镜、测杆棱镜等不同种类,如图 7-18 所示。

不同的棱镜数量,测程不同,棱镜数越多,测程越大,但全站仪的测程是有限的。所以棱镜数应根据全站仪的测程和所测距离来选择。

单棱镜、三棱镜等在使用时一般安置在三脚架上,用于控制测量。在放样测量和精度要求不高的测量中,采用测杆棱镜是十分便利的。

一般依据棱镜常数设置棱镜改正数。

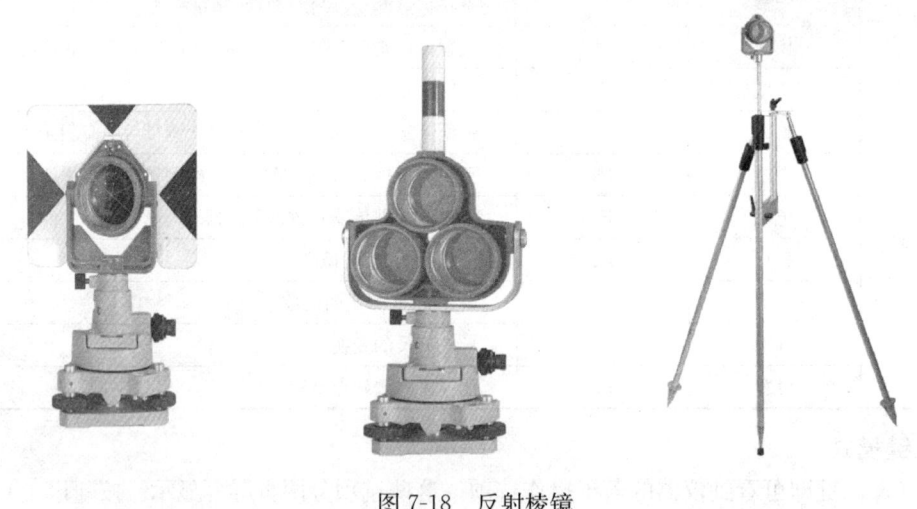

图 7-18 反射棱镜

三、全站仪的操作

1. 全站仪的安置

图 7-19 主菜单界面

将仪器安置在三脚架上,精确对中和整平。其具体操作方法同经纬仪的安置相同。一般采用光学对中器完成对中;利用长管水准器精平仪器;仪器开机,对中整平后,打开电源开关,进入主菜单(图 7-19)。

2. 仪器常数设置

在主菜单按 [F5] 键,进入仪器常数设置界面(表 7-7),按对应的 [F1]、[F2]、

[F3]、[F4]分别对仪器进行设置。

仪器常数设置界面　　　　　　　　　　　　　　　　　　　　表 7-7

操作步骤	按键	显　示
由主菜单按[F5]键	[F5]	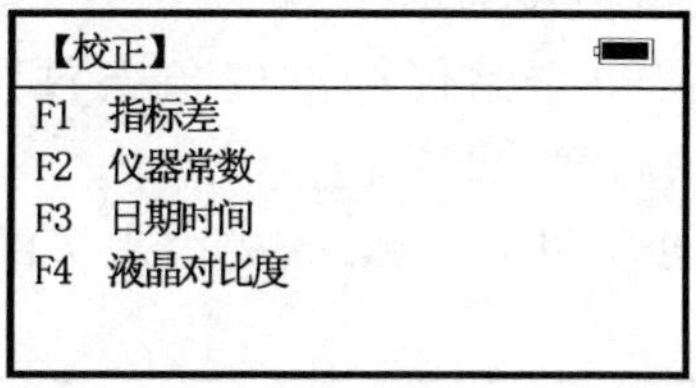 【校正】 F1　指标差 F2　仪器常数 F3　日期时间 F4　液晶对比度

3. 棱镜常数设置

当使用棱镜作为反射体时，需在测量前设置好棱镜常数，一旦设置了棱镜常数，关机后该常数将被保存。

棱镜常数的设置是在星键（★）模式下进行的，见表 7-8。

棱镜常数设置界面　　　　　　　　　　　　　　　　　　　　表 7-8

操作步骤	按键	显　示
①按星(★)键	[★]	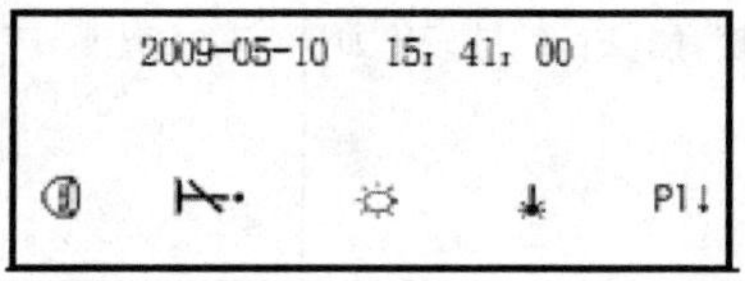 2009-05-10　15:41:00　　　　　P1↓
②按[F5]键进入该菜单的第 2 页后，按[F4]键。显示现有设置值	[F5] [F4]	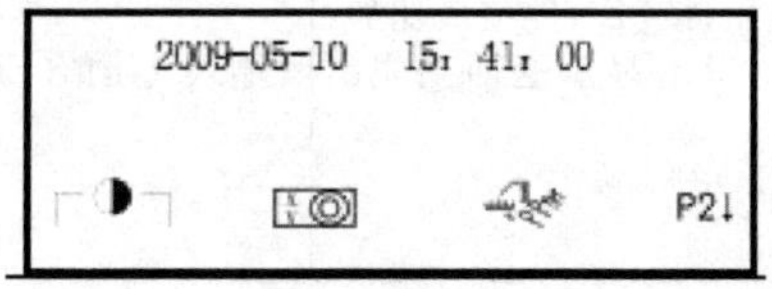 2009-05-10　15:41:00　　　　　P2↓
③按[F4](→,←)或[F5](↓,↑),将光标(▶)移动到棱镜常数设置的位置上	移动光标	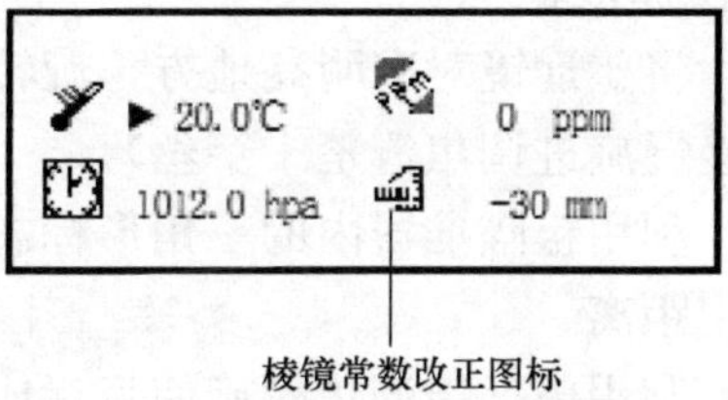 20.0℃　　0 ppm 1012.0 hpa　　-30 mm 棱镜常数改正图标
④输入棱镜常数。 显示返回到星(★)键模式菜单	输入数值	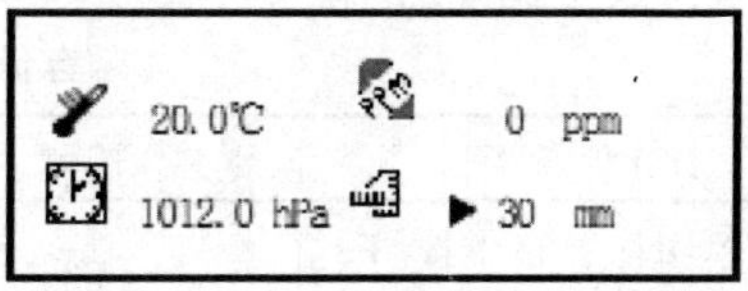 20.0℃　　0 ppm 1012.0 hPa　▶ 30 mm

4. 大气改正设置

大气改正的设置在（★）键模式下进行，见表 7-8。

根据当时的大气温度、大气压力、海拔高度、空气湿度等进行大气改正的计算。

$$ppm = 273.8 - \frac{0.2900 \times 气压值(hP_a)}{1 + 0.00366 \times 温度值(℃)}$$

若使用的气压单位是 mmhg 时，按：1hPa＝0.75mmhg 进行换算。不顾及大气改正时，将 ppm 值设为零。

NTS-660 全站仪标准气象条件（即仪器气象改正值为 0 时的气象条件）：气压：1013hPa，温度：20℃。

设置步骤见表 7-9，首先由表 7-8、表 7-9 进入（★）键操作模式。

大气改正设置　　　　　　　　　　　　　　　　　　　　表 7-9

操作步骤	按键	显　示
按[F4]键,显示现有设置值	按[F4]设置温度	20.0℃　　55 ppm 1012.0 hPa　　0 mm
输入温度,按[ENT]键。比如：温度 26℃	输入温度值 26℃[ENT]	26.0℃　　55 ppm ▶1012.0 hPa　　0 mm
输入气压,按[ENT]键。比如：气压:1020hPa,显示返回到先前模式	输入气压值[ENT]	26.0℃　　55 ppm 1020.0 hPa　　0 mm

5. 操作步骤

（1）将望远镜对准明亮地方，旋转目镜筒，调焦看清十字丝（先朝自己方向旋转目镜筒，再慢慢旋进调焦清楚十字丝）。

（2）利用粗瞄准器内的三角形标志的顶尖瞄准目标点，照准时眼睛与瞄准器之间应保留有一定距离。

（3）利用望远镜调焦螺旋使目标成像清晰。

字母、数字由键盘输入，表 7-10 为在存储管理模式下给文件更名的示例。

存储管理模式下给文件　　　　　　　　　　　　　　　　表 7-10

操作步骤	按键	显　示
从主菜单图标屏幕中按[F3]（管理）键，然后按[F6]（确定）键，按[F6]（P2↓）键，按[F4]或[F5]键选择需改名的文件,再按[F1]（更名）键。 ①按[F1]（数字）键，进入字母输入模式	[F3] [F6] [F6] [F4]或[F5] [F1] [F1]	【文件更名】 文件名　　CCC 数字　←　→　空格　后退

操作步骤	按键	显 示
②输入字母,输入"S",键入"O",键入"U",键入"T",键入"H"	[1] [5] [1] [1] [9]	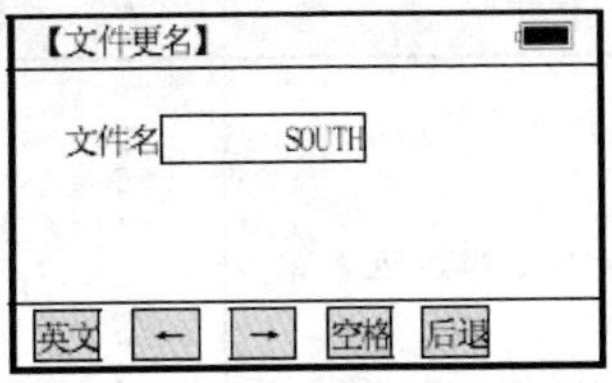 【文件更名】 文件名 SOUTH 英文 ← → 空格 后退
③按[F1](英文)键,进入数字输入模式。键入"112"	[F1] [1] [1] [2]	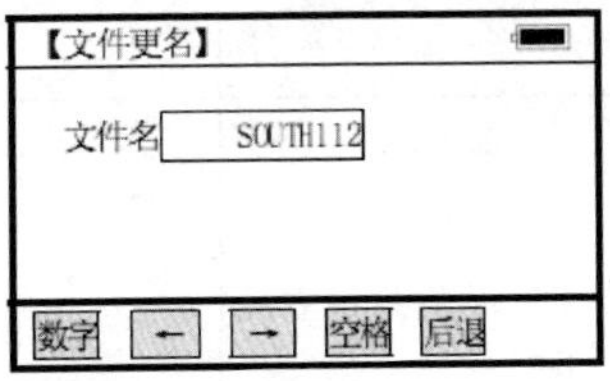 【文件更名】 文件名 SOUTH112 数字 ← → 空格 后退
④文件更名结束按[ENT]键	[ENT]	

6. 角度观测

(1) 水平角(右角)和垂直角测量见表7-11。

水平角(右角)和垂直角测量　　　　　　表7-11

操作步骤	按键	显 示
①照准第一个目标(A)	照准A	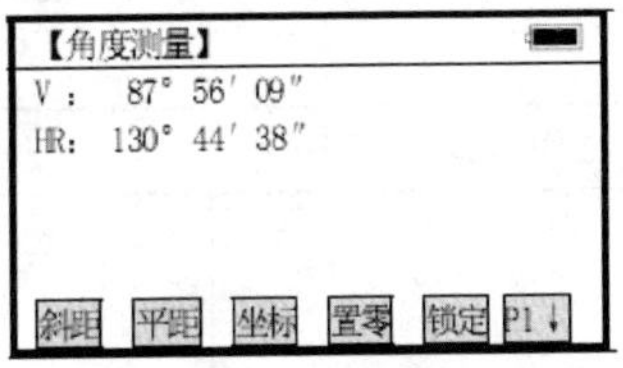 【角度测量】 V: 87°56′09″ HR: 130°44′38″ 斜距 平距 坐标 置零 锁定 P1↓
②设置目标A的水平角读数为0°00′00″。 按[F4](置零)键和[F5](设置)键	[F4] [F5]	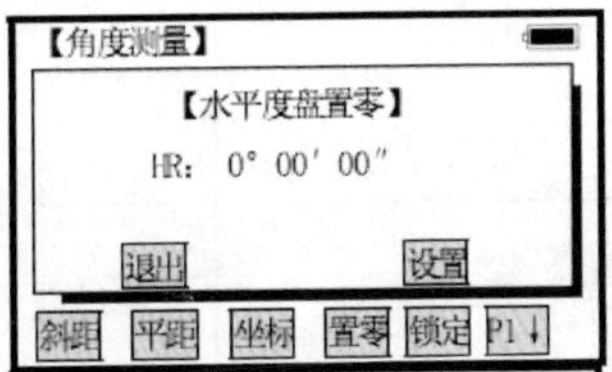 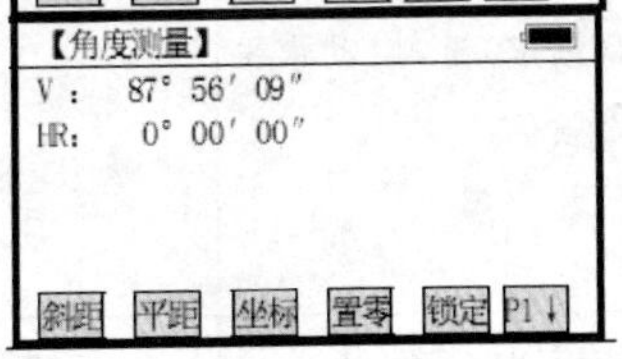 【角度测量】 【水平度盘置零】 HR: 0°00′00″ 退出　　　　　设置 斜距 平距 坐标 置零 锁定 P1↓ 【角度测量】 V: 87°56′09″ HR: 0°00′00″ 斜距 平距 坐标 置零 锁定 P1↓
③照准第二个目标(B)。 仪器显示目标B的水平角和垂直角	照准B	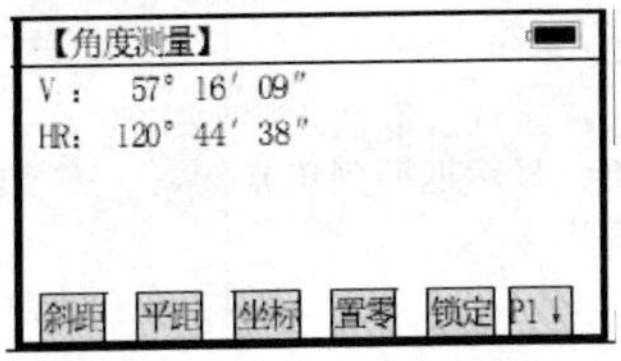 【角度测量】 V: 57°16′09″ HR: 120°44′38″ 斜距 平距 坐标 置零 锁定 P1↓

（2）水平角测量模式（右角/左角）转换见表 7-12。

水平角测量模式（右角/左角）转换 表 7-12

操作步骤	按键	显示
①按［F6］(P1↓)键,进入第 2 页显示功能	［F6］	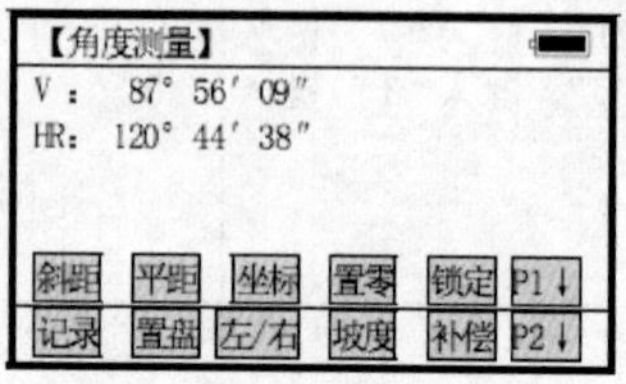 【角度测量】 V： 87°56′09″ HR： 120°44′38″ 斜距 平距 坐标 置零 锁定 P1↓ 记录 置盘 左/右 坡度 补偿 P2↓
②按［F3］键,水平角测量右角模式转换成左角模式	［F3］	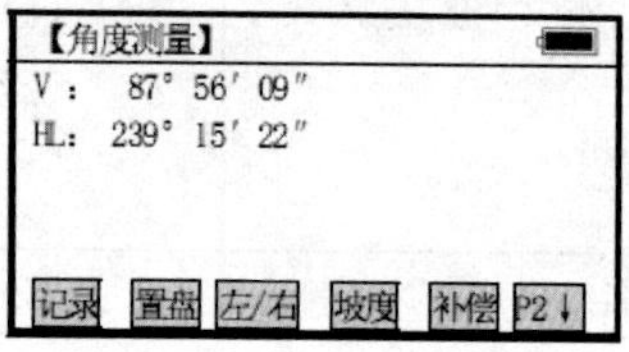 【角度测量】 V： 87°56′09″ HL： 239°15′22″ 记录 置盘 左/右 坡度 补偿 P2↓
③类似右角观测方法进行左角观测		

（3）水平度盘读数设置：

1）利用锁定水平角法设置见表 7-13。

利用锁定水平角法设置 表 7-13

操作步骤	按键	显示
①利用水平微动螺旋设置水平度盘读数	显示角度	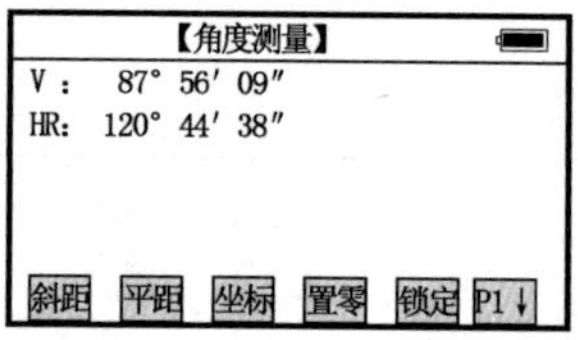 【角度测量】 V： 87°56′09″ HR： 120°44′38″ 斜距 平距 坐标 置零 锁定 P1↓
②按［F5］(锁定)键,启动水平度盘锁定功能	［F5］	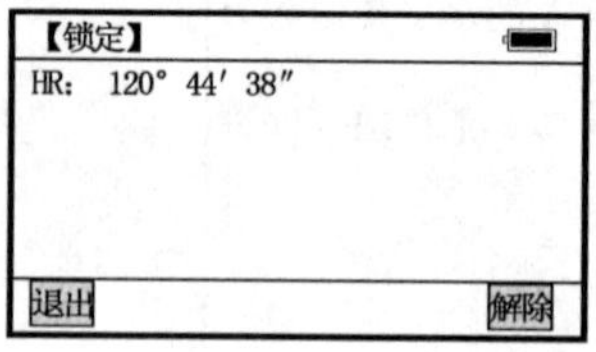 【锁定】 HR： 120°44′38″ 退出　　　　　　　　　　解除
③照准用于定向的目标点	照准	
④按［F5］(解除)键,取消水平度盘锁定功能。显示返回到正常的角度测量模式	［F5］	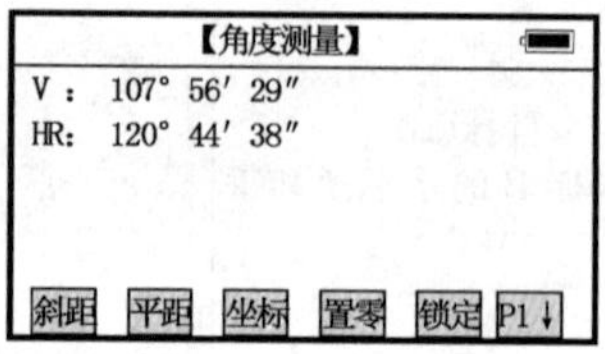 【角度测量】 V： 107°56′29″ HR： 120°44′38″ 斜距 平距 坐标 置零 锁定 P1↓

2）利用数字键设置见表 7-14。

利用数字键设置　　　　　　　　　　表 7-14

操作步骤	按键	显示
①照准用于定向的目标点	照准	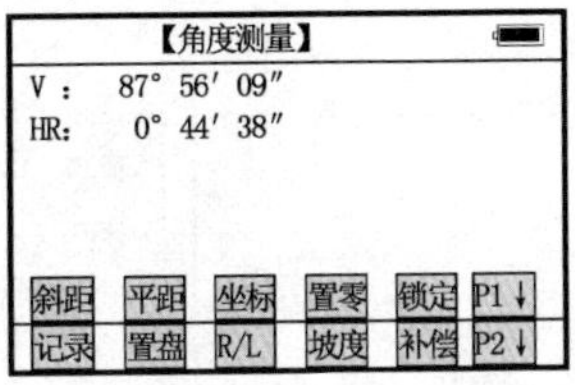 【角度测量】 V： 87°56′09″ HR： 0°44′38″ 斜距 平距 坐标 置零 锁定 P1↓ 记录 置盘 R/L 坡度 补偿 P2↓
②按[F6]（P1↓）键，进入第 2 页功能，再按[F2]（置盘）键。 ③输入所需的水平度盘读数。 例如：120°20′30″	[F6] [F2] 输入角度值	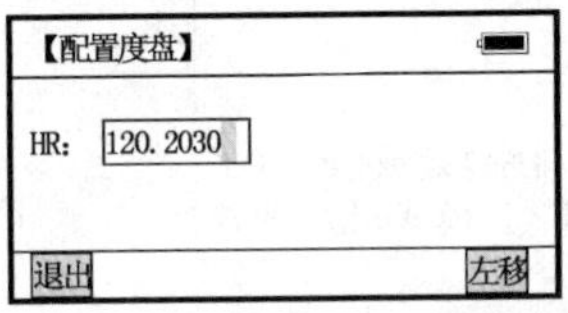 【配置度盘】 HR： 120.2030 退出　　　　　　　　　左移
④按[ENT]键。 至此，即可进行定向后的正常角度测量	[ENT]	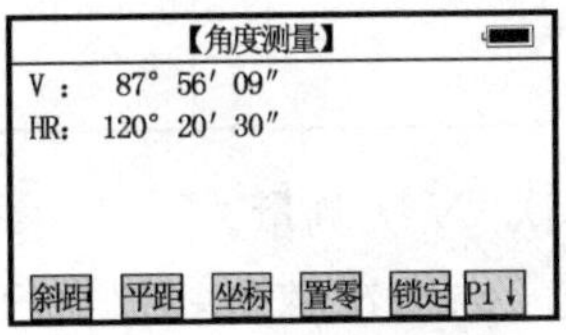 【角度测量】 V： 87°56′09″ HR： 120°20′30″ 斜距 平距 坐标 置零 锁定 P1↓

（4）垂直角百分度模式见表 7-15。

垂直度百分度模式　　　　　　　　　　表 7-15

操作步骤	按键	显示
①按[F6]（P1↓）键，进入第 2 页功能菜单	[F6]	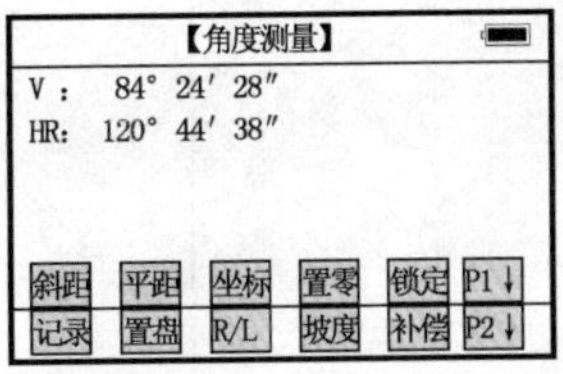 【角度测量】 V： 84°24′28″ HR： 120°44′38″ 斜距 平距 坐标 置零 锁定 P1↓ 记录 置盘 R/L 坡度 补偿 P2↓
②按[F4]（坡度）键	[F4]	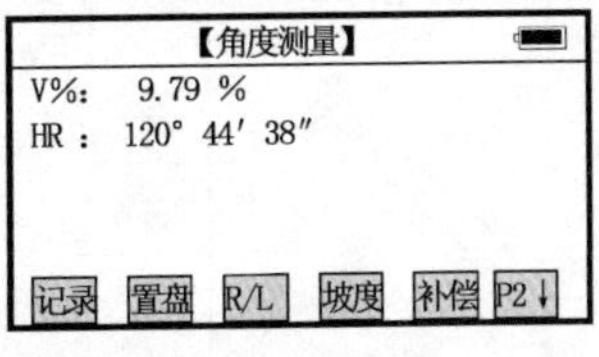 【角度测量】 V%： 9.79 % HR： 120°44′38″ 记录 置盘 R/L 坡度 补偿 P2↓

7. 距离测量

进行距离测量之前，首先进行大气改正设置和棱镜常数设置。

(1) 连续测量模式见表 7-16。

连续测量模式　　　　　　　　　　　表 7-16

操作步骤	按键	显示
①照准棱镜中心	照准	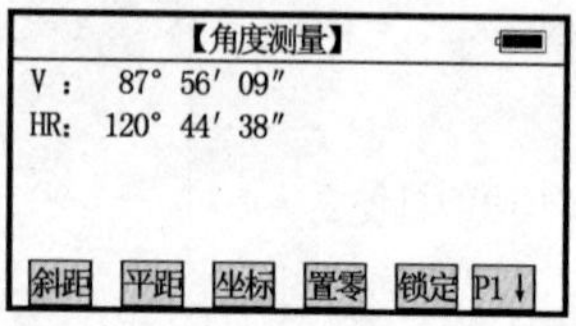 【角度测量】 V： 87°56′09″ HR：120°44′38″ 斜距 平距 坐标 置零 锁定 P1↓
②按[F1](斜距)键或[F2](平距)键,并按[F2](模式)键,选择连续精测模式	[F2]	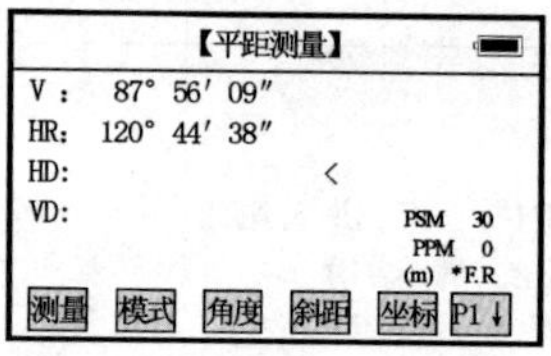 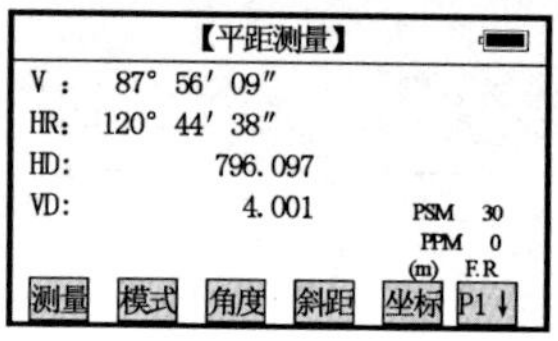 【平距测量】 V： 87°56′09″ HR：120°44′38″ HD： < VD： 　　　　PSM 30 　　　　　　　　PPM 0 　　　　　　　　(m) *F.R. 测量 模式 角度 斜距 坐标 P1↓ 【平距测量】 V： 87°56′09″ HR：120°44′38″ HD： 796.097 VD： 4.001　PSM 30 　　　　　　　　PPM 0 　　　　　　　　(m) F.R. 测量 模式 角度 斜距 坐标 P1↓

(2) 单次/N 次测量。

当预置了观测次数时,仪器就会按设置的次数进行距离测量并显示出平均距离值。若预置次数为 1,则由于是单次观测,故不显示平均距离。仪器出厂时设置的是单次观测。

1) 设置观测次数。在角度测量模式下见表 7-17。

设置观测次数　　　　　　　　　　　表 7-17

操作步骤	按键	显示
①按[F1](斜距)键或[F2](平距)键	[F1] 或 [F2]	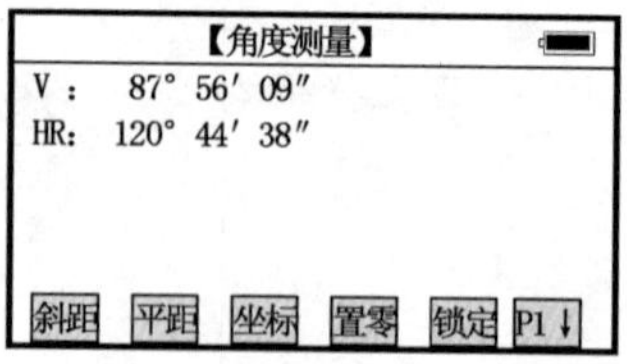 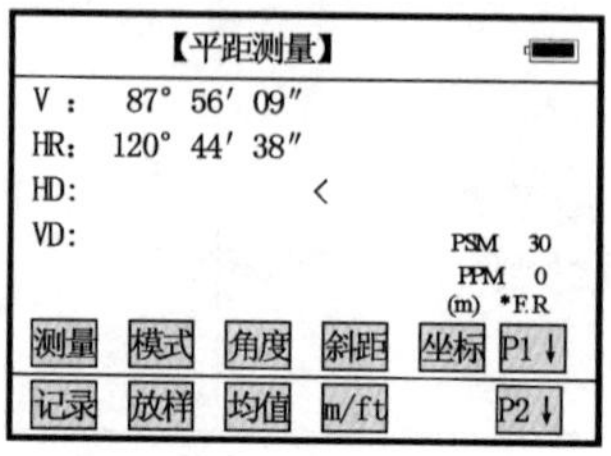 【角度测量】 V： 87°56′09″ HR：120°44′38″ 斜距 平距 坐标 置零 锁定 P1↓ 【平距测量】 V： 87°56′09″ HR：120°44′38″ HD： < VD： 　　　　PSM 30 　　　　　　　　PPM 0 　　　　　　　　(m) *F.R. 测量 模式 角度 斜距 坐标 P1↓ 记录 放样 均值 m/ft P2↓

续表

操作步骤	按键	显 示
②按[F6](P1↓)键,进入第2页功能。 ③按[F3](均值)键,输入观测次数。 示例:3次	[F6] [F3] [3]	【测量次数】 N: 3 退出　　　　　左移
④按[ENT]键,进行 N 次观测	[ENT]	【平距测量】 V: 87°56′09″ HR: 120°44′38″ HD: < VD:　　　　　PSM 30 　　　　　　　PPM 0 　　　　　　　(m) *F.R 记录 放样 均值 m/ft　　P2↓

2) 观测方法。在角度测量模式下,见表7-18。

观测方法　　　　　　　　　　　　　　　　　　表 7-18

操作步骤	按键	显 示
①照准棱镜中心	照准	【角度测量】 V: 87°56′09″ HR: 120°44′38″ 斜距 平距 坐标 置零 锁定 P1↓
②按[F1](斜距)键或[F2](平距)键,选择斜距或平距测量模式。 示例:平距测量 N 次观测开始	[F1] 或[F2]	【平距测量】 V: 87°56′09″ HR: 120°44′38″ HD: < VD:　　　　　PSM 30 　　　　　　　PPM 0 　　　　　　　(m) *F.R 测量 模式 角度 斜距 坐标 P1↓ 记录 放样 均值 m/ft　　P2↓ 【平距测量】 V: 87°56′09″ HR: 120°44′38″ HD: 54.321 VD: 1.234　　PSM 30 　　　　　　　PPM 0 　　　　　　　(m) *F.R 测量 模式 角度 斜距 坐标 P1↓
③显示出平均距离并伴随蜂鸣声,同时屏幕上"*"号消失		【平距测量】 V: 87°56′09″ HR: 120°44′38″ HD: 54.321 VD: 1.234　　PSM 30 　　　　　　　PPM 0 　　　　　　　(m) F.R 测量 模式 角度 斜距 坐标 P1↓

(3) 精测/跟踪模式。

精测模式,是正常距离测量模式,观测时间约 3s,最小显示距离为 1mm;跟踪模式,测量时间要比精测模式短。主要用于放样测量中。在跟踪运动目标或工程放样中非常有用,观测时间约 1s,最小显示距离为 10mm。精密/跟踪模式步骤见表7-19。

精密/跟踪模式步骤　　　　　　　　表 7-19

操作步骤	按键	显　示
①照准棱镜中心	照准棱镜	【平距测量】 V：　87°56′09″ HR：120°44′38″ HD：　　　＜ VD： 　　　　　　PSM　3.0 　　　　　　PPM　0 　　　　　　(m) *F.R 测量 模式 角度 斜距 坐标 P1↓
②按[F1](斜距)键或[F2](平距)键。 选择测距模式。 示例：平距观测模式进行距离测量	[F1] 或[F2]	【角度测量】 V：　87°56′09″ HR：120°44′38″ 斜距 平距 坐标 置零 锁定 P1↓
③按[F2](模式)键，变为跟踪粗测模式		【平距测量】 V：　87°56′09″ HR：120°44′38″ HD： VD： 　　　　　　PSM　30 　　　　　　PPM　0 　　　　　　(m) *T.R 测量 模式 角度 斜距 坐标 P1↓

注：每按一次[F2](模式)键，观测模式就依次改变。

8. 放样

该功能可显示测量的距离与预置距离之差。显示值＝观测值－标准（预置）距离，可进行各种距离测量模式如平距（HD）、高差（VD）或斜距（SD）的放样。表 7-20 为高程的放样的示例。

高程放样示例　　　　　　　　表 7-20

操作步骤	按键	显　示
①在距离测量模式下按[F6](P1↓)键进入第 2 页功能	[F6]	【平距测量】 V：　87°56′09″ HR：120°44′38″ HD：　　　＜ VD： 　　　　　　PSM　30 　　　　　　PPM　0 　　　　　　(m) *F.R 测量 模式 角度 斜距 坐标 P1↓ 记录 放样 均值 m/ft P2↓
②按[F2](放样)键	[F2]	【放样】 HD： VD： 退出　　　　　　　　　　　左移
③输入待放样的高差值并按[ENT]键。 观测开始	输入放样值 [ENT]	【平距测量】 V：　90°10′20″ HR：120°30′40″ HD：　　　＜ dVD： 　　　　　　PSM　30 　　　　　　PPM　0 　　　　　　(m) *F.R 记录 放样 均值 m/ft P2↓ 【平距测量】 V：　90°10′20″ HR：120°30′40″ HD：　　12.345 dVD：　　0.009 　　　　　　PSM　30 　　　　　　PPM　0 　　　　　　(m) *F.R 记录 放样 均值 m/ft P2↓

9. 坐标测量

（1）设置测站点坐标

设置好测站点（仪器位置）相对于原点的坐标后，仪器便可求出、显示未知点（棱镜位置）的坐标。测站点坐标设置见表 7-21 和图 7-20。

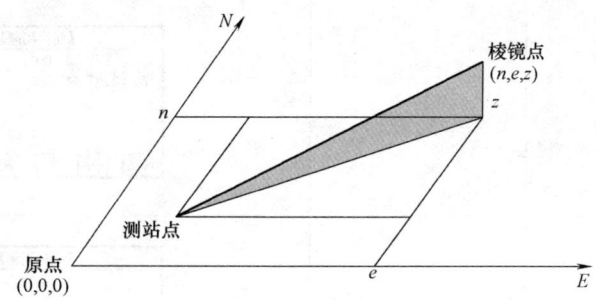

图 7-20 测站点坐标设置

测站点坐标设置　　　　表 7-21

操作步骤	按键	显示
①按[F3]（坐标）键	[F3]	【角度测量】 V： 87°56′09″ HR： 120°44′38″ 斜距 平距 坐标 置零 锁定 P1↓
②按[F6]（P1↓）键进入第 2 页功能	[F6]	【坐标测量】 N： < E： Z：　　　　　PSM 30 　　　　　　　PPM 0 　　　　　　　(m) *F.R 测量 模式 角度 斜距 平距 P1↓ 记录 高程 均值 m/ft 设置 P2↓
③按[F5]（设置）键，显示以前的数据	[F5]	【设置测站点】 N： 12345.670　m E：　　12.436　m Z：　　10.445　m 退出　　　　　　　左移
④输入新的坐标值并按[ENT]键	输入 N 坐标 [ENT] 输入 E 坐标 [ENT] 输入 Z 坐标 [ENT]	【设置测站点】 N： 1000.000　m E： 1000.000　m Z： 1000.000　m 退出　　　　　　　左移
⑤测量开始		【坐标测量】 N： < E： Z：　　　　　PSM 30 　　　　　　　PPM 0 　　　　　　　(m) *F.R 记录 高程 均值 m/ft 设置 P2↓

(2) 设置仪器高/棱镜高

坐标测量须输入仪器高与棱镜高,以便直接测定未知点坐标,见表7-22。

仪器高、棱镜高设置 表7-22

操作步骤	按键	显示
①按[F3](坐标)键	[F3]	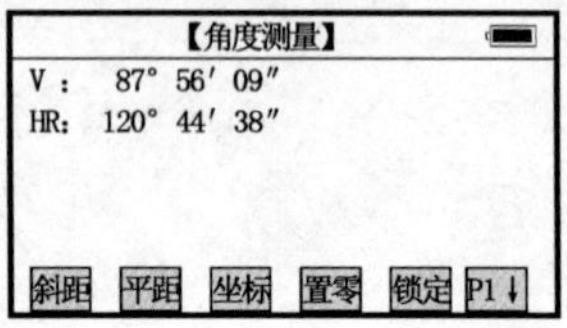 【角度测量】 V: 87°56′09″ HR: 120°44′38″ 斜距 平距 坐标 置零 锁定 P1↓
②在坐标观测模式下,按[F6] (P1↓)键进入第2页功能	[F6]	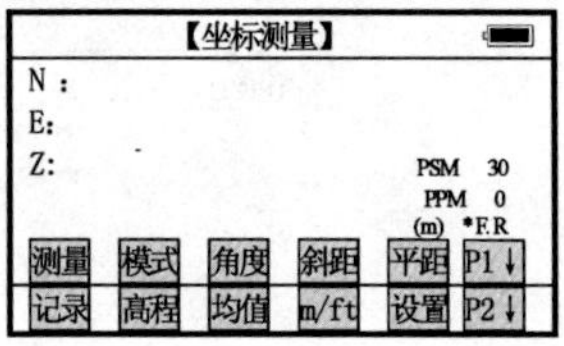 【坐标测量】 N: E: Z:　　　　　　PSM 30 　　　　　　　　PPM 0 　　　　　　　　(m) *F.R 测量 模式 角度 斜距 平距 P1↓ 记录 高程 均值 m/ft 设置 P2↓
③按[F2](高程)键,显示以前的数据	[F2]	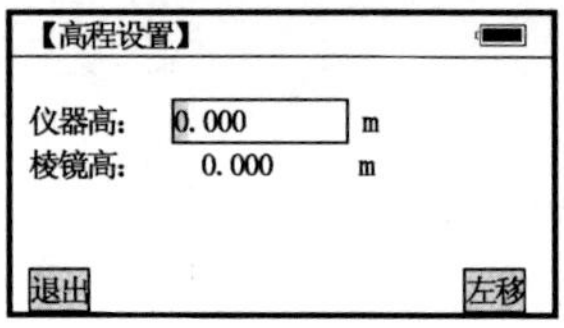 【高程设置】 仪器高: 0.000　m 棱镜高: 0.000　m 退出　　　　　　　　左移
④输入仪器高,按[ENT]键。 ⑤输入棱镜高,按[ENT]键。 显示返回到坐标测量模式	仪器高 [ENT] 棱镜高 [ENT]	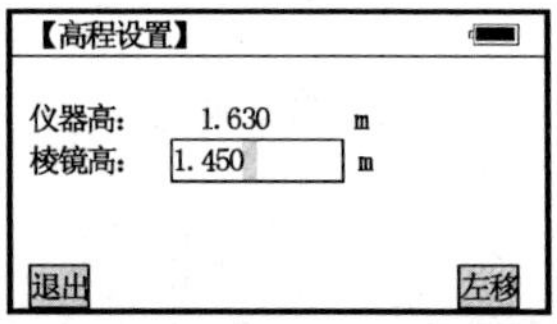 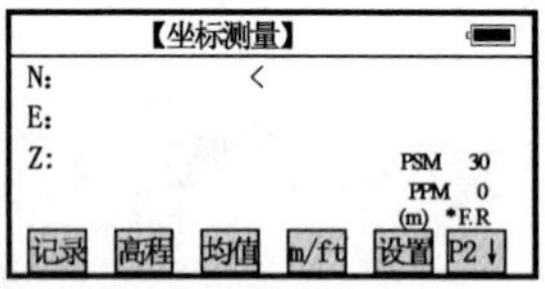 【高程设置】 仪器高: 1.630　m 棱镜高: 1.450　m 退出　　　　　　　　左移 【坐标测量】 N: < E: Z:　　　　　　PSM 30 　　　　　　　　PPM 0 　　　　　　　　(m) *F.R 记录 高程 均值 m/ft 设置 P2↓

(3) 坐标测量的操作

在进行坐标测量时,通过输入测站坐标、仪器高 i 和棱镜高 v,即可直接测定未知点的坐标(图7-21)。

未知点坐标的计算和显示过程(表7-23)如下:

测站点坐标(N_0, E_0, Z_0);仪器中心至棱镜中心的坐标差(n, e, z);未知点坐标(N_1, E_1, Z_1)

$$N_1 = N_0 + n$$
$$E_1 = E_0 + e$$
$$Z_1 = Z_0 + i + z - v \tag{7-3}$$

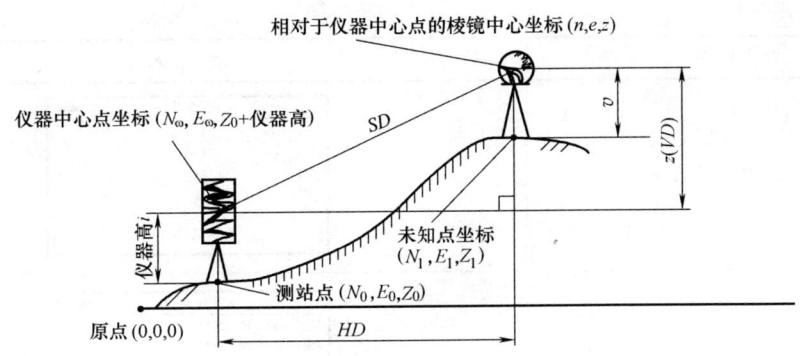

图 7-21　位置点坐标原理图

坐标测量过程　　　　　　　　　　　　　　　　　　表 7-23

操作步骤	按键	显示
①设置测站坐标和仪器高/棱镜高。 ②设置已知点的方向角。 ③照准目标点	设置方向角 照准	【角度测量】 V: 87°56′09″ HR: 120°44′38″ 斜距　平距　坐标　置零　锁定　P1↓
④按[F3](坐标)键	[F3]	【坐标测量】 N:　　＜ E: Z:　　　　PSM 30 　　　　　PPM 0 　　　　　(m) *F.R 测量　模式　角度　斜距　平距　P1↓
⑤显示测量结果		【坐标测量】 N: 14235.458 E: -12344.094 Z: 10.674　PSM 30 　　　　　PPM 0 　　　　　(m) F.R 测量　模式　角度　斜距　平距　P1↓

10. 数据输出

测量结果可由 NTS-660 系列全站仪传送到数据采集器。表 7-24 为距离测量模式数据传输的示例。

数据输出示例　　　　　　　　　　　　　　　　　　表 7-24

操作步骤	显示
①在数据采集器上进行距离测量操作,全站仪开始测量	【平距测量】 V: 90°10′20″ HR: 120°30′40″ HD:　　＜ VD:　　　　PSM 30 　　　　　　PPM 0 　　　　　　(m) *F.R 测量　模式　角度　斜距　坐标　P1↓

续表

操作步骤	显　　示
②显示测量结果并传送给数据采集器	【平距测量】 V： 90°10′20″ HR： 120°30′40″ HD： 10.123 VD： 1.234　　　　PSM 30 　　　　　　　　　　PPM 0 　　　　　　　　　　　(m) F.R
③显示屏自动返回距离测量模式	【平距测量】 V： 90°10′20″ HR： 120°30′40″ HD： VD：　　　　　　　PSM 3.0 　　　　　　　　　PPM 0 　　　　　　　　　　(m) F.R 测量 模式 角度 斜距 坐标 P1↓

各种测量模式下的数据输出项目见表 7-25。

各种测量模式下的数据输出　　　　　　表 7-25

模　式	输　出
角度测量模式(V,HR 或 HL)	V,HR(或 HL)
平距测量模式(V,HR,HD,VD)	V,HR,HD,VD
斜距测量模式(V,HR,SD)	V,HR,SD,HD
坐标测量模式	N,E,Z,HR

可以通过按软键（记录）将测量结果输出到外部设备。表 7-26 为在斜距测量模式下的输出数据示例。

通过软件输出数据　　　　　　表 7-26

操作步骤	按键	显　　示
①按[F6](P1↓)进入菜单的第2页	[F6]	【斜距测量】 V： 90°10′20″ HR： 120°30′40″ SD：　　　＜　　　PSM 30 　　　　　　　　　PPM 0 　　　　　　　　　(m) *F.R 测量 模式 角度 斜距 坐标 P1↓ 记录 放样 均值 m/ft 设置 P2↓
②按[F1](记录)键。 此时将继续测量	[F1]	【斜距测量】 V： 90°10′20″ HR： 120°30′40″ SD：　　　＜ 　　　　　　　PSM 30 　　　　　　　PPM 0 　　　　　　　(m) *F.R 　　　　　　　是　否
③按[F5](是)键。 开始测量	[F5]	【斜距测量】 V： 90°10′20″ HR： 120°30′40″ SD：　　　＜　　　PSM 30 　　　　　　　　　PPM 0 　　　　　　　　　(m) *F.R 记录 放样 均值 m/ft 设置 P2↓

续表

操作步骤	按键	显 示
④测量完以后,测量结果被显示,然后被输出		【斜距测量】 V: 90° 10′ 20″ HR: 120° 30′ 40″ SD: 10.134　　PSM 30 　　　　　　　　PPM 0 　　　　　　　　(m) *F.R 记录 >>>>>
⑤屏幕返回到先前显示		【斜距测量】 V: 90° 10′ 20″ HR: 120° 30′ 40″ SD: 10.134　　PSM 30 　　　　　　　　PPM 0 　　　　　　　　(m) F.R 记录 放样 均值 m/ft 设置 P2↓

四、全站仪使用时的注意事项

全站仪是集电子经纬仪、电子测距仪和电子记录装置为一体的现代精密测量仪器,其结构复杂,因此必须严格按操作规程进行操作,并注意维护。

1. 一般操作注意事项

（1）使用前应结合仪器,仔细阅读使用说明书,熟悉仪器各功能和实际操作方法。

（2）望远镜的物镜不能直接对准太阳。

（3）迁站时即使距离很近,也应取下仪器装箱后方可移动。

（4）仪器安置在三脚架上前,应旋紧三脚架的三个伸缩螺旋。仪器安置在三脚架上时,应旋紧中心连接螺旋。

（5）运输过程中必须注意防震。

（6）仪器和棱镜在温度的突变中会降低测程,影响测量精度。要使仪器和棱镜逐渐适应周围温度后方可使用。

（7）作业前检查电压是否满足工作要求。

（8）仪器一般野外作业温度控制在-30℃～+60℃范围。

（9）在需要进行高精度观测时,应采取遮阳措施,防止阳光直射仪器和三脚架,影响测量精度。三脚架伸开使用时,应检查其部件,包括各种螺旋应活动自如。

2. 仪器的维护

（1）每次作业后,应用毛刷扫去灰尘,然后用软布轻擦。镜头不能用手擦,可先用毛刷扫去浮尘,再用镜头纸擦净。

（2）仪器出现故障,非专业人员不可拆卸仪器,而应由专业维修部门维修。仪器应存放在清洁、干燥、通风、安全的房间内,并有专人保管。

（3）电池充电时间不能超过充电器规定的时间。仪器长时间不用,一个月之内应充电一次。

第四节　水平角观测方法

在角度观测中,为了消除仪器的某些误差,需要用盘左和盘右两个位置进行观测。

盘左又称正镜,是指观测者对着望远镜的目镜时,竖盘在望远镜的左边;盘右又称倒镜,是指观测者对着望远镜的目镜时,竖盘在望远镜的右边。常用的角度观测方法是测回法和方向(全圆)观测法。

一、测回法测水平角

如图 7-22 所示,在测站点 O,需要测出 OA、OB 两方向间的水平角 β,则操作步骤如下。

(1) 安置经纬仪于角度顶点 O,进行对中、整平,并在 A、B 两点立上照准标志。

(2) 将仪器置为盘左位置。转动照准部,利用望远镜准星初步瞄准 A 点,调节目镜和望远镜调焦螺旋,使十字丝和目标像均清晰,以消除视差。再用水平微动螺旋和竖直微动螺旋进行微调,直至十字丝中点照准目标,配置水平度盘,读数 a_L 并记入记录手簿,见表 7-27,顺时针转动照准部,同上操作,照准目标 B 点,读数 b_L,并记入手簿。则盘左所测水平角为:

$$\beta_L = a_L - b_L \tag{7-4}$$

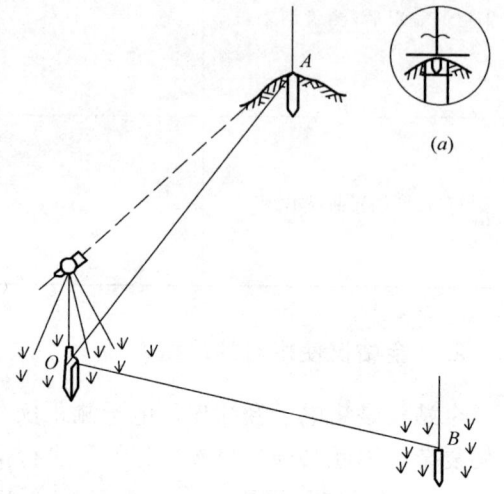

图 7-22 测回法测水平角

测回法测水平角记录手簿　　　　　　表 7-27

仪器号＿＿＿＿＿＿　观测地点＿＿＿＿＿＿　观测者＿＿＿＿＿＿

日期＿＿年＿月＿日　天　气＿＿＿＿＿　记录者＿＿＿＿＿＿

测站	测回数	竖盘位置	目标	水平度盘读数 (°′″)	半测回角值 (°′″)	一测回角值 (°′″)	各测回平均值 (°′″)	备注
O	1	左	A	00　01　36	89　40　56	89　40　52	89　40　54	
			B	89　42　32				
		右	A	180　01　30	89　40　48			
			B	269　42　18				
	2	左	A	90　04　24	89　41　00	89　40　57		
			B	179　45　24				
		右	A	270　05　30	89　40　54			
			B	359　46　24				

(3) 将仪器置为盘右位置。先照准 B 目标,读数 b_R;再逆时针转动照准部,直至照准目标 A,读数 a_R,计算盘右水平角为 $\beta_R = a_R - b_R$。

(4) 计算一测回角度值。上下半测回合称一测回。当上下半测回值之差在 $\pm 40''$ 内时,一测回水平角值为 $\beta = \dfrac{\beta_L + \beta_R}{2}$。若超过此限差值应重新观测。当测角精度要求较高时,可以观测多个测回,取其平均值作为水平角测量的最后结果。

二、方向(全圆)观测法测水平角

观测方向多于三个时如图7-23所示,每半测回都从一个选定的起始方向(零方向)开始观测,在依次观测所需的各个目标之后,再次观测起始方向(称为归零)称为方向观测法,又称全圆方向法。

方向(全圆)观测法的步骤如下:

(1) 在测站点O安置经纬仪。

(2) 盘左位置。选择一个明显目标A作为起始方向,瞄准零方向A,将水平度盘读数安置在稍大于$0°$处,读取水平度盘读数,记入表中方向观测法观测手簿。

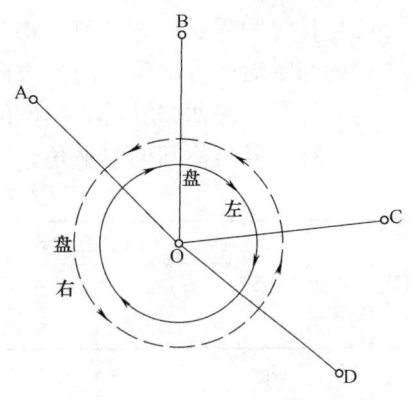

图7-23 方向观测法示意图

松开照准部制动螺旋,顺时针方向旋转照准部,依次瞄准B、C、D各目标,分别读取水平度盘读数,记入表中,为了校核,再次瞄准零方向A,称为上半测回归零,读取水平度盘读数,记入表中。

零方向A的两次读数之差的绝对值,称为半测回归零差,归零差不应超过$18''$,如果归零差超限,应重新观测。以上称为上半测回。

(3) 盘右位置。

逆时针方向依次照准目标A、D、C、B、A,并将水平度盘读数由下向上记入表中,此为下半测回。

上、下两个半测回合称一测回。为了提高精度,有时需要观测n个测回,则各测回起始方向仍按$180°/n$的差值,安置水平度盘读数。

(4) 检核:各测回盘左归零差$\leqslant 18''$,盘右归零差$\leqslant 18''$,$2c \leqslant 40''$。

表7-29为方向观测法手簿的记录和计算实例。

三、全圆观测法成果计算

(1) 首先对同一方向盘左、盘右值求差,该值称为两倍照准误差$2c$,即:

$$2c = 盘左读数 - (盘右读数 \pm 180°) \qquad (7-5)$$

通常,由同一台仪器测得各等高目标的$2c$值应为常数,因此$2c$的大小可作为衡量观测质量的标准之一。$2c$大小应符合表7-28中的技术要求。

水平角方向(全圆)观测观测法的技术要求   表7-28

等级	仪器精度等级	光学测微器两次重合读数之差($''$)	半测回归零差($''$)	一测回内$2c$互差($''$)	同一方向值各测回较差($''$)
四等及以上	$1''$级仪器	1	6	9	6
	$2''$级仪器	3	8	13	9
一级及以下	$2''$级仪器	—	12	18	12

(2) 计算各方向的平均读数,公式为:

$$各方向平均读数 = \frac{1}{2}[盘左读数 + (盘右读数 \pm 180°)] \qquad (7-6)$$

由于存在归零读数，则起始方向有两个平均值。将这两个值再取平均，所得结果为起始方向的方向值。

（3）计算归零后的方向值。将各方向的平均读数减去括号内的起始方向平均值，即得各方向的归零后的方向值。同一方向各测回互差应符合表 7-28 中的技术要求。

（4）计算各测回归零后方向值的平均值。

（5）计算各目标间的水平角。

方向（全圆）观测法记录手簿　　　　　　　　　　　　　　　　　　　　　表 7-29

测站	测回数	目标	水平读盘读数		2c	方向值 (° ′ ″)	归零后方向值 (° ′ ″)	归零后方向值平均值 (° ′ ″)	备注
			盘左 L (° ′ ″)	盘右 R (° ′ ″)					
1	2	3	4	5	6	7	8	9	10
O	1					0　00　08			
		A	0　00　00	179　59　30	30	0　00　15	0　00　00	0　00　00	
		B	12　09　00	192　09　06	−06	12　09　03	12　08　55	12　08　54	
		C	20　13　24	200　13　54	−30	20　13　39	20　13　31	20　13　24	
		D	31　37　18	211　37　06	12	31　37　12	31　37　04	31　37　05	
		A	0　00　00	180　00　00	0	0　00　00			
	2					90　00　09			
		A	90　00　12	270　00　06	6	90　00　09	0　00　00		
		B	102　09　06	282　09　00	6	102　09　03	12　08　54		
		C	110　13　18	290　13　36	−18	110　13　27	20　13　18		
		D	121　37　24	301　37　06	18	121　37　15	31　37　06		
		A	90　00　06	270　00　12	−6	90　00　09			
O	1					0　00　20			
		A	00　00　18	180　00　12	6	0　00　15	0　00　00	0　00　00	
		B	14　22　54	194　22　24	30	14　22　39	14　22　19	14　22　14	
		C	21　33　18	201　33　12	6	21　33　15	21　32　55	21　32　44	
		D	34　53　12	214　53　06	6	34　53　09	34　52　49	34　52　48	
		A	00　00　24	180　00　24	0	0　00　24			
	2					90　00　22			
		A	90　00　24	270　00　18	6	90　00　21	0　00　00		
		B	104　22　36	284　22　24	12	104　22　30	14　22　08		
		C	111　32　54	291　32　54	0	111　32　54	21　32　32		
		D	124　53　12	304　53　06	6	124　53　09	34　52　47		
		A	90　00　30	270　00　18	12	90　00　24			

第八章 距离测量

距离测量是确定地面点位的基本测量工作之一。距离测量的方法有钢尺量距、视距测量、电磁波测距和 GPS 测量。钢尺量距是用钢卷尺沿地面直接丈量距离；视距测量是利用经纬仪或水准仪望远镜中的视距丝及视距标尺按几何光学原理进行测距；电磁波测距是利用仪器发射并接收电磁波，通过测量电磁波在待测距离上往返传播的时间计算出距离。本章重点介绍钢尺量距及电磁波距离测量。

第一节 钢尺量距

一、概述

钢尺量距方法是利用具有标准长度的钢尺直接测量地面两点间的距离，又称为距离丈量。钢尺量距方法简单，但易受地形限制，一般适合于平坦地区进行短距离量距，距离较长时其测量工作繁重（图 8-1）。

1. 地面点标志设立

在测量水平距离之前，需要在所测直线两端作出标志，临时性的标志可用长约 30cm，粗约 5cm 的木桩打入地下，并在桩顶钉小钉或刻"＋"形标记，以便精确表示点位。若需长期保存，则应埋设永久性的标志，应做成钢筋混凝土桩或石桩，也可直接在裸露的岩石上凿一标记，并涂上红漆予以标定位置。观测时，为了在距离远时能明显看到目标，可在点位上竖立花杆，并在杆顶扎一小旗，如图 8-2 所示。

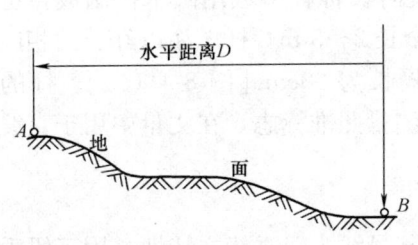

图 8-1 两点间的水平距离

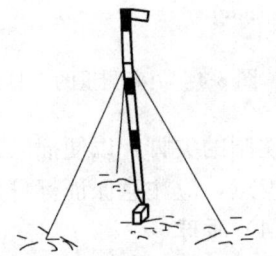

图 8-2 地面点标志的设立

2. 工具与设备

钢尺量距常用的测量工具和设备有钢尺、标杆、测钎和垂球等，较精密的测量还需用弹簧秤和温度计。

（1）钢尺

钢尺是采用经过一定处理的优质钢制成的带状尺，长度通常有 20m、30m 和 50m 等几种，卷放在金属架上或圆形盒内。钢尺按零点位置分为端点尺和刻线尺。端点尺（图

8-3a）尺长的零点是以尺的最外端起始，此种尺从建筑物的竖直面接触量起较为方便；刻线尺（图 8-3b）是以尺上第一条分划线作为尺子的零点，此种尺丈量时，用零点分划线对准丈量的起始点位较为准确、方便。

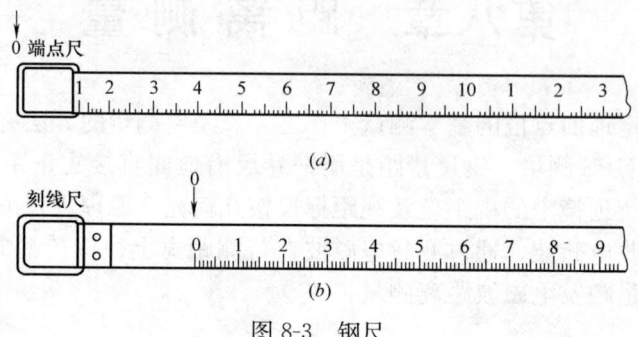

图 8-3 钢尺

钢尺的分划也有几种，有的以厘米为基本分划，适用于一般量距；有的也以厘米为基本分划，但尺端第一分米内有毫米分划；更有以毫米为基本分划的；后两种使用于较精密的丈量。较精密的钢尺，制造时有规定温度及拉力，如在尺端刻"30m，20℃，10kgf"字样。这是表明检定该钢尺的长度时温度为20℃，检定时拉力为10kgf，30m 为钢尺刻线的最大注记值，通常称之为名义长度。精密钢尺一般用于精度较高的距离测量工作。由于钢尺较薄，性脆易折，应防止扭结和车轮碾压。钢尺受潮易生锈，应防止雨淋、水浸。

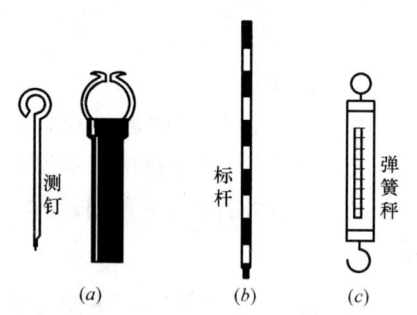

图 8-4 距离测量的工具设备

（2）测钎

测钎一般用长约 25～35mm、直径为 3～4mm 粗的铁丝制成［见图 8-4（a）］，一端卷成小圆环，便于套在另一铁环内，以 6 根或 11 根为一串，另一端磨削成尖锥状，以便插入地里。测钎主要用来标定整尺端点位置和计算丈量的整尺数。

（3）标杆

标杆又称花杆。标杆多数用圆木杆制成，也有金属的圆杆。全长 2～3 m，杆上涂以红、白相间的二色油漆，间隔长为 20cm［图 8-4（b）］。杆的下端有铁制的尖脚，以便插入地内。标杆是一种简单的测量照准标志，在丈量中用于直线定线和投点，应注意保证标杆严格竖直。

（4）垂球

垂球也称线垂，为铁制圆锥状。距离丈量时利用其吊线为铅垂线之特性，用于铅垂投递点位及对点、标点。

此外，在精密钢尺量距时，还需用到温度计、弹簧秤［图 8-4（c）］等工具。

二、直线定向

当两个地面点之间的距离较长或地势起伏较大时，为能沿着直线方向进行距离丈量工作，需在直线方向上标定若干个点，它既能标定直线，又可作为分段丈量的依据，这种在直线方向上标定点位的工作称为直线定线。直线定线根据精度要求不同，可分为标杆定线、细绳定线和经纬仪定线。

1. 标杆定线（又称目估定线）

如图 8-5 所示，A、B 为地面上待测距离的两个端点，现要在 AB 直线上定出 1、2 等点。先在 A、B 两点竖立标杆，甲站在 A 点标杆后约 1m 处，用眼自 A 点标杆的一侧照准 B 点标杆的同一侧形成视线，乙按甲的指挥左右移动标杆，当标杆的同一侧移入甲的视线时，甲喊"好"，乙在标杆处插上测钎即为 1 点。用同法可定出相继的点。直线定线一般应由远到近，即先定点 1，再定点 2，如果需将 AB 直线延长，也可按上述方法将 1、2 等点定在 AB 的延长线上。定线两点之间的距离要小于一整尺子长，此项工作一般与丈量同时进行，即边定线边丈量。

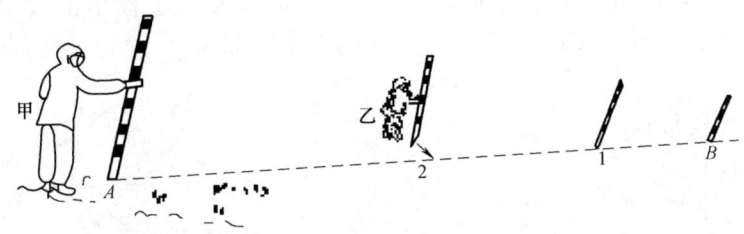

图 8-5 标杆定线

2. 细绳定线（又称拉线定线）

定线时，先在直线 A、B 两点间拉一细绳，然后沿着细绳按照定线点间的间距要小于一整尺子长的要求定出各中间点，并作上相应标记。

3. 经纬仪定线

如图 8-6 所示，欲在 AB 直线上定出 1、2 等点，可利用经纬仪形成视线方向在地面直线上投出中间点得到。首先甲在 A 点安置经纬仪，对中、整平后，用望远镜照准 B 点处竖立的标志，固定仪器照准部，将望远镜俯向 1 点处投测，指挥乙手持标志（测钎或标杆）移动，当标志与十字丝竖丝重合时，将标志立在直线上的 1 点处。其他 2、3 等点的投测过程中一定保持经纬仪水平角不动，只需将望远镜的俯、仰角度变化，即可向近处或远处投得其他各点位，且使投测的点均在 AB 直线上。

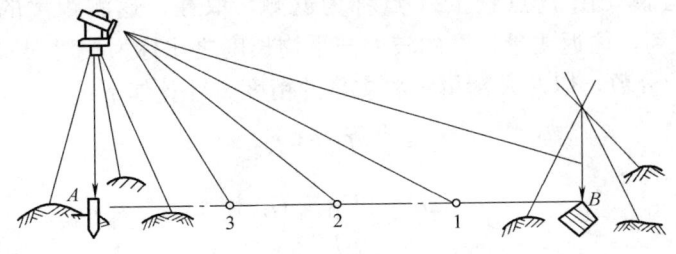

图 8-6 经纬仪定线

三、普通钢尺量距方法

1. 平坦地面的距离测量

（1）量距方法

如图 8-7 所示，欲测量 A、B 两点之间的水平距离，应先在 A、B 外侧各竖立一根标杆，作为丈量时定线的依据，清除直线上的障碍物以后，即可开始丈量。丈量工作一般由两人进行，后尺手手持钢尺零端，站在 A 点处，前尺手手持钢尺末端并携带一组测钎（6 根或 11 根）沿丈量方向（AB 方向）前进，行至刚好为一整尺长处停下，拉紧钢尺。后尺手用手势指挥前尺手持尺左、右移动，使钢尺位于 AB 直线方向上。然后，后尺手将尺的零点对准 A 点，当两人同时将钢尺拉紧、拉稳时，后尺手发出"预备"口令，此时前尺手在尺的末端刻划线处竖直地插下一测钎，并喊"好"，这样就量完了第一个整尺段。接着，前、后两尺手将尺举起前进，同法，量出第二个整尺段，依次继续丈量下去，直至最后不足一整尺段的长度（称为余长，一般记为 q）为止。丈量余长时，前尺手将尺上某一整数分划对准 B 点，由后尺手对准第 n 个测钎点，并从尺上读出读数，两数相减，即可求得不足一尺段的余长，则 A、B 两点之间的水平距离为

$$D_{AB} = n \times l + q \tag{8-1}$$

式中　n——整尺段数；

　　　l——为尺长；

　　　q——为余长。

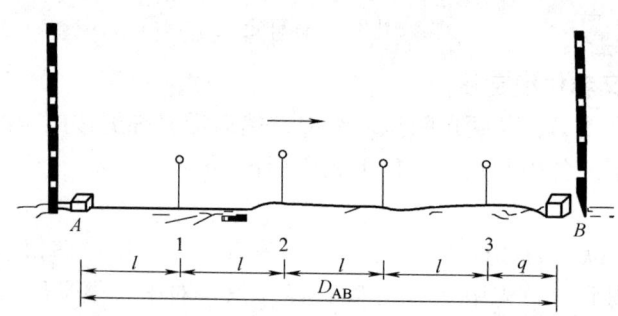

图 8-7　平坦地面的距离测量

（2）量距精度的评定

为了防止丈量错误和提高量距的精度，通常距离测量工作必须进行往返丈量。由 A 点量至 B 点称为往测，由 B 点量至 A 点称为返测，取往、返测距离的平均值作为直线 AB 的最终水平距离，往返丈量长度的较差与平均长度之比称为相对误差 K，通常把 K 化为一个分子为一的分数，以此来衡量距离丈量的精度。计算如下：

$$\overline{D} = \frac{1}{2}(D_{往} + D_{返}) \tag{8-2}$$

$$\Delta D = |D_{往} - D_{返}| \tag{8-3}$$

$$K = \frac{\Delta D}{\overline{D}} = \frac{1}{M} \tag{8-4}$$

其中，$M = \dfrac{\overline{D}}{\Delta D}$

一般情况下，在平坦地区进行钢尺量距，其相对误差不应大于 1/3000，在量距困难的地区，相对误差也不应大于 1/1000。若符合要求，则取往返测量的平均长度作为观测结果。若超过该范围，应分析原因，重新进行测量。

【例】 测量 AB 直线，其往测值为 136.392m，返测结果为 136.425m，则其往返测较差为 $\Delta D=|D_{往}-D_{返}|=0.033$m，平均距离为 136.408m。量距精度为：

$$K=\frac{0.033}{136.408}\approx\frac{1}{4134}$$

钢尺量距记录见表 8-1。

普通钢尺量距记录手簿　　　　　　　　　表 8-1

钢尺长度：$l=30$m　日期：　年　月　日　组长：

直线编号	测量方向	整尺段长 $n\times l$	余长 q	全长 D	往返平均数	精度（K值）	备注
AB	往	4×30	16.392	136.392	136.408	1/4134	
	返	4×30	16.425	136.425			
BC	往	3×30	5.123	95.123	95.149	1/1830	相对误差超限，重测
	返	3×30	5.175	95.175			
CD	往	3×30	5.169	95.169	95.176	1/7321	
	返	3×30	5.182	95.182			

2. 倾斜地面的距离测量

（1）水平量距法（又称平量法）

在倾斜地面上量距时，若地面起伏不大，可将尺子拉成水平后进行丈量。如图 8-8 所示，欲丈量 AB 的水平距离，可将 AB 直线分成若干小段进行丈量，每段的长度视坡度大小、量距方便而定。在每小段端点插上标杆定线，拔下标杆，再架上竹架挂垂球，使垂球尖对准标杆尖的原有位置，这样各小段的垂球线即落在 AB 直线上，且又可供前尺手量距读数时作依据。丈量时，后尺手将钢尺零端点紧贴在 A 点的木桩上，前尺手抬高钢尺的另一端，将钢尺拉稳、拉平，并使钢尺的边缘贴近垂球线。当 cm（厘米）分划线截于垂球线时，喊"好"，前、后尺手同时读数，然后用前尺手所读数据减去后尺手所读数据便得到该段距离，此段便丈量完毕。用相同的方法依次丈量以后各段，直至最后一段。在丈量最后一段时应注意使垂球尖对准 B 点。各测段丈量结果的总和便是直线 AB 的水平距离。

测量时判断钢尺水平的方法有两种：一种是目估法，由一人站在离尺段两端等距离处，用目估法指挥前、后尺手将尺子两端放平，目估时可根据现场上已有的水平线（如屋

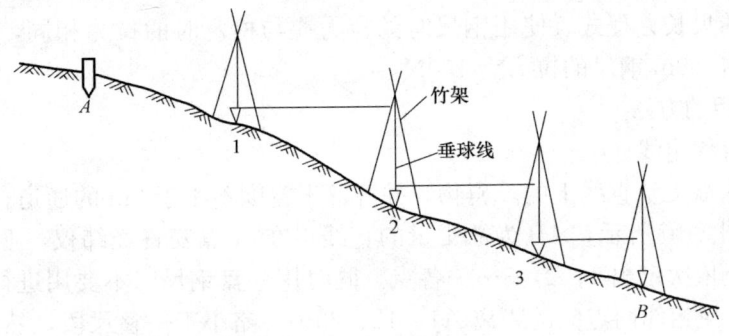

图 8-8　水平量距法

脊线、窗台线等）与钢尺是否平行来判断；其二是后尺手将尺子零端固定不动，前尺手紧拉钢尺另一端，使尺边靠近垂球线并上、下移动尺子（移动幅度要大，使能明显看出尺子向上向下倾斜），与此同时观察尺子读数的变化，在读数最小时前尺手所持高度与后尺手零端处同高。

（2）倾斜量距法（又称斜量法）

如果 A、B 两点间有较大的高差，但地面坡度比较均匀，大致成一倾斜面，如图 8-9 所示，可沿地面直接丈量倾斜距离 L，并测定其倾角 α 或两点间的高差 h，则可计算出直线的水平距离：

$$D = L \cdot \cos\alpha \quad \text{或} \quad D = \sqrt{L^2 - h^2} \tag{8-5}$$

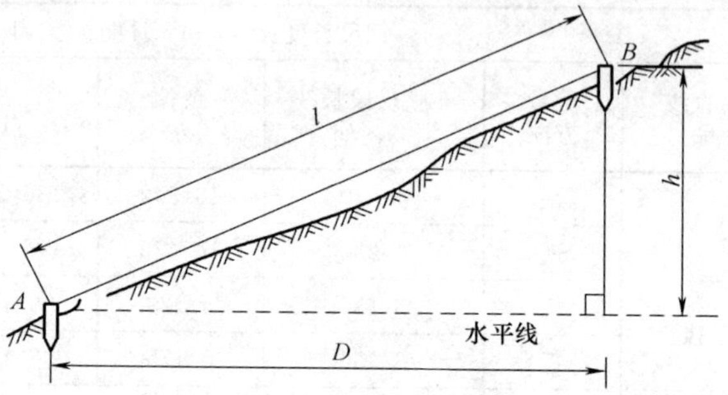

图 8-9 倾斜量距法

四、精密钢尺量距

量距的精密方法，是指量距的精度要求较高、方法较严格的测量距离的方法。精密量距通常在量距精度较高的工程测量或变形监测时使用，要求量距的相对误差达到 1/10000～1/40000。为此要对钢尺进行检定，得出在标准拉力和标准温度下的尺长方程式。精密量距时要严格操作，对测量的结果要进行各项必要的改正，最后得出该直线的精确长度。

1. 尺长方程式

钢尺在出厂时一般都经过较精密的检定，确定出钢尺检定时的温度、拉力和钢尺的实际长度，并用尺长方程式表示其测量时的实际长度，如下式：

$$L_t = l_0 + \Delta l + a \times (t - t_0) l_0 \tag{8-6}$$

式中 L_t——钢尺在温度 t℃时的实际长度；

l_0——钢尺的名义长度，即钢尺标注的长度（如 20m、30m、50m）；

Δl——钢尺在温度 t℃时的尺长改正数；

a——钢尺的线膨胀系数，当温度变化 1℃时其值约为 $1.15 \times 10^{-5} \sim 1.25 \times 10^{-5}$；

t_0——钢尺检定时的温度，通常为 20℃；

t——钢尺实际测量时的地面温度。

每盘钢尺的尺长方程式不是固定不变的，当使用了一段时间后，必须对钢尺重新进行检定，求出新的尺长方程式。使用钢尺时的拉力应与检定时的拉力相同，通常 30m 钢尺的拉力为 100N，50m 钢尺的拉力为 150N。

2. 精密量距的方法

（1）进行直线定线

首先应清除欲丈量直线上的障碍物，并开辟出宽度不小于 2m 的通道，然后用经纬仪进行定线。如图 8-10 所示，AB 为欲丈量的直线，在 A 点安置经纬仪，照准 B 点，然后在 AB 的视线上依次定出 1，2，3……各点。同时用一盘钢尺（不要用进行精密量距的钢尺）进行概量，使相邻两点间的距离 $A1$、12、23……略小于一整尺段，然后再打下木桩，并在木桩顶部划一"+"形标记，以表示相应点的位置。

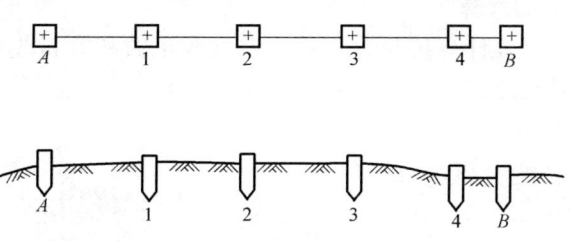

图 8-10 定线及定标

(2) 量距

精密量距时应采用经过检定的钢尺进行。量距的方法通常采用"读数法"。开始测量时,后尺手持挂在钢尺零端铁环内的弹簧秤,前尺手手持钢尺末端的手柄,前尺手将钢尺末端某一整刻划对准木桩顶部"十"形标记中心点,发出"预备"的口令,两人同时用力拉尺,当后尺手所拉的弹簧秤指向检定时的拉力,并待钢尺稳定后,回声"好",此时前、后两读尺员依据"十"形标记中心点读出钢尺上的标注值,精确读至 mm 位,估读到0.1mm,并将读取的数据记入观测手簿(见表 8-2)。

每一尺段要有三组读数,各组读数之间要前后移动尺子 1cm 左右,三组读数计算出的距离,其误差要小于 2mm,否则应重测一组。如未超过限差,应取三次结果的平均值作为该尺段的测量长度。在每一尺段测量过程中,应测定地面温度一次。按上述方法依次测量各个尺段。当往测进行完毕后,应立即进行返测。

(3) 相邻两点间高差的测定

用水准仪测量相邻两木桩顶部之间的高差,以便将倾斜距离改算成水平距离。水准测量一般在量距前进行往测,量距结束后进行返测,记录如表 8-2 所示。同一尺段往返高差的较差应小于 5mm(量距精度为 1/40000),或者应小 10mm(量距精度为 1/20000)。

钢尺精密量距记录及成果计算 表 8-2

钢尺号码:NO.1　钢尺膨胀系数:0.0000125　钢尺检定时的温度 t_0:20℃　计算者:×××
钢尺名义长度 l_0=30m　钢尺检定长度 l'=30.0025m　钢尺检定时的拉力:100N　日期:

尺段编号	实测次数	前尺读数(m)	后尺读数(m)	尺段长度(m)	温度(℃)	高差(m)	温度改正数(mm)	尺长改正数(mm)	倾斜改正数(mm)	改正后尺段长(m)
A1	1	29.8955	0.0200	29.8755	26.5	−0.115	+2.4	+2.5	−0.2	29.8802
	2	29.9115	0.0345	29.8770						
	3	29.8980	0.0240	29.8740						
	平均			29.8755						
12	1	29.9350	0.0250	29.9100	25.0	+0.411	+1.9	+2.5	−2.8	29.9113
	2	29.9565	0.0460	29.9105						
	3	29.9780	0.0695	29.9085						
	平均			29.9097						
...										
6B	1	19.9345	0.0385	19.8960	28.0	+0.112	+2	+1.7	−0.3	19.8991
	2	19.9470	0.0510	19.8960						
	3	19.9565	0.0615	19.8950						
	平均			19.8957						
总和										196.5186

3. 直线总水平距离的计算

精密量距应按每一尺段计算尺长改正数、温度改正数和倾斜改正数，最后求得该直线在水平面上的真实水平长度。

(1) 尺长改正

任一长度 l_d 的尺长改正公式为：

$$\Delta l_d = \frac{\Delta l}{l_0} l_d \tag{8-7}$$

(2) 温度改正

受温度影响钢尺长度会伸缩。当量距时的温度 t 与检定钢尺时的温度 t_0 不一致时，要进行温度改正，其改正公式为：

$$\Delta l_t = a \times (t - t_0) l_d \tag{8-8}$$

(3) 倾斜改正

设沿地面量得斜距为 l_d，测得高差为 h，换算成平距 D 时要进行倾斜改正，其改正公式为：

$$\Delta l_h = -\frac{h^2}{2l_d} \tag{8-9}$$

综上所述，每量一段距离 l_d，其相应改正后的水平距离为：

$$L = l_d + \Delta l_d + \Delta l_t + \Delta l_h \tag{8-10}$$

最后，将各段数据汇总即得直线的总水平距离，见表8-2。

五、钢尺量距误差及注意事项

1. 钢尺量距的误差

(1) 尺长误差

钢尺的名义长度和实际长度不符，产生尺长误差。尺长误差是积累性的，它与所量距成正比。精密量距时，钢尺虽经检定并在丈量结果中进行了尺长改正，其成果中仍存在尺长误差。

(2) 定线误差

钢尺丈量时钢尺偏离定线方向，将使测线成为一折线，导致丈量结果偏大，这种误差成为定线误差。

(3) 拉力误差

钢尺有弹性，受拉会伸长。量距时，钢尺在丈量时所受拉力应与检定时拉力相同。如果拉力变化±2.6kgf，尺长将改变±1mm。一般量距时，主要保持拉力均匀即可。精密量距时，必须使用弹簧秤。

(4) 钢尺垂曲误差

钢尺悬空丈量时中间下垂，称为垂曲，由此产生的误差为钢尺垂曲误差。垂曲误差会使量得的长度大于实际长度，故在钢尺检定时，亦可按悬空情况检定，得出相应的尺长方程式。在成果整理时，按此尺长方程式进行尺长改正。

(5) 钢尺不水平误差

用平量法丈量时，钢尺不水平，会使所量距离增大。对于30m的钢尺，如果目估尺子水平误差为 0.5m（倾角约 1°），由此产生的量距误差为 4mm。因此，用平量法丈量时应尽可能使钢尺水平。

精密量距时，测出尺段两端点的高差，进行倾斜改正，可消除钢尺不水平的影响。

(6) 丈量误差

钢尺端点对不准、测钎插不准、尺子读数不准等引起的误差都属于丈量误差。这种误差对丈量结果的影响可正可负，大小不定。在量距时应尽量认真操作，以减小丈量误差。

(7) 温度改正

钢尺的长度随温度变化，丈量时温度与检定钢尺时温度不一致，或测定的空气温度与钢尺温度相差较大，都会产生温度误差。所以，精度要求较高的丈量，应进行温度改正，并尽可能用温度计测定尺温，或尽可能在阴天进行，以减小空气温度与钢尺温度的差值。

2. 钢尺量距注意事项

(1) 应熟悉钢尺的零点位置和尺面注记。

(2) 前、后尺手须密切配合，尺子应拉直，用力要均匀，对点要准确，保持尺子水平。读数时应迅速、准确、果断。

(3) 测钎应竖直、牢固地插在尺子的同一侧，位置要准确。

(4) 记录要清楚，要边记录边复诵读数。

(5) 注意保护钢尺，严防钢尺打卷、车轧且不得沿地面拖拉钢尺。前进时，应有人在钢尺中部将钢尺托起。

(6) 每日用完后，应及时擦净钢尺。若暂时不用时，擦拭干净后，还应涂上黄油，以防生锈。

第二节 视 距 测 量

一、概述

视距测量是根据几何光学原理用简便的操作方法即能迅速测出两点间距离的方法。

视线水平时，视距测量测得的是水平距离。视线倾斜时，为求得水平距离还须测出竖角。有了竖角，也可求得测站至目标的高度。所以，视距测量是一种能同时测得两点间距离和高差的测量方法。

视距法测距具有操作简单，较钢尺量距速度快，不受地面高低起伏限制等优点，但测距精度较低，距离相对精度为 1/200～1/300，因此用于精度要求较低的测量工作中。

二、视距测量原理

视距测量所用的仪器主要有经纬仪、水准仪和平板仪等。进行视距测量，要用到视距丝和视距尺。视距丝即望远镜内十字丝平面上的上下两根短丝，它与横丝平行且等距离，如图 8-11 所示。视距尺是有刻划的尺子，和水准尺基本相同。

1. 视线水平时的水平距离和高差公式

如图 8-12 所示，在 A 点安置经纬仪，在 B 点竖立视距尺，用望远镜照准视距尺，当望远镜视线水平时，视线与尺子垂直。如果视距尺上 M、N 点成像在十字丝分划板上的

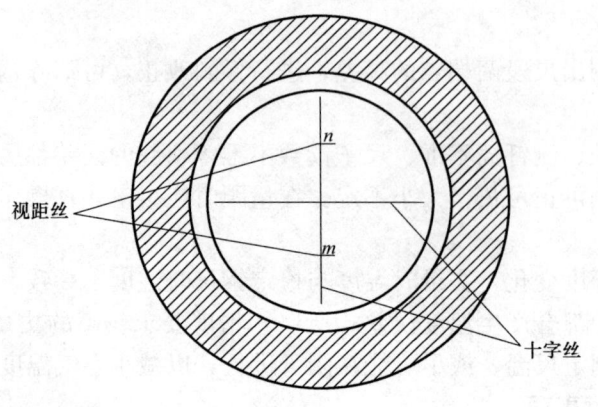

图 8-11 视距丝

两根视距丝 m、n 处，那么视距尺上 MN 的长度，可由上、下视距丝读数之差求得。上、下视距丝读数之差称为视距间隔或尺间隔，用 l 表示。

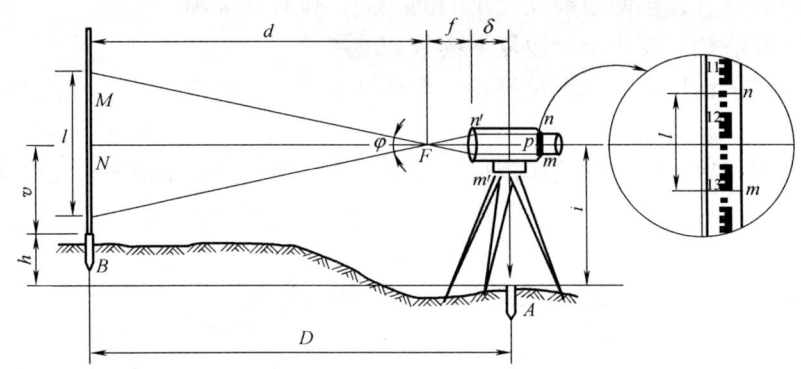

图 8-12 视准轴水平时的视距测量原理图

在图 8-12 中，$p=\overline{mn}$ 为望远镜上、下视距丝的间距，$l=\overline{MN}$ 为视距间隔，f 为望远镜物镜焦距，δ 为物镜中心到仪器中心的距离。由相似 $\triangle m'Fn'$ 和 $\triangle MFN$，可得 $\dfrac{d}{l}=\dfrac{f}{p}$，即

$$d=\frac{f}{p}l \tag{8-11}$$

因此，由图 8-12 可得

$$D=d+f+\delta=\frac{f}{p}l+f+\delta \tag{8-12}$$

令

$$K=\frac{f}{p},\ C=(f+\delta)$$

则有

$$D=Kl+C \tag{8-13}$$

式中　K——视距乘常数，通常 $K=100$；
　　　C——视距加常数。

式（8-13）是用外对光望远镜进行视距测量时计算水平距离的公式。对于内对光望远镜，其加常数 C 值接近零，可以忽略不计，故水平距离为

$$D=Kl=100l \tag{8-14}$$

同时，由图 8-12 可知，A、B 两点间的高差 h 为

$$h=i-v \tag{8-15}$$

式中　i——仪器高（m）；

v——十字丝中丝在视距尺上的读数，即中丝读数（m）。

2. 视线倾斜时的水平距离和高差公式

在地面起伏较大的地区进行视距测量时，必须使望远镜视线处于倾斜位置才能瞄准尺子。此时，视线便不垂直于竖立的视距尺尺面，因此式（8-14）和式（8-15）不能适用。下面介绍视线倾斜时的水平距离和高差的计算公式。

如图 8-13 所示，如果我们把竖立在 B 点上视距尺的尺间隔 MN，换算成与视线相垂直的尺间隔 $M'N'$，就可用式（8-14）计算出倾斜距离 L。然后再根据 L 和垂直角 α，算出水平距离 D 和高差 h。

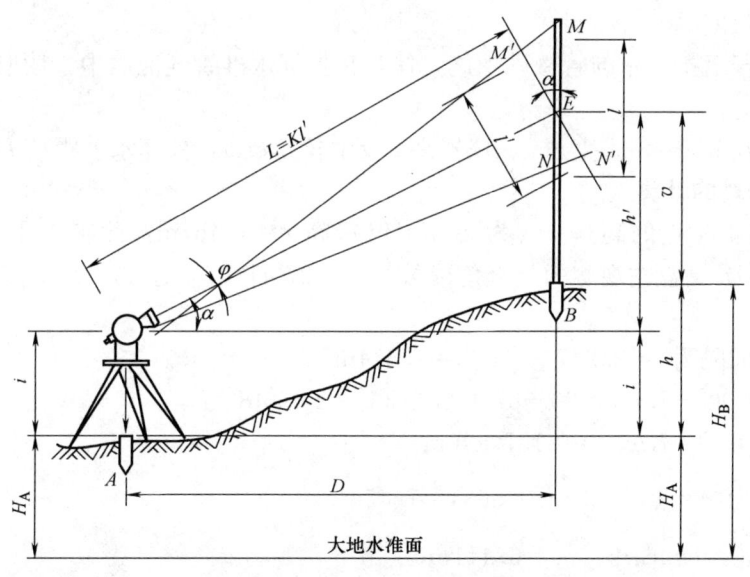

图 8-13　视准轴倾斜时的视距测量原理

从图 8-13 可知，在 $\triangle EM'M$ 和 $\triangle EN'N$ 中，由于 φ 角很小（约 $34'$），可把 $\angle EM'M$ 和 $\angle EN'N$ 视为直角。而 $\angle MEM'=\angle NEN'=\alpha$，因此

$$M'N'=M'E+EN'=ME\cos\alpha+EN\cos\alpha=(ME+EN)\cos\alpha=MN\cos\alpha \tag{8-16}$$

式中，$M'N'$ 就是假设视距尺与视线相垂直的尺间隔 l'，MN 是尺间隔 l，所以

$$l'=l\cos\alpha \tag{8-17}$$

将式（8-17）代入式（8-14），得倾斜距离 L

$$L=Kl'=Kl\cos\alpha \tag{8-18}$$

因此，A、B 两点间的水平距离为：

$$D=L\cos\alpha=Kl\cos^2\alpha \tag{8-19}$$

式(8-19)为视线倾斜时水平距离的计算公式。

由图8-13可以看出，A、B两点间的高差h为：

$$h = h' + i - v \tag{8-20}$$

式中 h'——高差主值（也称初算高差）。

$$h' = L\sin\alpha = Kl\cos\alpha\sin\alpha = \frac{1}{2}Kl\sin2\alpha \tag{8-21}$$

所以

$$h = \frac{1}{2}Kl\sin2\alpha + i - v \tag{8-22}$$

式(8-22)为视线倾斜时高差的计算公式。

三、视距测量的施测与计算

1. 视距测量的施测

（1）如图8-13所示，在A点安置经纬仪，量取仪器高i，在B点竖立视距尺。

（2）盘左（或盘右）位置，转动照准部瞄准B点视距尺，分别读取上、下、中三丝读数，并算出尺间隔l。

（3）转动竖盘指标水准管微动螺旋，使竖盘指标水准管气泡居中，读取竖盘读数，并计算垂直角α。

（4）根据尺间隔l、垂直角α、仪器高i及中丝读数v，计算水平距离D和高差h。

2. 视距测量的计算

【例】 已知A点的高程H_A为40m，仪器高$i=1.467$m，测得上下丝读数分别为0.663m、2.237m，盘左观测的竖直角读数为$L=87°41'12''$。求A、B两点间的水平距离和高差。

解：视距间隔为$l = 2.237 - 0.663 = 1.574$m

竖直角$\alpha = 90° - L + x = 90° - 87°41'12'' + 1' = 2°19'48''$

水平距离为$D = Kl\cos^2\alpha = 157.140$m

中丝读数为$v = \frac{1}{2}(2.237 + 0.663) = 1.45$m

高差为$h_{AB} = D\tan\alpha + i - v = 6.411$m

B点的高程为$H_B = H_A + h_{AB} = 40 + 6.411 = 46.411$m。

四、视距测量的误差来源及消减方法

1. 读数误差

用视距丝在标尺上读数的误差是影响视距测量精度的主要因素。读数误差与视距尺最小分划的宽度、距离远近、望远镜的放大倍数及成像的清晰程度等因素有关。所以在作业时，应根据测量精度限制最远视距，使成像清晰，消除视差，读数仔细。

2. 标尺倾斜误差

视距公式是在视距尺铅垂竖直的条件下推得的，视距尺前后倾斜对视距测量的影响与竖直角的大小有关，竖直角越大对视距测量的影响越大，特别在山区作业时，应严格扶直标尺。

3. 外界条件的影响

（1）大气垂直折光影响。

由于视线通过的大气密度不同而产生垂直折光差，而且视线越接近地面垂直折光差的影响也越大，因此观测时应使视线离开地面至少1m以上。

（2）空气对流使成像不稳定产生的影响。

空气对流使成像不稳定产生的影响。这种现象在视线通过水面和接近地表时较为突出，特别在烈日下更为严重。因此应选择合适的观测时间，尽可能避开大面积水域。

第三节 电磁波测距

一、电磁波测距的基本原理

电磁波测距的基本原理是通过测定电磁波（无线电波或光波）在测线两端点往返传播的时间 t，按下列公式算出距离 D。

$$D=\frac{1}{2}Ct \tag{8-23}$$

式中 C——电磁波在大气中的传播速度，它可以根据观测时的气象条件来确定。

电磁波测距按采用的载波不同，可分为光电测距和微波测距。采用光波（可见光或红外光）作为载波的称为光电测距，采用微波段的无线电波作为载波的称为微波测距。

二、光电测距仪的分类

光电测距仪根据测定时间的方式不同可分为脉冲式测距仪和相位式测距仪。脉冲式测距仪是直接测定光波传播的时间，由于这种方式受到脉冲宽度和电子计数器时间分辨率的限制，测距精度不高，一般为1~5m。相位式光电测距仪是利用测相电路直接测定光波从起点出发经终点反射回到起点时，因往返时间差引起的相位差来计算距离。该法精度较高，一般可达5~20mm。

测距仪按测程来分，有短程（<3km）、中程（3~15km）和远程（>15km）之分。按测距精度来分，有Ⅰ级（<5mm）、Ⅱ级（5~10mm）和Ⅲ级（>10mm）。按其采用的光源可分为激光测距仪和红外测距仪等。建筑施工测量中较常用的是短程红外测距仪。

1. 脉冲式光电测距仪的测距原理

在 A 点安置能发射和接收光波的光波测距仪，在 B 点设置反射棱镜。光电测距仪发

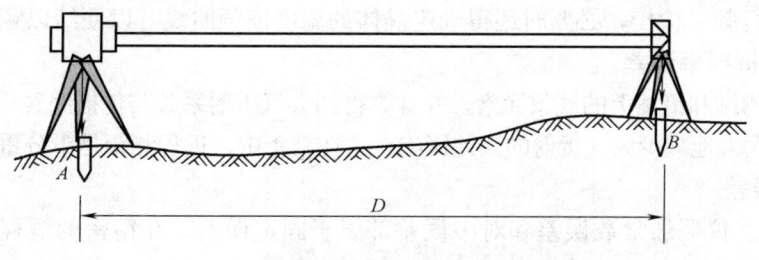

图 8-14 脉冲式光电测距仪测距原理示意图

出的光束经棱镜反射后，又返回到测距仪。通过测定光波在 AB 之间传播的时间 t，根据光波在大气中的传播速度 C，按式（8-23）计算距离 D。

2. 相位式光电测距仪测距原理

如图 8-15 所示，在 A 点安置光电测距仪，在 B 点设置反射镜，光电测距仪发出的光束经棱镜反射后，又返回到测距仪，测定光波在 AB 之间传播的相位差，按下式计算距离 D：

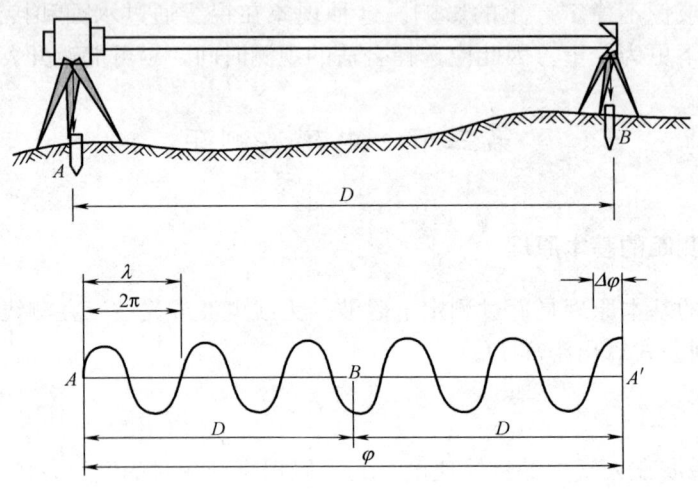

图 8-15　相位式光电测距仪测距原理图

$$D=\frac{\lambda}{2}\left(N+\frac{\Delta\varphi}{2\pi}\right)=\frac{C}{2f}\left(N+\frac{\Delta\varphi}{2\pi}\right) \tag{8-24}$$

式中　N——相位移的整周期数和调制光整波长的个数，其值可为零或正整数；

　　　λ——调制光的波长；

　　　$\Delta\varphi$——不足一个整周期的相位移尾数。

三、光电测距仪的误差来源及削弱方法

1. 比例误差

（1）光速值的误差。

光速值对测距误差的影响甚微，可以忽略不计。

（2）调制频率的误差。

调制频率的误差，包括两个方面，即频率校正的误差（反映了频率的精确度）和频率的漂移误差（反映了频率的稳定度）。频率误差影响在精密中远程测距中是不容忽视的，作业前后及时应进行频率检校，必要时还得确定晶体的温度偏频曲线，以便给以频率改正。

（3）大气折射率误差。

正确测定测站和镜站上的气象元素，并计算得的大气折射系数与传播路径上的实际数值十分接近，可以大大地减少大气折射的误差影响，这在精密中、远程测距是十分重要的。

2. 固定误差

测相误差、仪器加常数误差和对中误差都属于固定误差，在精密的短程测距时，这类误差将处于突出的地位。

（1）仪器和棱镜的对中误差。

在控制测量中，一般要求对中误差在 3mm 以下，要求归心误差在 5mm 左右。但在精密短程测距时，由于精度要求高，必须采用强制归心方法，最大限度地削弱此项误差影响。

（2）仪器加常数的测定误差。

经常对加常数进行及时检测，予以发现并改用新的加常数来避免这种影响。

（3）测相误差。

包括测相设备本身的误差，幅像误差，照准误差，信噪比引起的误差，周期误差。

四、全站仪测距

目前工程测量中使用较多的是短程相位式红外光测距仪。

利用全站仪进行距离测量十分方便，在进行距离测量前通常需要设置大气改正的参数和进行棱镜常数设置，选择相应的距离测量模式，再进行距离测量，这里以拓普康 GTS-100N 系列全站仪为例，介绍全站仪距离测量方法。

1. 温度和气压的设置

温度和气压主要影响到大气改正值（PPM），观测员将现场测得的温度、气压值输入仪器，仪器可自动计算出大气改正值。

步骤：按键盘右上方"★"键，然后单击键盘左边 F4 键对应的 PPM 选项，单击 F3 对应的 T-P 选项，把温度调为 15℃，气压调为 1013.3hPa（图 8-16）。

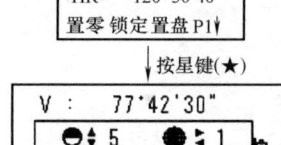

图 8-16 温度和气压设置

2. 棱镜的设置

不同生产厂家出产的棱镜其常数往往是不一样的。在距离测量时，如果用的仪器和棱镜不配套，就需要调整棱镜常数。

步骤：按键盘右上方"★"键，然后单击键盘左边 F4 键对应的 PPM 选项，单击 F1 对应的棱镜选项，把棱镜常数调为 0mm（图 8-17）。

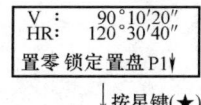
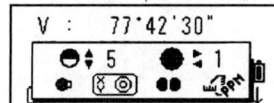

图 8-17 棱镜设置

3. 距离测量

步骤：在开机角度模式下，照准棱镜中心，按 "◢" 距离模式键，距离测量开始并显示测量的距离（HD）。再次按 "◢" 键，显示变为水平角（HR）、垂直角（V）和斜距（SD）（图 8-18）。

```
V :    90° 10′ 20″
HR:   120° 30′ 40″

置零  锁定  置盘  P1↓
```

```
HR:   120° 30′ 40″
HD* [r]        <<m
VD:             m
测量  模式 S/A P1↓
```
```
HR:   120° 30′ 40″
HD*   123.456 m
VD:   5.678   m
测量  模式 S/A P1↓
```
```
V :    90°10′ 20″
HR:   120° 30′ 40″
SD:   131.678m
测量  模式 S/A P1↓
```

图 8-18 距离测量设置

当输入测量次数后，GTS-100N 系列就将按设置的次数进行测量，并显示出距离平均值。

第九章 准直测量

第一节 准直测量概念

准直测量应用于测定某一方向上点位的相对变化，可以是水平方向，也可以是垂直方向。在一些高精度要求的机械设备安装中，在大坝、防洪大堤以及其他构筑物的变形测量中，需要观测基本位于同一视线上许多点的偏移量，在多种方法中，准直测量是其中操作方便、精度较高的一种方法。随着高层建筑的增多，对建筑物各项放样精度的要求越来越高，垂直方向的准直测量在施工中的应用主要是用于传递竖向轴线，常见的准直测量仪器按其结构原理分为光学垂准仪和激光定位仪两类。激光定位仪包括激光经纬仪、激光垂准仪、激光铅锤仪等。激光垂准仪是利用激光方向性强及单色性好等特点，进行测量或准直投点。

第二节 激光经纬仪

一、激光经纬仪的构造

激光经纬仪是在经纬仪的望远镜筒上安装激光装置制成，激光器发出一束激光，其光轴与望远镜视准轴严格重合，从而代替仪器的视准轴。激光经纬仪除具备经纬仪的所有功能外，提供的可见激光束十分便于工程施工。激光经纬仪分为激光光学经纬仪和激光电子经纬仪两种。

1. 激光光学经纬仪

激光光学经纬仪构造如图 9-1 所示。

2. 激光电子经纬仪

激光电子经纬仪构造如图 9-2 所示。

二、激光经纬仪的使用

激光经纬仪具有普通经纬仪的所有功能，同时能提供一条可见的激光束，有利于施工现场的测量放线工作。激光经纬仪在使用前，须进行检校。将物镜指向天顶方向，水平转动仪器一周，激光点一直指在定点上，说明激光束方向铅直。激光经纬仪在施工测量中，常应用于定向、角度布设及竖向投测等测设工作。

具体操作时，可按照普通经纬仪的操作方法和要求，先将激光经纬仪安置、整平。

1. 定向测量

以已知点为基准，找出这两点连线之间的其他点称为激光定向测量。步骤如下：精确瞄准目标，打开激光开关，使激光束从望远镜中射出，由于红色光线可见，所以只要在需要处让激光束聚焦成点，即可找到两点连线上的其他各点。

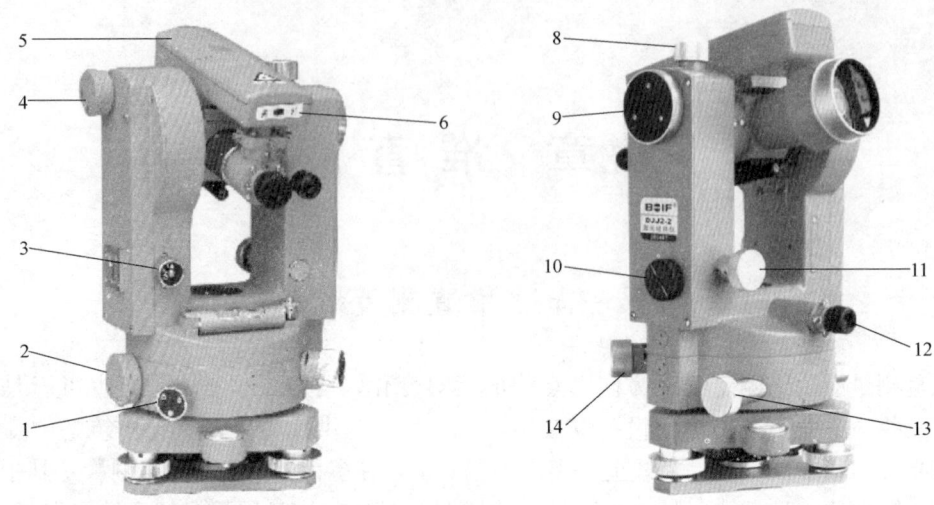

图 9-1 激光光学经纬仪

1—水平制动手轮；2—水平照明反光镜；3—补偿器锁紧轮；4—垂直照明反光镜；5—电池盒盖；6—电源开关；7—滤色片组（图中未表示出）；8—垂直制动手轮；9—测微器手轮；10—水平/垂直光路换向手轮；11—垂直微动手轮；12—光学对点器；13—水平微动手轮；14—换盘手轮

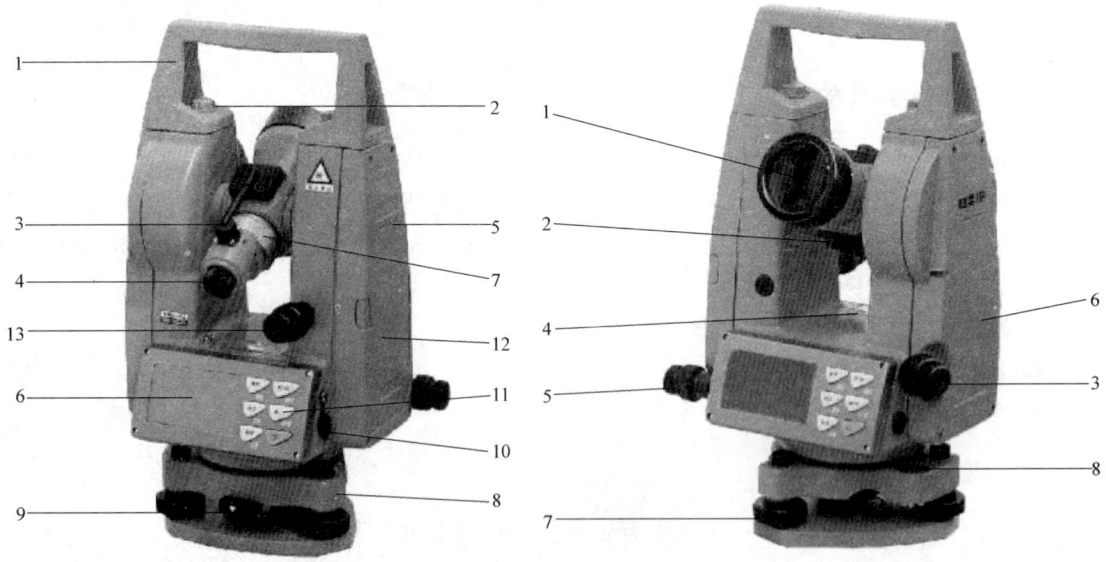

1—提把；2—提把螺丝；3—激光器；4—目镜；5—仪器中心标记；6—显示器；7—调焦手轮；8—三角基座；9—基座固定钮；10—通信接口；11—操作键；12—充电电池；13—垂直制微动螺旋

1—物镜；2—粗瞄准器；3—光学对中器；4—长水准器；5—水平制微动螺旋；6—圆水准器；7—脚螺旋；8—三角基座

图 9-2 激光电子经纬仪

2. 角度的布设

以两点的连线为基线，按设计要求作出一水平角，称为角度布设。步骤如下：精确瞄准另一基准点，水平角置"0"，旋转照准部，旋至要求角度打开激光开关，激光束就以与基准线成一固定角度射出。

3. 竖向投测

垂直角度旋转至 0°，向上垂直发射激光束，称为竖向投测即天顶测量。步骤如下：将目镜锁紧螺丝松开，逆时针旋出目镜，装上弯管目镜，并旋紧。旋转望远镜将垂直角读数调至 0°0′0″，打开激光开关，使激光束从望远镜中射出，让激光束聚焦，使目标处光斑最小，松开水平制动手轮，旋转照准部，目标处光斑晃动轨迹的几何中心即为要投测的方向。

三、激光经纬仪使用的注意事项

激光经纬仪是一种精密仪器，正确合理的使用和保养对提高仪器的使用寿命，保持仪器的精度有很大作用，以下几点需要特别注意：

（1）仪器从箱中取出需小心，一手扶住照准部，一首握住三角基座，装箱时同取出时动作相同。

（2）仪器装上三脚架，锁紧螺栓要牢靠，以防仪器摔下。

（3）操作仪器时，动作要轻柔平稳，转动仪器锁紧机构不要用力过猛。

（4）使用过程中应避免阳光直晒，以免影响观测精度，遇到下雨时，用伞遮住仪器，以防仪器被雨淋坏。

（5）仪器受潮后应将仪器进行干燥处理，仪器表面清洁应用软毛刷轻轻刷出，如有水气或油污，可用干净的丝绸、脱脂棉或擦镜纸轻轻擦拭，切莫用手触摸零件，以防发霉。

（6）仪器长期不用时，要定期试用检查，并且要取出电池；箱体内要适当放干燥剂，干燥剂失效后要立即调换，箱子应放于干燥、清洁、通风良好的室内。

（7）仪器应在 $-10\sim+45$℃温度下使用。

第三节　光学、激光垂准仪

垂准仪是以重力线为基准，给出铅垂直线的光学仪器。可用来测量相对铅垂线的微小水平偏差、进行铅垂线的点位传递、物体垂直轮廓的测量以及方位的垂直传递。它主要用于高层建筑施工，烟囱、高塔的施工，发射井架、大型柱形机械设备的安装，大坝的水平位移测量，工程监理和变形观测等场合。垂准仪分为光学垂准仪和激光垂准仪两种。

一、光学垂准仪

1. 光学垂准仪的构造及原理

光学垂准仪是一种用于建立竖直基准线（面）、测量目标点相对于其基准线（面）的偏距的专用工程测量仪器，它利用水准器和精密轴系（或自动安平补偿器）完成铅垂基准的设置。光学垂准仪的主要部件有物镜、目镜、管水准器、调焦透镜、直角反射棱镜。光学垂准仪是通过仪器上的光学装置，向天顶或天底方向进行投点。光学垂准仪包括自动天顶垂准仪、自动天底垂准仪和自动天顶—天底垂准仪三种。

如图 9-3 所示为日本索佳公司的 PD3 型光学垂准仪，它有两个相互垂直的管水准器用于整平仪器，仪器可以向上或向下作垂直投影，因此有上、下两个目镜和两个物镜，垂

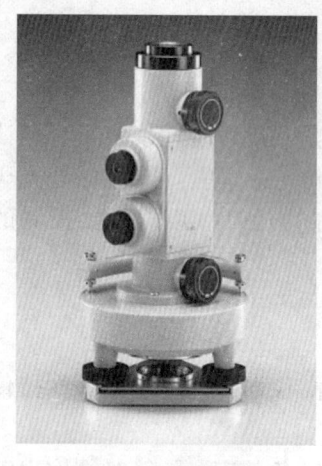

直精度为 1/4 万。还有瑞士徕卡公司的型号为 WILD NL、WILD ZL 等光学垂准仪，垂直精度为 1/3 万～1/20 万。

2. 光学垂准仪的使用

先安置垂准仪，进行严格的对中、整平。在目标处放置网格激光靶。转动望远镜目镜使分划板十字丝清晰，再转动调焦手轮使激光靶在分划板上成像清晰，并尽量消除视差，即当观测者轻微移动视线时，十字丝与目标之间不能有明显偏移。否则，应继续上述步骤，直至无视差。如果仪器已经校正好，当仪器整平后，视准轴同竖轴同轴误差≤5″，可以作为垂准线，一次观测可保证垂准精度。但为提高垂准精度，应将仪器照准部旋转 90°、180°、270°，取其中心为测量值。

图 9-3　光学垂准仪

二、激光垂准仪

1. 激光垂准仪的构造及原理

激光垂准仪是在光学垂准系统的基础上增加半导体激光器，分别给出上下同轴的两根激光铅垂线，并与望远镜视准轴同心、同轴、同焦，将激光束调至铅直方向，从而进行竖向测直的一种仪器。使用时在目镜外装上仪器配备的滤光片，可用人眼直接观察。激光垂准仪包括水准管定平和自动安平两种，如图 9-4、图 9-5 所示。

图 9-4　水准管定平激光垂准仪　　图 9-5　自动安平激光垂准仪

2. 激光垂准仪的使用

激光垂准仪主要应用于高层建筑物的施工中，如高烟囱和竖井的竖向投点测量、电梯和高架塔的安装测量。使用过程中，先将垂准仪安置在建筑物角点或中心线上，进行严格的对中、整平，接收靶装在楼板顶的预留孔工作平台上。打开垂准激光开关，会有一束激光从望远物镜中射出，并聚焦在激光靶上，激光光斑中心处的读数即为观测值。为提高垂准精度通过旋转照准部选取激光运动轨迹的中心为测量值。

第十章 测量放线

第一节 测量方案

一、测量方案编制的意义与作用

1. 施工测量与建筑工程施工的关系

建筑工程在施工阶段，需要通过测量将图纸上设计好的建筑物、构筑物的平面位置和高程，按设计要求在实地上标定出来，作为施工的依据。在施工过程中，需要通过测量经常对施工和安装工作进行检验、校核，以保证所建工程符合设计要求。由此可见，在建筑工程施工阶段需要进行测量，而且测量的精度和速度直接影响到整个工程的质量与进度。

2. 施工测量方案

施工测量方案是规划和指导建筑工程施工阶段测量工作的一个技术文件。建筑工程施工阶段需要进行施工测量。在测量中，选择什么测量方法，精度达到什么程度，进度如何，测量所需条件是否具备，都直接影响到建筑工程的质量、速度和效益。因此，我们必须在施测前作出一个最佳的施工测量放线方案：选定测量方法，确定精度标准，安排施测进度，提出准备工作计划等。以便指导整个工程测量过程，来确保工程在质量、进度和效益方面对测量的要求。

3. 施工测量方案的作用

（1）施工测量方案是做好施工测量准备工作的依据和重要保证。

（2）施工测量方案是对施工测量过程进行科学管理的重要手段。

（3）施工测量方案是检查施工测量进度、质量的依据。

（4）施工测量方案对保证施工顺利进行，按期、按质、按量完成施工任务，取得更好效益等都起到重要的、积极的作用。

二、测量方案编制步骤

施工测量方案要经过资料的收集与分析、现场踏勘、测量形式的选择及确定等步骤，才能形成最佳的可行方案。

1. 资料的收集与分析

在施工项目落实后，测量放线工作的前期收集资料工作就要着手进行，收集的资料包括：

（1）施工现场测量控制点，包括平面坐标点和高程控制点。

（2）设计总平面图，建筑物基础图，平、立、剖面图及施工说明。

收集资料后应进行全面的分析，以对施工现场范围、地形、地质等情况以及建筑规模、建筑类型、层高、设计要求等进行全面、系统的了解，作为制定施工测量方案的重要依据。

2. 施工现场踏勘

对收集到的测量控制点或红线桩的点位保存情况应进行现场踏勘，根据具体情况确定联测和利用方案。

根据现场情况，全面踏勘后结合工程具体要求确定施工测量方案。

3. 测量形式的选择与确定

测量的形式和手段多种多样，需要根据工程具体情况和要求进行选择确定。

（1）平面控制测量的形式一般有：导线、建筑基线或建筑方格网。当前也有直接采用GPS RTK技术进行定位。导线的特点是灵活，适用于平坦或建筑物较多的地区；建筑方格网适用于建筑物较多，大、中型施工场地；建筑基线一般用于小型建筑项目。无论采取哪种形式，都应结合工程具体情况，选择经济合理，满足精度，施测方便的布设方案。

（2）高程控制测量一般采用水准测量，按场地范围确定其等级。较大工程采用四等水准，一般工程采用图根水准。

（3）房屋建筑定位、放线：

1）按建立平面控制网的形式结合建筑定位要求放线。建筑物附近的控制点其位置、距离满足要求时，可直接测设建筑基线，采用极坐标法进行。如控制网为建筑方格网时，则采用直角坐标法较为有利。实际工作中在布设平面控制时，需一并考虑建筑物定位和放线精度和密度的要求，在满足精度要求的前提下尽可能简便。

2）明确放线时平面位置和高程测设的方法和技术要求应按照工程需要，选择具体作业方法、仪器工具和检核方法。应针对工程对测量精度的要求结合现场情况，制定出测角、量距和水准观测的具体措施。应按照测量各项误差来源，有针对性地采取消减办法，使测设工作切实可行且经济便捷。

（4）线路（道路、管线）定位、放线根据设计总平面图上设计的线路分布情况，在制定控制测量方案时应考虑到能依据控制点对线路进行施工放样。

根据设计图样所给的起点、终点、转点、交点及曲线半径等资料（坐标值或相邻关系数据），确定线路的具体定位放样方法，确定线路中线测量与控制点的关系，按线路长度决定中线测量和连接的导线测量精度要求和等级以及曲线测设的方法。

若设计部门要求，还需要进行线路纵、横断面测量。如局部修改调整，则需要重新进行线路定测。

（5）变形监测。

根据工程项目自身要求及施工现场地质情况，有的工程需要进行高频率、长期、精密的变形监测，有的只需要进行定期普通变形监测，在方案设计时一定要预先通过设计图样和施工说明来详细了解工程需求。

首先应根据设计或施工要求，确定变形监测的等级和精度要求。属于高层、超高层建筑、重要厂房的柱基和大型精密设备基础一般要求进行精密变形监测。此类建筑物对施工要求较高，一般变形监测方法不能满足要求，设计人员会提出变形监测点位埋设、观测频率及测量精度等要求。在制定方案时，必须对工程设计或施工要求研究透彻，采取针对性的方法和措施，尤其要重点关注变形监测基准网及工作基点的稳固及长期保存措施。

变形监测方案中一般需要明确观测等级，采用的仪器、标尺，观测频率和周期，特殊情况下应采取的措施以及应提交的资料。

(6) 竣工测量。

竣工总平面图是设计总平面图在施工后实际情况的全面反映，是运营阶段进行管理、维修以及改造、扩建的重要依据之一，特别是对于地下管线等隐蔽工程的检修和保护起着至关重要的作用，同时也是检核施工质量的依据之一。

编制竣工测量方案时，应根据施工项目具体情况，明确编绘方法和内容。

对于需要提供竣工测量的工程，在布设施工控制网时就应当考虑竣工测量的要求，在主要建（构）筑物附近布设能长期保存且便于使用的控制点。

三、测量方案编制内容

施工测量有明确的原则和要求，工程本身和地形、地质、气候条件又各有特点，施工测量人员需要对现场各方面情况以及对工程本身有透彻的了解，对于大、中型工程项目，需要通过编制详细的施工测量方案并严格执行来全面系统的协调、安排各阶段、各方面的工作，才能经济、合理、高质量、高效率地完成工作。

施工测量方案一般包含以下内容：

1. 工程概况

场地位置、面积与地形情况，工程总体布局、建筑面积、层数与高度、地下与地上、平面与立面，结构类型与室内外装饰，施工工期与施工方案要点（施工主要工艺与流水段划分），本工程的测量难点、特点与施工的特殊要求。

2. 编制依据

(1) 有关规范、规程。

(2) 施工图纸、钉桩通知单。

3. 施工测量基本要求

场地、建筑物与建筑红线的关系，定位条件及工程设计，施工对测量精度与进度的要求，注明是否需做沉降观测。

4. 场地测量准备

根据设计总平面图与施工现场总平面布置图，确认拆迁顺序与范围，测定需要保留的原有地下管线、地下建（构）筑物与名贵树木的树冠范围，场地平整（高程方格网测设）与临设工程定位放线工作内容。

5. 起始依据校测

对起始依据点（包括建筑红线桩点、水准点）或原有地上、地下建（构）筑物与新建建筑物的几何对应关系，均应进行校测。

6. 场区控制网测设

根据场区情况、设计与施工的要求，按照便于施工、控制全面又能长期保留的原则，测设场区平面控制网与高程控制网。

7. 建筑物定位与基础施工测量

建筑物定位与主要轴线控制桩、护坡桩、基础桩的定位与监测，基础开挖与±0.000m以下各层施工测量。

8. ±0.000m 以上施工测量

首层、非标准层与标准层的结构测量放线、竖向控制与标高传递。

9. 特殊工程施工测量

高层钢结构、高耸建（构）筑物（如电视发射塔、水塔、烟囱等）、大型工业厂房与体育场馆等的测量。

10. 室内外装饰与安装测量

主要指外饰面、玻璃幕墙等室内外装饰测量；各种管线、电梯、旋转餐厅、机械设备等安装测量。

11. 竣工测量与变形观测

竣工现状总图的编绘与各单项工程竣工测量，根据设计与施工要求确定变形观测的内容、方法及相应规定。

12. 精度指标及误差规定

根据工程情况及相关的规范确定测量误差和精度的容许范围。

13. 施工测量工作的组织与管理

测量人员与组织机构，测量员持证上岗情况（职业资格证书），各种测量规章制度等（列出制度名称即可）。根据工程情况，确定所使用仪器的型号、数量，确定附属工具、记录表格等用量计划，要求各类计量器具必须具有在其检定周期内的有效的检定证书。

14. 测量资料整理

收集本工程的各项原始测量资料，编制各项测量记录，填写相应表格，记录施工测量日志。上述测量资料除测量班组留存外，按施工资料管理规定的要求，交送技术资料员存档。

第二节　图纸及现场桩位校核

一、施工图校核

测量放线前应校核总平面图等尺寸关系，明确定位依据、抄平标高的依据以及其他细部尺寸关系。

二、高级点校核

由城市规划部门划定的建筑红线桩、建筑物角桩、预留的测量控制点称为高级点。一般由城市土地管理部门负责现场测设并埋设控制桩。测量放线人员应对行政主管部门提供的桩位及坐标进行校核，确认无误之后方可开展建筑物的定位放线工作。

1. 高级点校核的内容

高级点的校核，其实质就是校核其实测值与给定值的差异在允许误差之内，即符合要求。

2. 高级点校核的方法与步骤

对于行政主管部门提供的现场高级点，首先内业计算其距离和方位角，之后进行现场实测，将实测值与计算值相比较。也可用全站仪直接测设现场各高级点坐标，与给定坐标进行比较。

校测高级点允许偏差：角度偏差为±60秒（″），边长相对偏差为1/2500，点位偏差为5cm。

城市规划部门提供的水准点是确定建筑物高程的基本依据，水准点数量应不少于2个。使用前，应采用附合水准校测，允许闭合差为$\pm 10\sqrt{n}$mm（n为测站数）。

第三节 施工控制网的建立

施工控制网的作用是为工程建设提供整个工程范围内统一的参考框架，为各项施工测量工作提供位置基准，满足工程建设不同阶段对测绘在质量、进度和费用等方面的要求。工程控制网也具有控制全局、提供基准和控制测量误差积累的作用。

根据工程项目的具体情况，施工控制网的布设可有多种形式和方法，需要根据建筑场地的面积、工程项目的内容、总图布置和放样精度要求以及现场地形条件、已有控制资料情况等各项因素，经现场踏勘、分析研究后确定。

施工控制测量分为平面控制测量和高程控制测量两部分。

一、场地平面控制测量

1. 建筑基线

（1）建筑基线的布置

建筑基线是建筑场地的施工控制基准线，即在场地中央放样一条长轴线或若干条与其垂直的短轴线。它适用于建筑设计总平面图布置比较简单的小型建筑场地。

建筑基线的布设形式是根据建筑物的分布、场地地形等因素来确定的。其常见的形式有"一"字形、"L"形、"十"字形和"T"形，如图10-1所示。

（2）建筑基线的布设要求

1）主轴线应尽量位于场地中心，并与主要建筑物轴线平行，主轴线的定位点应不少于三个，以便相互检核。

2）基线点位应选在通视良好和不易被破坏的地方，且要设置成永久性控制点，如设置成混凝土桩或石桩。

（3）建筑基线的测设方法

对于新建筑区，利用建筑基线的设计坐标和附近已有测量控制点的坐标，按照极坐标放样方法计算出放样数据，然后进行放样。

以"一"字形建筑基线为例，说明利用测量控制点放样建筑基线点的方法。如图10-2所示，A、B为附近已有的测量控制点，1、2、3为选定的建筑基线点。

首先，用全站仪坐标法放样1、2、3点。由于测量误差不可避免，放样的基线点往往不在同一直线上，且点与点之间的距离与设计值也不完全相符，因此，需要精确测出已放样直线的折角β'和距离D'（图10-3中12、23边的边长为a和b），并与设计值相比较。若

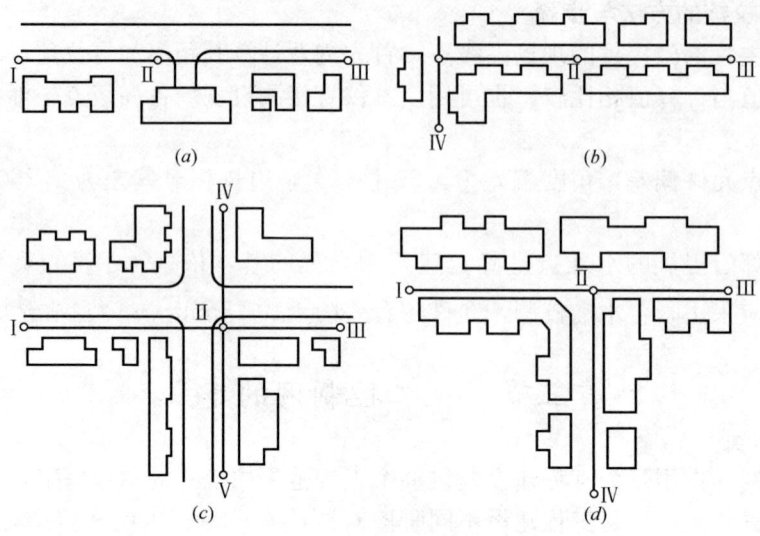

图 10-1 建筑基线形式

$\Delta\beta=\beta'-180°$ 超限，则应对 $1'$、$2'$、$3'$ 点在横向进行等量调整，如图 10-2 所示。调整量按下式计算：

$$\delta=\frac{ab}{a+b}\cdot\frac{\Delta\beta}{2\rho} \tag{10-1}$$

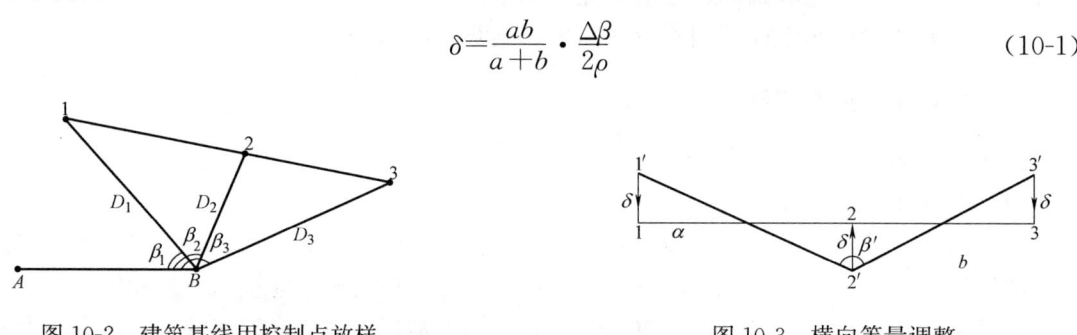

图 10-2 建筑基线用控制点放样　　　　图 10-3 横向等量调整

2. 建筑方格网

(1) 方格网布设原则

在大中型建筑场地上，由正方形或矩形组成的施工控制网，称为建筑方格网。方格网的形式有正方形、矩形两种。建筑方格网的布设应根据总平面图上各种已建和待建的建筑物、道路及各种管线的布设情况，结合现场的地形条件来确定。设计时先选定方格网的主轴线，然后再布置其他的方格点。方格网是场区建（构）筑物放线的依据，布网时应考虑以下几点：

1) 方格网的等级：当厂区面积超过 1km² 而又分期施工时，可分两级布网。其首级可以采用"田"字形、"口"字形或"十"字形。首级网下可采用Ⅱ级方格网分区加密。不超过 1km² 的厂区应尽量布成Ⅰ级全面方格网，网中相邻点应加以连接，组成矩形，个别地方有困难时，可以不连，允许组成六边形。

2) 方格网的密度：每个方格网的大小，要根据建筑物的实际情况而决定。方格的边长一般在 100～200m 为宜。若边长大于 300m 以上，中间加以补点。

建筑方格网的主轴线位于建筑场地的中央,并与主要建筑物的轴线平行或垂直,并使方格网点接近于测设对象。

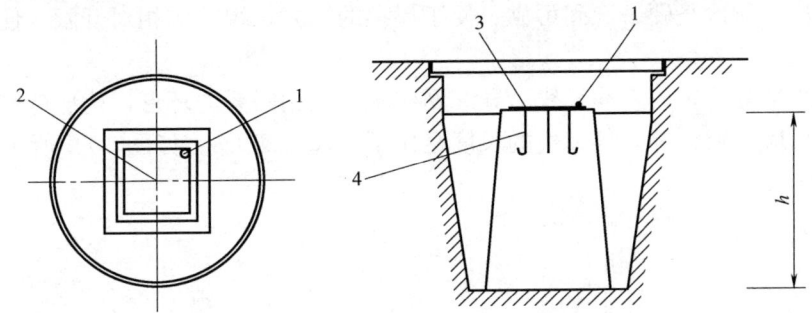

图 10-4 建筑方格网点标志规格及形式
1—铜质半圆球高程标志;2—铜芯平面标志;3—200mm×200mm 标志钢板;
4—钢筋爪 h 是埋设深度,根据当地冻土线及现场设计标高确定

(2) 方格网点位布置

便于方格网测量和施工定线需要来考虑,布设在建筑物周围、次要通道上或空隙处。坐标数值最好是 5m 或 10m 的整倍数,不要零数。

按照实际地形布设,使控制点位于测角、量距比较方便的地方,并使埋设标桩的高程与场地的设计标高不要相差太大。方格网点应埋设顶面为标志板的标石,如图 10-4 所示。

(3) 方格网点的放样

主轴线测设好后,分别在主轴线端点安置经纬仪,均瞄准 O 点,分别向左、向右精密地测设出 90°,这样就形成"田"字形方格网点。为了进行校核,还要在方格网点上安置经纬仪,测量其角值是否为 90°,并测量各相邻点间的距离,看其是否与设计边长相等,误差均应在允许的范围之内。此后再以基本方格网点为基础,加密方格网中其余各点。

建筑方格网的轴线与建筑物轴线平行或垂直,因此,用直角坐标法进行建筑物的定位、放线较为方便,且精度较高。但由于建筑方格网必须按总平面图的设计来布置,放样工作量成倍增加,其点位缺乏灵活性,易被毁坏,所以在全站仪逐步普及的条件下,正慢慢被导线网所代替。

3. 导线网

导线测量法能根据建筑物定位的需要灵活的布置网点,便于控制点的使用和保存。

(1) 导线测量的等级与导线网的布设

1) 导线测量等级和技术指标。

导线测量分为两级,在面积较大场区,一级导线可作为首级控制,以二级导线加密。在面积较小厂区以二级导线一次布设。各级导线网的技术指标应符合表 10-1 的规定。

场区导线测量的主要技术要求　　　　表 10-1

等级	导线长度(km)	平均边长(m)	测角中误差(″)	测距相对中误差	测回数			方位角闭合差(″)	导线全长相对闭合差
					1″级仪器	2″级仪器	6″级仪器		
一级	4.0	0.5	5	1/30000	—	2	4	$10\sqrt{n}$	≤1/15000
二级	2.4	0.25	8	1/14000	—	1	3	$16\sqrt{n}$	≤1/10000

2) 导线网的布设。

厂区导线网应按设计总平面图布设,布设的基本要求如下:

根据建筑物本身的重要性和生产系统性，适当地选择导线的线路，各条导线应均匀分布于整个厂区，每个环形控制面积应尽可能均匀。

点位应选在质地坚硬、稳固可靠、便于保存的地方，视野应相对开阔，便于加密、扩展和寻找。

各条导线尽可能布成直伸导线，导线网应构成互相联系的环形，构成严密平差图形。

导线边长应大致相等，相邻边的长度之比不宜超过1∶3。如图10-5所示为某工程导线控制网图。

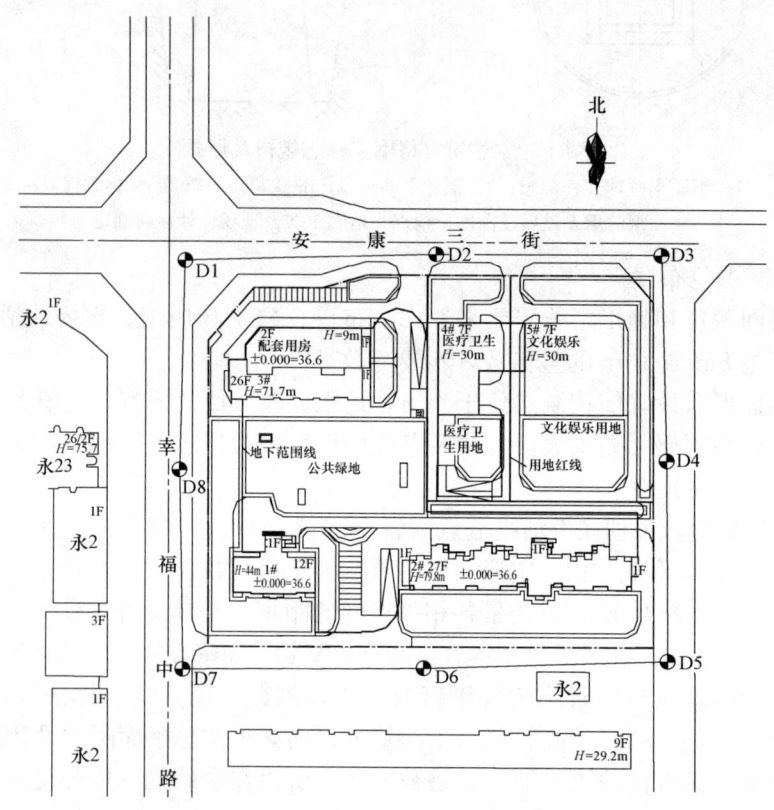

图 10-5　某工程导线控制网图

（2）导线测量的步骤

1）选点与标桩埋设。

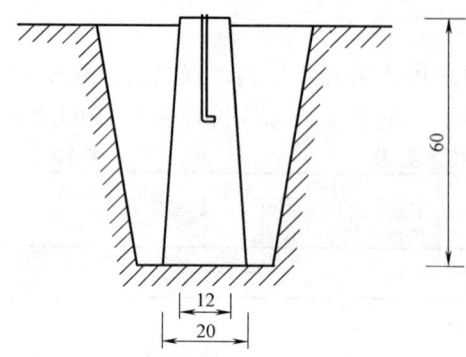

图 10-6　导线埋设示意图

对于新建和扩建的建筑区，导线应根据总平面图布设，改建区应沿已有道路布网。点位应选在人行道旁或设计中的净空地带。所选之点要便于使用、安全和能长期保存。导线点选定之后，应及时埋设标桩（图10-6）。

2）角度观测技术要求。

各级导线网的测回数及测量限差与方格网角度观测要求相同，参照表10-1的规定。

角度观测宜采用方向观测法进行。方向观测法的技术要求，不应超过表10-2的规定。

水平角方向观测法的技术要求　　　　　　表 10-2

等　级	仪器型号	光学测微器两次重合读数之差(″)	半测回归零差(″)	一测回内 2C 互差(″)	同一方向值各测回较差(″)
一级及以下	2″级仪器	—	12	18	12

注：1. 全站仪、电子经纬仪水平角观测时不受光学测微器两次重合读数之差指标的限制。
　　2. 当观测方向的垂直角超过±3°的范围时，该方向 2C 互差可按相邻测回同方向进行比较，其值应满足表中一测回内 2C 互差的限值。

仪器或反光镜的对中误差不应大于 2mm。

水平角观测过程中，气泡中心位置偏离整置中心不宜超过 1 格。

如受外界因素（如震动）的影响，仪器的补偿器无法正常工作或超出补偿器的补偿范围时，应停止观测。

水平角观测误差超限时，应在原来度盘位置上重测，并应符合下列规定：一测回内 2C 互差或同一方向值各测回较差超限时，应重测超限方向，并联测零方向；下半测回归零差或零方向的 2 倍照准差变动范围超限时，应重测该测回。

3）边长丈量

边长丈量的各项要求及限差，参照表 10-1 的规定。

一级及以上等级控制网的测距边，应采用全站仪或电磁波测距仪进行测距，一级以下也可采用普通钢尺进行量距。

各等级边长测距的主要技术要求，应符合表 10-3 的规定。

测距的主要技术要求　　　　　　表 10-3

平面控制网等级	仪器型号	观测次数 往	观测次数 返	总测回数	一测回读数较差(mm)	单程各测回较差(mm)	往返较差(mm)
一级	≤10mm级仪器	1	—	2	≤10	≤15	
二、三级	≤10mm级仪器	1	—	1	≤10	≤15	—

注：1. 测距的 5mm 级仪器和 10mm 级仪器，是指当测距长度为 1km 时，仪器的标称精度 m_D 分别为 5mm 和 10mm 的电磁波测距仪器（$m_D=a+b\times D$）。
　　2. 测回是指照准目标一次，读数 2~4 次的过程。
　　3. 根据具体情况，边长测距可采取不同时间段测量代替往返观测。
　　4. 计算测距往返较差的限差时，a、b 分别为相应等级所使用仪器标称的固定误差和比例误差。

4）导线网的起算数据。

在扩建、改建厂区，新测导线应附合在已有施工控制网上（将已有控制点作为起算点）；若原有的施工控制网已被破坏，则应根据大地测量控制网或主要建筑物轴线确定起算数据。新建厂区的导线网起算数据应根据大地测量控制点测定。

5）导线网的平差。

导线网平差一级导线网采用严密平差法；二级导线网可以采用分别平差法。

二、场地高程控制测量

建筑场地的高程控制通常布设成水准网，一般布设成两级。首级是场地的高程基本控制，应布设成闭合水准路线并与国家等级水准点联测，以便建立统一的高程系统。施工区内埋设的水准点，应选择在土质坚硬、不受施工影响的区域。在一般情况下，施工场地平面控制点也可兼作高程控制点。

一般中小型建筑场地施工高程控制网，其基本水准点应布设在不受施工影响、无震动、便于施测和能永久保存的地方，按四等水准测量的要求进行施测。而对于为连续性生产车间、地下管道放样所设立的基本水准点，则需按三等水准测量的要求进行施测。为了便于成果检核和提高测量精度，场地高程控制网应布设成闭合环线、附合路线或结点网形。加密水准路线可按图根水准测量的要求进行布设，加密水准点可埋设成临时标志，尽可能靠近施工建筑，便于使用。图10-7所示为某工程基本水准点控制点图。

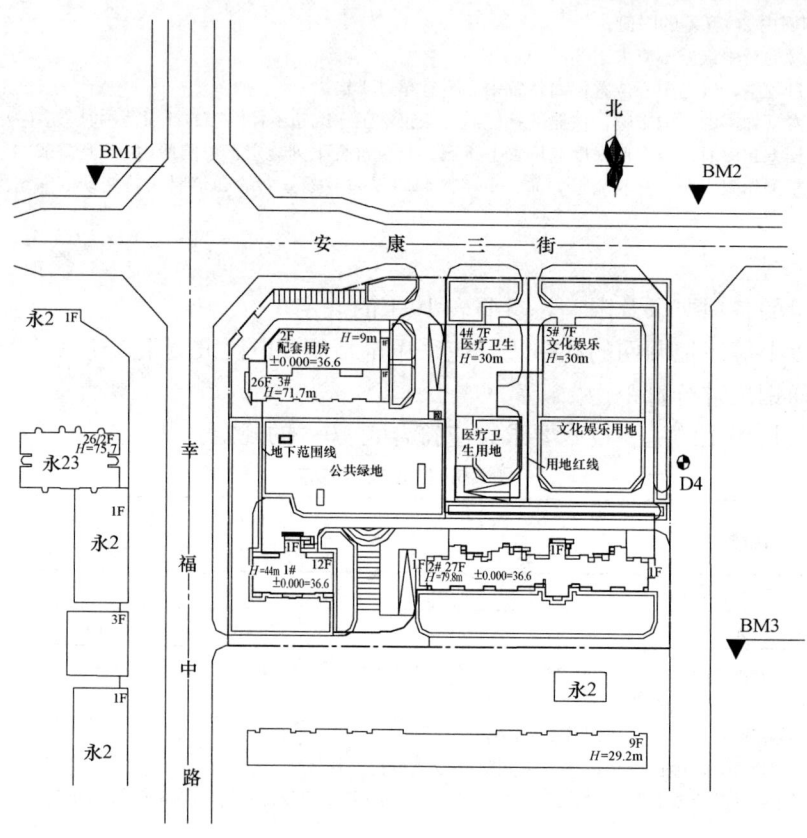

图10-7 某工程基本水准点控制点图

施工水准点用来直接放样建筑物的高程。为了放样方便和减少误差，施工水准点应靠近建筑物，通常可以采用建筑方格网点的标志桩加设圆头钉作为施工水准点。

为了放样方便，在每栋较大的建筑物附近，还要布设±0.000m水准点（一般以底层建筑物的地坪标高为±0.000m），其位置多选在较稳定的建筑物墙、柱的侧面，用红油漆绘成上顶为水平线的"▼"形，其顶端表示±0.000m位置。但要注意各建筑物的±0.000m的绝对高程不一定相同。图10-8所示为某建筑施工水准点控制点图。

水准测量的主要技术要求，应符合表10-4的规定。

水准测量的主要技术要求　　　　　　　　表10-4

等级	每千米高差全中误差(mm)	路线长度(km)	水准仪型号	水准尺	观测次数		往返较差、附合或环线闭合差	
					与已知点联测	附合或环线	平地(mm)	山地(mm)
三等	6	≤50	DS1	因瓦	往返各一次	往一次	$12\sqrt{L}$	$4\sqrt{n}$
			DS3	双面		往返各一次		

续表

等级	每千米高差全中误差(mm)	路线长度(km)	水准仪型号	水准尺	观测次数		往返较差、附合或环线闭合差	
					与已知点联测	附合或环线	平地(mm)	山地(mm)
四等	10	≤16	DS3	双面	往返各一次	往一次	$20\sqrt{L}$	$6\sqrt{n}$
五等	15	—	DS3	单面	往返各一次	往一次	$30\sqrt{L}$	—

注：1. 结点之间或结点与高级点之间，其路线的长度，不应大于表中规定的0.7倍。
　　2. L 为往返测段，附合或环线的水准路线长度（km）；n 为测站数。
　　3. 数字水准仪测量的技术要求和同等级的光学水准仪相同。

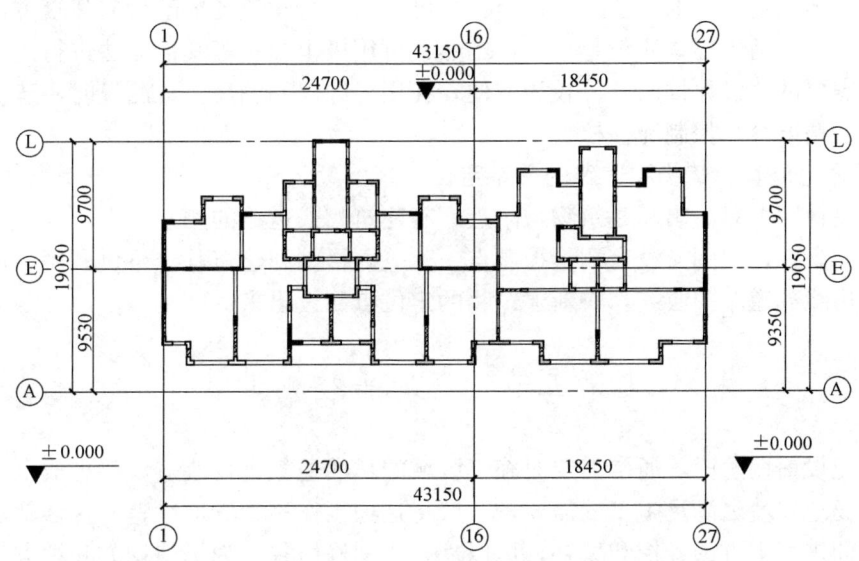

图10-8　某建筑施工水准点控制点图

水准观测的主要技术要求，应符合表10-5的规定。

水准观测的主要技术要求表　　　　表10-5

等级	水准仪型号	视线长度(m)	前后视较差(m)	前后视累积差(m)	视线离地面最低高度(m)	基、辅分划或黑、红面读数较差(mm)	基、辅分划或黑、红面所测高差较差(mm)
三等	DS1	100	3	6	0.3	1.0	1.5
	DS3	75				2.0	3.0
四等	DS3	100	5	10	0.2	3.0	5.0
等外	DS3	100	近似相等	—	—	—	—

注：1. 二等水准视线长度小于20m时，其视线高度不应低于0.3m。
　　2. 三、四等水准采用变动仪器高度观测单面水准尺时，所测两次高差较差，应与黑面、红面所测高差之差的要求相同。
　　3. 数字水准仪观测，不受基、辅分划或黑、红面读数较差指标的限制，但测站两次观测的高差较差，应满足表中相应等级基、辅分划或黑、红面所测高差较差的限值。

第四节　施工控制网测设

建筑物四周外廓主要轴线的交点决定了建筑物在地面上的位置，称为定位点或角点。

建筑物的定位就是根据设计条件，将这些轴线交点测设到地面上，作为细部轴线放线和基础放线的依据。由于设计条件和现场条件不同，建筑物的定位方法也有所不同，下面介绍三种常见的定位方法。

1. 根据控制点定位

如果待定位建筑物的定位点设计坐标是已知的，且附近有导线测量控制点和三角测量控制点可供利用，可根据实际情况选用极坐标法、角度交会法或距离交会法来测设定位点，在这三种方法中，极坐标法适用性最强，是用得最多的一种定位方法。

2. 根据建筑方格网和建筑基线定位

如果待定位建筑物的定位点设计坐标是已知的，且建筑场地已设有建筑方格网或建筑基线，可利用直角坐标法测设定位点，当然也可用极坐标法等其他方法进行测设，但直角坐标法所需要的测设数据的计算较为方便，在用经纬仪和钢尺实地测设时，建筑物总尺寸和四大角的精度容易控制和检核。

3. 根据与原有建筑物和道路的关系定位

如果设计图上只给出新建筑物与附近原有建筑物或道路的相互关系，而没有提供建筑物定位点的坐标，周围又没有测量控制点、建筑方格网和建筑基线可供利用，可根据原有建筑物的边线或道路中心线，将新建筑物的定位点测设出来。

第五节　场地平整测量

工程建设前期阶段，通常需要对施工区域的自然地貌进行改造，整理成水平或符合设计要求的场地，使之满足施工的需要，一般将这项工作称为场地平整。这样就需要进行土方调配，即进行土方的开挖和填补，可以理解成削峰填谷。为了使挖方和填方工作经济合理且满足设计要求，就需要运用测量技术，对场地现状进行测绘，根据现状高程及设计高程计算挖方和填方量，并给出土方调配方案。在场地平整工作完成后，可再次进行测绘并计算，以检核土方调配工作量。具体作业步骤如下。

1. 测设方格网并测量各方格网点高程

在需要平整的场地范围之内，可先行布设方格网，方格网中每一方格的大小视土石方调配计算精度要求而定，一般采用 5m×5m、10m×10m 或 20m×20m，如对精度要求不高，可采用更大尺寸的方格网。

场地平整测量可采用：水准测量、全站仪测量、GPS-RTK 测量等。

（1）水准测量方法：适用于现场条件较好、地势平坦、通视条件好，首先放样各格网交点，使用水准仪直接测量各点高程即可。

（2）全站仪测量方法：适用于地形复杂、通视条件差、施工场地不规则，使用全站仪获取地形点三维坐标，将数据传到计算机，绘制现状地形图。

（3）GPS-RTK 测量方法：随着测绘技术的发展，也可用 GPS-RTK 直接替代水准测量，而且 GPS-RTK 可以同时测得方格网点的平面坐标和高程，较大程度上提高了工作效率。另外，在计算时可采用似大地水准面拟合计算，也能取得满意的效果。

测量结束后，在成果图上展出各点编号及高程，该顶点的高程标在点位的左下角，顶点编号标在点位的左上角，方格编号标在方格中央，如图 10-9 所示。

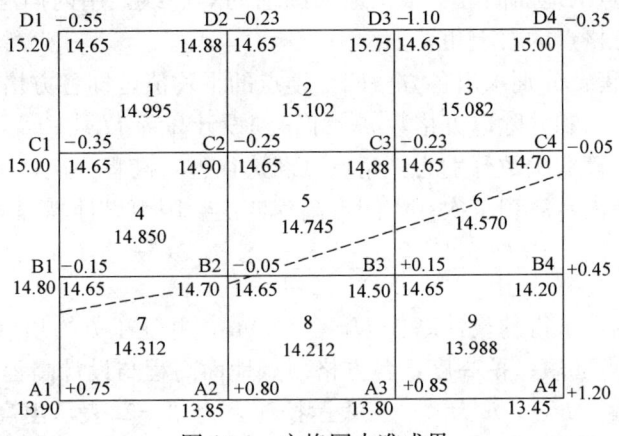

图 10-9 方格网水准成果

2. 场地土石方计算

将施工场地的自然地表按要求整理成一定高程的水平地面或一定坡度的倾斜面,这种工作称为平整场地。

(1) 将场地平整为水平地面

如图 10-10 所示,表示比例尺为 1:1 000 的地形图,拟将原地面平整成某一高程的水平面,使填、挖土石方量基本平衡。方法如下:

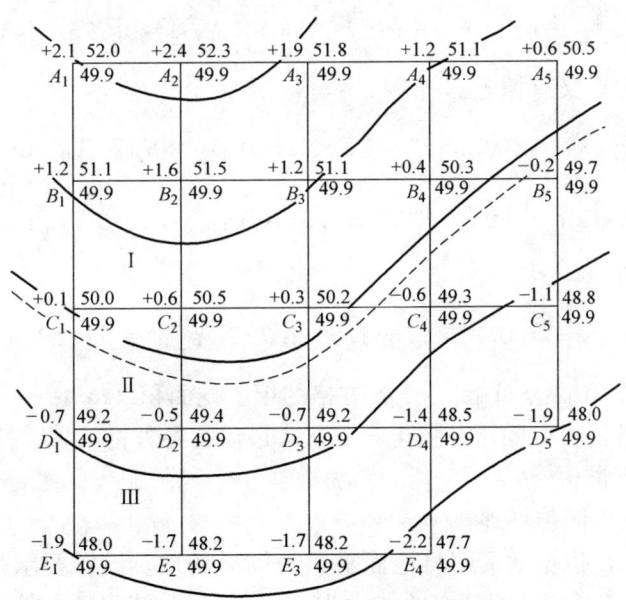

图 10-10 将场地平整为水平地面

1) 绘制方格网。在地形图上拟平整场地内绘制方格网,方格大小根据地形复杂程度、地形图比例尺以及要求的精度而定。一般方格的边长为 10m 或 20m。图中方格为 10m×10m。各方格顶点号注于方格网点的左下角,如图中的 A_1, A_2, …, E_3, E_4 等。横坐标用阿拉伯数码自左到右递增,纵坐标用大写字母顺序自下(上)而上(下)递增。

2) 求各方格顶点的地面高程：根据地形图上的等高线，用内插法求出各方格顶点的地面高程，并注于方格点的右上角，如图中所示。

3) 计算设计高程：分别求出各方格四个顶点的平均值，即各方格的平均高程；然后，将各方格的平均高程求和并除以方格数 n，即得到设计高程 $H_设$。

各方格点参加计算的次数分别为：角点（图边往外）高程一次；边点（图边上）高程两次；拐点（图边往内）高程三次；中间点高程四次。因而设计高程 H_0 的计算公式为：

$$H_0 = \frac{\sum H_角 \times 1 + \sum H_边 \times 2 + \sum H_拐 \times 3 + \sum H_中 \times 4}{4n} \quad (10\text{-}2)$$

根据图中的数据，求得的设计高程 $H_设 = 49.9\text{m}$，并注于方格顶点右下角。

4) 确定方格顶点的填、挖高度：各方格顶点地面高程与设计高程之差，为该点的填、挖高度，即：$h = H_地 - H_设$，h 为"＋"表示挖深，为"－"表示填高。并将 h 值标注于相应方格顶点左上角。

5) 确定填挖边界线：根据设计高程 $H_设 = 49.9\text{m}$，在地形图上用内插法绘出 49.9m 等高线。该线就是填、挖边界线，如图中用虚线绘制的等高线。

6) 计算填、挖土石方量：有两种情况，一种是整个方格全填或全挖方，如图中方格 Ⅰ、Ⅲ；另一种既有挖方，又有填方的方格，如图中的方格 Ⅱ。

现以方格 Ⅰ、Ⅱ、Ⅲ 为例，说明其计算方法

方格 Ⅰ 为全挖方

$$V_{Ⅰ挖} = \frac{1}{4}(1.2 + 1.6 + 0.1 + 0.6) \times A_{Ⅰ挖} = 0.875 A_{Ⅰ挖} \text{m}^3$$

方格 Ⅱ 既有挖方，又有填方：

$$V_{Ⅱ挖} = \frac{1}{4}(0.1 + 0.6 + 0 + 0) \times A_{Ⅱ挖} = 0.175 A_{Ⅱ挖} \text{m}^3$$

$$V_{Ⅱ填} = \frac{1}{4}(0 + 0 - 0.7 - 0.5) \times A_{Ⅱ填} = -0.3 A_{Ⅱ填} \text{m}^3$$

方格 Ⅲ 为全填方：

$$V_{Ⅲ填} = \frac{1}{4}(-0.7 - 0.5 - 1.9 - 1.7) \times A_{Ⅲ填} = -1.2 A_{Ⅲ填} \text{m}^3$$

式中 $A_{Ⅰ挖}$、$A_{Ⅱ挖}$、$A_{Ⅱ填}$、$A_{Ⅲ填}$——各方格的填、挖面积（m^2）。

同法可计算出其他方格的填、挖土石方量，最后将各方格的填、挖土石方量累加，即得总的填、挖土石方量。

(2) 将场地平整为倾斜场地

如图 10-11 所示，根据地形图将地面平整为倾斜场地，设计要求是：倾斜面的坡度，从北到南的坡度为 -2%，从西到东的坡度为 -1.5%。为使得填、挖土石方量基本平衡，具体估算步骤如下：

1) 绘制方格网并求方格顶点的地面高程：与将场地平整成水平地面同法绘制方格网，并将各方格顶点的地面高程注于图上，图中方格边长为 20m。

2) 计算各方格顶点的设计高程：根据填、挖土石方量基本平衡的原则，按与将场地平整成水平地面计算设计高程相同的方法，计算场地几何形重心点 G 的高程，并作为设计高程。用图中的数据计算得 $H_设 = 80.26\text{m}$。

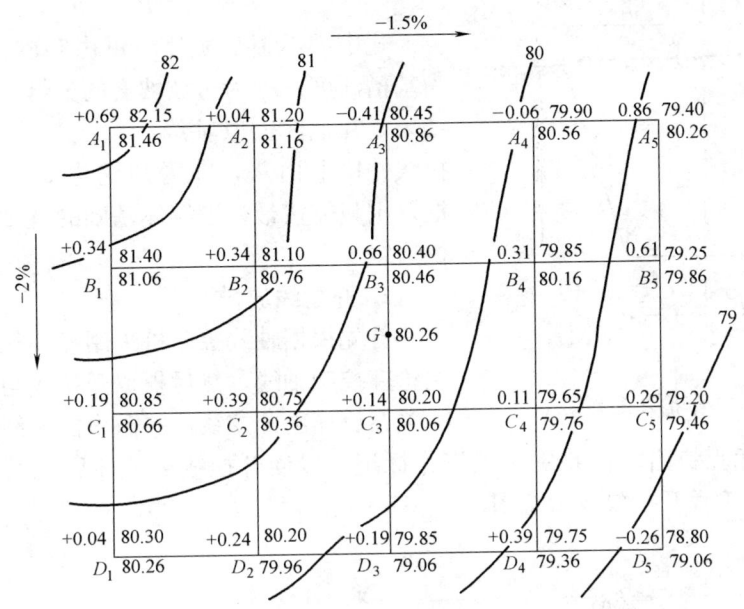

图 10-11 将场地平整为一定坡度的倾斜场地

重心点及设计高程确定以后,根据方格点间距和设计坡度,自重心点起沿方格方向,向四周推算各方格顶点的设计高程。

南北两方格点间的设计高差=20×2‰=0.4m

东西两方格点间的设计高差=20×1.5‰=0.3m

则 B_3 的设计高程=80.26m+0.4m/2=80.46m

A_3 的设计高程=80.46m+0.4m=80.86m

C_3 的设计高程=80.26m-0.4m/2=80.06m

D_3 的设计高程=80.06m-0.4m=79.66m

同理,可推算得出其他方格顶点的设计高程,并将高程注于方格顶点的右下角。

推算高程时应进行以下两项检核:从一个角点起沿边界逐点推算一周后到起点,设计高程应闭合;对角线各点设计高程的差值应完全一致。

3) 计算方格顶点的填、挖高度:按 $h = H_地 - H_设$ 计算各方格顶点的填、挖高度并注于相应点的左上角。

4) 计算填、挖土石方量:根据方格顶点的填、挖高度及方格面积,分别计算各方格内的填、挖方量及整个场地总的填、挖方量。

第六节 基础施工测量

一、基坑开挖放样

1. 开挖边线计算

先按基础剖面图给出的设计尺寸,计算基槽的开挖宽度 d,如图 10-12 所示。

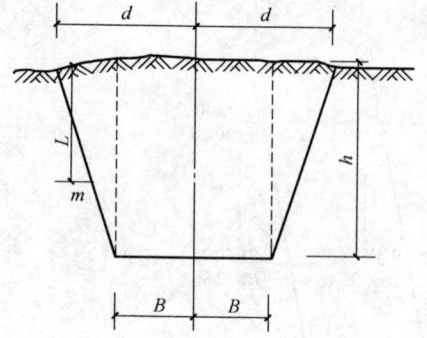

图 10-12 基槽开挖宽度

$$d=B+mh \tag{10-3}$$

式中 B 为基底宽度,可由基础剖面图查取;h 为基槽深度;m 为边坡坡度的分母。然后根据计算结果,在地面上以轴线为中线往两边各量出 $d/2$,拉线并撒上白灰,即为开挖边线。如果是基坑开挖,则只需按最外围墙体基础的宽度及放坡确定开挖边线。

2. 开挖线放样

首先根据轴线控制桩采用经纬仪投测出外边框主轮廓控制轴线,然后根据开挖线与控制轴线的尺寸关系放样出开挖线,并撒出白灰线作为标志。开挖线的阴、阳角点钉出木桩并用小铁钉作标记,以便开挖线被破坏后能及时恢复。如图 10-13 所示为某工程开挖放线示意图。

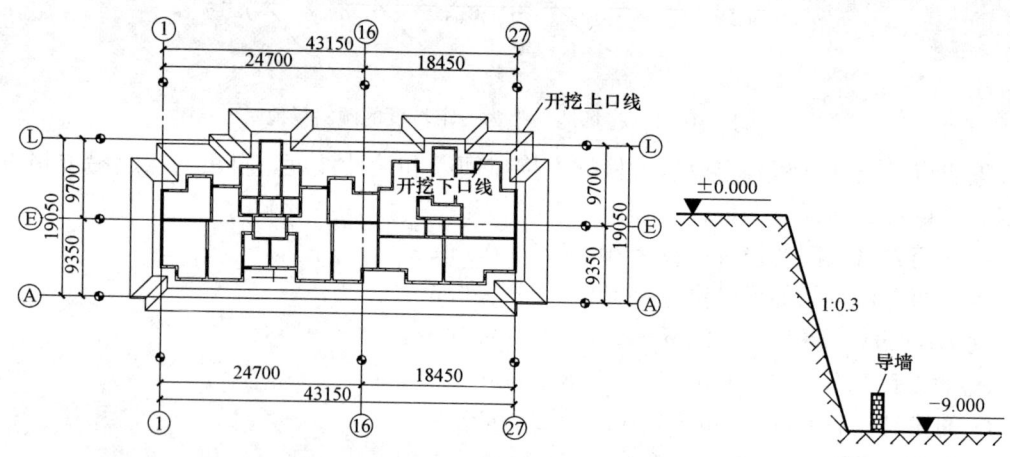

图 10-13 某工程开挖放线示意图

3. 开挖深度和垫层标高控制

为了控制基槽开挖深度,当基槽挖到接近槽底设计高程时,应在槽壁上测设一些水平桩,使水平桩的上表面离槽底设计高程为某一整分米数(例如 0.5m),用以控制挖槽深度,也可作为槽底清理和打基础垫层时掌握标高的依据。如图 10-14 所示,一般在基槽各拐角处均应打水平桩,在基槽上则每隔 10m 左右打一个水平桩,然后拉上白线,线下 0.5m 即为槽底设计高程。

已知高处水准点 A 的高程 $H_A=95.267\mathrm{m}$,需测设低处 p 的设计高程 $H_p=87.600\mathrm{m}$ 施测时,用检定过的钢尺,挂一个与要求拉力相等的重锤,悬挂在支架上,零点一端向下,先在高处安置水准仪,读取 A 点上水准尺的读数 $a_1=1.642\mathrm{m}$ 和钢尺上的读数 $b_1=9.216\mathrm{m}$,然后在低处安置水准仪,读取钢尺上的读数 $a_2=0.642\mathrm{m}$,由图 10-14 所示,可得低处 p 点上水准尺的应读读数 b_2 的算式为:

$$b_2=H_A+a_1-(b_1-a_2)-H_P \tag{10-4}$$

由该式算得

$$b_2 = 95.267 + 1.642 - (9.216 - 0.642) - 87.600 = 0.735 \text{m}$$

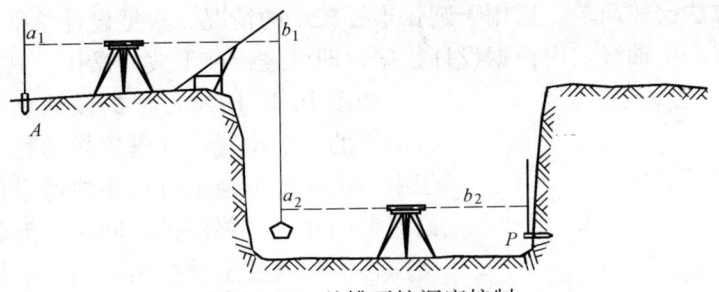

图 10-14　基槽开挖深度控制

上下移动低处水准尺，当读数恰好为 $b_2=0.735\text{m}$ 时，沿尺底边画一横线即是设计高程标志。

垫层面标高的测设，可以水平桩为依据在槽壁上弹线，也可在槽底打入垂直桩，使桩顶标高等于垫层面的标高。如果垫层需安装模板，可以直接在模板上弹出垫层面的标高线。

如果是机械挖土，一般是一次挖到设计槽底或坑底的标高，因此要在施工现场安置水准仪，边挖边测，随时指挥挖土机调整挖土深度，使槽底或坑底的标高略高于设计标高（一般为 30cm，留给人工清土）。挖完后，为了给人工清底和打垫层提供标高依据，还应在槽壁或坑壁上打水平桩，水平桩的标高一般为垫层面的标高。当基坑底面积较大时，为便于控制整个底面的标高，应在坑底均匀地打一些垂直桩，使桩顶标高等于垫层面的标高。

二、在垫层上投测轴线

如图 10-15 所示，垫层混凝土浇筑并达到一定强度后，根据基坑边上的轴线控制桩，将经纬仪架设在控制桩位上，经对中、整平后，后视同一方向桩（轴线标志），将控制轴线投测到作业面上。在同一层上投测的纵、横线各不得少于两条，以此作为角度、距离的校核。经校核无误后，方可在该平面上放出其他相应的设计轴线及细部线。

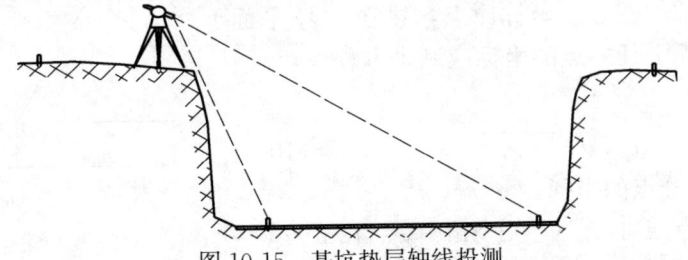

图 10-15　基坑垫层轴线投测

一般测设法通常只需在盘左（或盘右）状态下测设一次即可，但应在测设完所有直线点后，重新照准另一个端点，检验经纬仪直线方向是否发生了偏移，如有偏移，应重新测设。此外，如果测设的直线点较低或较高（如深坑下的点），应在盘左和盘右状态下各测设一次，然后取两次的中点作为最后结果。

三、圆曲线测设

圆曲线详细测设的方法较多，下面介绍几种常用的方法。

1. 直接拉线法

这种施工方法比较简单，适用于圆弧半径较小的情况。根据设计总平面图，先定出建筑物的中心位置和主轴线，再根据设计数据，即可进行施工放样操作。其施测方法如下：

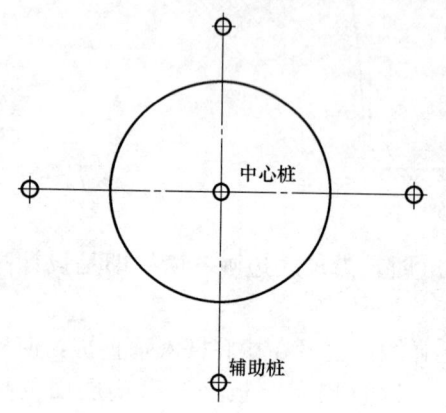

图 10-16 直接拉线法

如图 10-16 所示，根据设计总平面图，实地测设出圆的中心位置，并设置较为稳定的中心桩。由于中心桩在整个施工过程中要经常使用，所以桩要设置牢固并应妥善保护。同时，为防止中心桩发生碰撞移位或因挖土被挖出，四周应设置辅助桩，以便对中心桩加以复核或重新设置，确保中心桩位置正确。使用木桩时，木桩中心处钉一小钉；使用水泥桩时，在水泥桩中心处应埋设钢筋。

将钢尺的零点对准圆心处中心桩上的小钉或钢筋，依据设计半径，画圆弧即可测设出圆曲线。

2. 坐标计算法

坐标计算法适用于当圆弧形建筑平面的半径尺寸很大，圆心已远远超出建筑物平面以外，无法用直接拉线法时所采用的一种施工放样方法。

坐标计算法一般是先根据设计平面图所给条件建立直角坐标系，进行一系列计算，并将计算结果列成表格后，根据表格再进行现场施工放样。因此，该法的实际现场施工放样工作比较简单，而且能获得较高的施工精度。

如图 10-17 所示，一圆弧形建筑物平面，圆弧半径 $R=90$m，弦长 $AB=40$m，其施工放样步骤如下：

（1）计算测设数据

1）建立直角坐标系。

以圆弧所在圆的圆心为坐标原点，建立 xOy 平面直角坐标系。圆弧上任一点的坐标应满足方程

$$x^2+y^2=R^2$$
$$x=\sqrt{R^2-y^2} \quad (10\text{-}5)$$

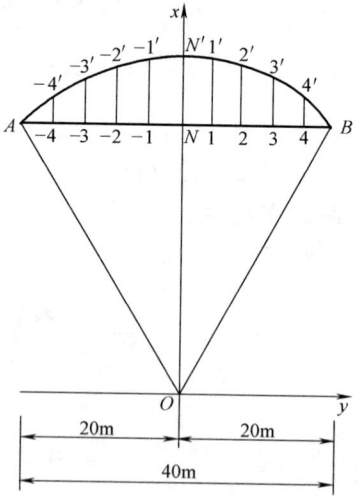

图 10-17 圆弧形建筑物平面图

2）计算圆弧分点的坐标。

用 $y=0$、$y=\pm 4$m、$y=\pm 8$m、$y=12$m … $y=\pm 20$m 的直线去切割弦 AB 和弧 AB，得与弦 AB 的交点 N、1、2、3、4 和 -1、-2、-3、-4，以及与圆弧 AB 的交点 N'、$1'$、$2'$、$3'$、$4'$ 和 $-1'$、$-2'$、$-3'$、$-4'$。将各分点的横坐标代入式(10-5)中，可得各分点的纵坐标为：

$$x_{N'}=\sqrt{90^2-0^2}=90.000 \text{（m）}$$
$$x_{1'}=\sqrt{90^2-4^2}=89.911 \text{（m）}$$

弦 AB 上的各交点的纵坐标都相等，即

$$x_N = x_1 = \cdots = x_A = x_B = 87.750\text{m}$$

3) 计算矢高。

即

$$NN' = x_{N'} - x_N = 90.000 - 87.750 = 2.250 \text{ （m）}$$
$$11' = x_{1'} - x_1 = 89.911 - 87.750 = 2.161 \text{ （m）}$$

....

计算出的放样数据见表 10-6 所示。

圆弧曲线放样数据　　表 10-6

弦分点	A	−4	−3	−2	−1	N	1	2	3	4	B
弧分点	A	−4′	−3′	−2′	−1′	N′	1′	2′	3′	4′	B
y(m)	−20	−16	−12	−8	−4	O	4	8	12	16	20
矢高(m)	0	0.816	1.446	1.894	2.161	2.250	2.161	1.894	1.446	0.816	0

（2）实地放样。

根据设计总平面图的要求，先在地面上定出弦 AB 的两端点 A′、B′，然后在弦 AB 上测设出各弦分点的实地点位。

用直角坐标法或距离交会法测设出各弧分点的实地位置，将各弧分点用圆曲线连接起来，得到圆曲线 AB，用距离交会法测设各弧分点的实地位置时，需用勾股定理计算出 N1′、12′、23′ 和 34′ 等线段的长度。

第七节　地上结构施工测量

当高层建筑的地下部分完成，根据施工方格网校测建筑物主轴线控制桩后，将各轴线测设到做好的地下结构顶面和侧面，又根据原有的 ±0.000m 水平线，将 ±0.000m 标高（或某整分米数标高）也测设到地下结构顶部的侧面上，这些轴线和标高线，是进行首层主体结构施工的定位依据。

1. 建筑轴线竖向投测

随着结构的升高，要将首层轴线逐层往上投测，作为施工的依据。这当中建筑物主轴线的投测应更为重要，因为它们是各层放线和结构垂直度控制的依据。随着高层建筑物设计高度的增加，施工中对竖向偏差的控制要求就越高，轴线竖向投测的精度和方法就必须与其适应，以保证工程质量。

为了满足高层建筑轴线竖向投测的精度，常采用的方法有外控法和内控法，来进行高层建筑轴线竖向投测轴线，建立建筑物平面轴线控制网。在基础施工完成后，根据建筑物平面轴线控制进行校测，将所有的控制轴线引测到建筑物地下室内或者首层的平面上，建立竖向层间施工建筑平面控制轴线，作为向上投测的控制轴线。外控法常用于建筑高度不太高，楼层数较少的低层建筑施工控制，主要方法为经纬仪投测法；内控法主要用于高层、超高层建筑施工控制，主要方法有吊线坠法、准直法。

（1）经纬仪投测法

当施工场地比较宽阔时，多使用此法进行竖向投测。如图 10-18 所示，安置经纬仪于

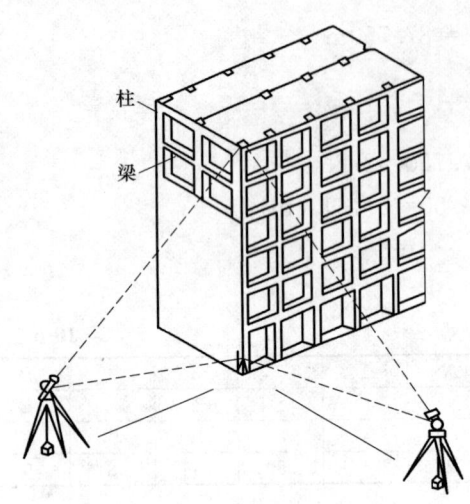

图 10-18 经纬仪投测法

轴线控制桩桩上，严格对中整平，盘左照准建筑物底部的轴线标志，往上转动望远镜，用其竖丝指挥在施工层楼面边缘上画一点，然后盘右再次照准建筑物底部的轴线标志，同法在该处楼面边缘上画出另一点，取两点的中间点作为轴线的端点。其他轴线端点的投测与此相同。

当楼层建得较高时，经纬仪投测时的仰角较大，操作不方便，误差也较大，此时应将轴线控制桩用经纬仪引测到远处（大于建筑物高度）稳固的地方，然后继续往上投测。如果周围场地有限，也可引测到附近建筑物的屋面上。如图 10-19 所示，先在轴线控制桩 $A1$ 上安置经纬仪，照准建筑物底部的轴线标志，将轴线投测到楼面上 $A2$ 点处，然后在 $A2$ 上安置经纬仪，照准 $A1$ 点，将轴线投测到附近建筑物屋面上 $A3$ 点处，以后就可在 $A3$ 点安置经纬仪，投测更高楼层的轴线。注意，上述投测工作均应采用盘左盘右取中法进行，以减少投测误差。

所有主轴线投测上来后，应进行角度和距离的检核，合格后再以此为依据测设其他轴线。

(2) 吊线坠法

当周围建筑物密集，施工场地窄小，无法在建筑物以外的轴线上安置经纬仪时，可采用此法进行竖向投测。该法与一般的吊锤线法的原理是一样的，只是线坠的重量更大，吊线（细钢丝）的强度更高。

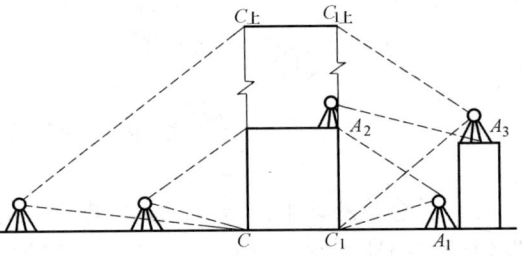

图 10-19 高层建筑周轴线投测

此外，为了减少风力的影响，应将吊锤线的位置放在建筑物内部。

如图 10-20 所示，事先在首层地面上埋设轴线点的固定标志，标志的上方每层楼板都预留孔洞，供吊锤线通过。投测时，在施工层楼面上的预留孔上安置挂有吊线坠的十字架，慢慢移动十字架，当吊锤尖静止地对准地面固定标志时，十字架的中心就是应投测的点，在预留孔四周做上标志即可，标志连线交点，即为从首层投上来的轴线点。同理，测设其他轴线点。

使用吊线坠法进行轴线投测，只要措施得当，防止风吹和振动，是既经济、简单，又直观、准确的轴线投测方法。

(3) 准直法

铅直仪法就是利用能提供铅直向上（或向下）视线的专用测量仪器，进行竖向投测。常用的仪器有垂准经纬仪、激光经纬仪和激光铅直仪等。用铅直仪法进行高层建筑的轴线投测，具有占地小、精度高、速度快等优点，在高层建筑施工中用得越来越多。

1) 垂准经纬仪。如图 10-21 所示，该仪器的特点是在望远镜的目镜位置上配有弯曲成 90°的目镜，使仪器铅直指向正上方时，测量员能方便地进行观测。此外，该仪器的中轴是空心的，使仪器也能观测正下方的目标。

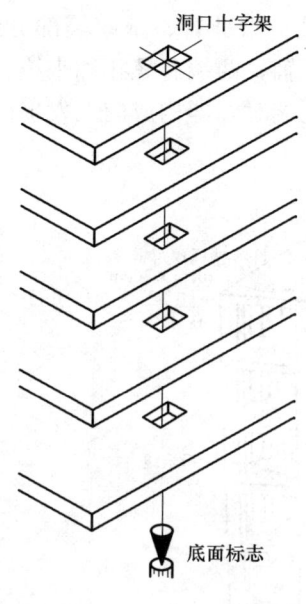

图 10-20 吊线锤法

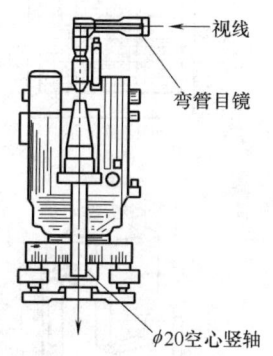

图 10-21 垂准经纬仪

使用时，将仪器安置在首层地面的轴线点标志上，严格对中、整平，由弯管目镜观测。当仪器水平转动一周时，若视线一直指向一点上，说明视线方向处于铅直状态，可以向上投测。投测时，视线通过楼板上预留的孔洞，将轴线点投测到施工层楼板的透明板上定点，为了提高投测精度，应将仪器照准部水平旋转一周，在透明板上投测多个点，这些点应构成一个小圆，然后取小圆的中心作为轴线点的位置。同法用盘右再投测一次，取两次的中点作为最后结果。由于投测时仪器安置在施工层下面，因此在施测过程中要注意对仪器和人员的安全采取保护措施，防止落物击伤。

如果把垂准经纬仪安置在浇筑后的施工层上，将望远镜调成铅直向下的状态，视线通过楼板上预留的孔洞，照准首层地面的轴线点标志，也可将下面的轴线点投测到施工层上来。该法较安全，也能保证精度。

2）激光经纬仪。

图 10-22 所示为装有激光器的苏州光学仪器厂生产的 J2 激光经纬仪。激光经纬仪用于高层建筑轴线竖向投测，其方法与配弯管目镜的经纬仪是一样的，只不过是用可见激光代替人眼观测。投测时，在施工层预留孔中央设置用透明聚酯膜片绘制的接收靶，在地面轴线点处对中、整平仪器，起辉激光器，调节望远镜调焦螺旋，使投射在接收靶上的激光束光斑最小，再水平旋转仪器，检查接收靶上光斑中心是否始终在同一点，或划出一个很小的

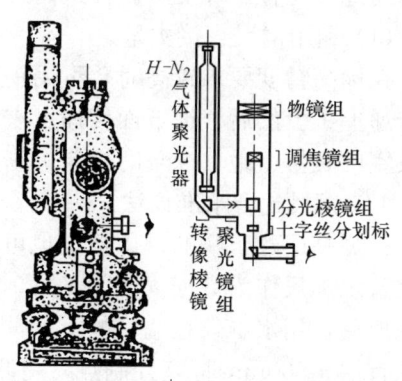

图 10-22 激光经纬仪

圆圈，以保证激光束铅直，然后移动接收靶使其中心与光斑中心或小圆圈中心重合，将接收靶固定，则靶心即为欲投测的轴线点。

3）激光铅直仪。

激光铅直仪如图 10-23 所示，主要由氦氖激光器、竖轴、水准管、基座等部分组成。激光器通过两组固定螺钉固定在套筒上，竖轴是一个空心筒轴，两端有螺扣用来连接激光器套筒和发射望远镜。激光器装在下端，发射望远镜装在上端时，即构成向上发射的激光铅直仪，倒过来装即构成向下发射的激光铅直仪。

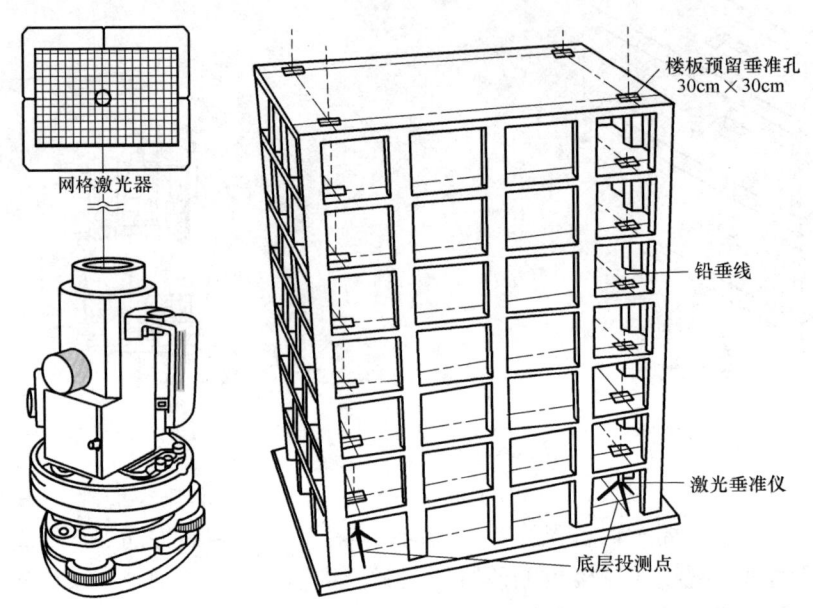

图 10-23 激光铅直仪传递

激光铅直仪用于高层建筑轴线竖向投测时，其原理和方法与激光经纬仪基本相同，主要区别在于对中方法。激光经纬仪一般用光学对中器，而激光铅直仪用激光管尾部射出的光束进行对中。

2. 建筑物高程竖向传递

高层建筑施工中，要由下层楼面向上层传递高程，以使上层楼板、门窗、室内装修等工程的标高符合设计要求。传递高程的方法有以下两种。

（1）利用钢尺直接丈量。

在标高精度要求较高时，可用钢尺沿某一墙角自±0.000m 标高处起直接丈量，把高程传递上去。然后根据下面传递上来的高程立皮数杆，作为该层墙身砌筑和安装门窗、过梁及室内装修、地坪抹灰时控制标高的依据。

（2）钢尺配合水准仪法。

根据高层建筑物的具体情况也可用水准仪高程传递法进行高程传递，不过此时需用钢尺代替水准尺作为数据读取的工具，从下向上传递高程。如图 10-24 所示，首层墙、柱浇筑完成后，用水准仪在墙、柱上引测+500mm 标高控制点，以后每施工一层，通过吊钢尺从首层+500mm 标高控制点，引测作业层+500mm 标高控制点。以第二层为例，图中各读数存在方程 $(a_2-b_2)-(a_1-b_1)=l_1$，由此解出 b_2 为

$$b_2 = a_2 - l_1 - (a_1 - b_1) \tag{10-6}$$

上下移动水准尺，使其读数为 b_2，沿水准尺底部在墙面标线，即可得到 +500mm 标高控制点。

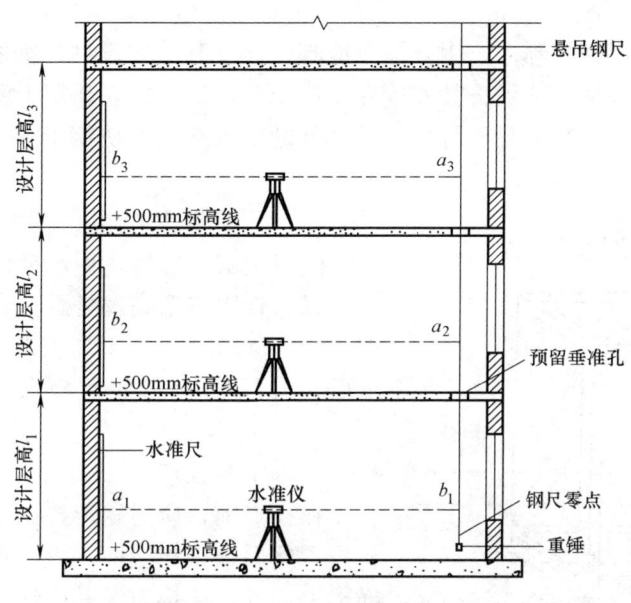

图 10-24 水准仪高程传递法

标高传递采用钢尺丈量法或全站仪测距法，每次至少传递三个点，并相互校对。

每次测量均应从基准点重新丈量，不得使用下一层的标高点，传递上来以后，应和下一层标高点进行比对。

第八节 钢结构工程钢柱测量校正

一、钢柱基础施工测量

对于钢柱基础，顶面通常设计为平面，通过锚栓将钢柱与基础连成整体。施工时应注意保证基础顶面标高及锚栓位置的准确。

1. 钢柱基础垫层中线投点和抄平

垫层混凝土凝结后，应在垫层面上投测柱基中线，并根据中线点弹出墨线，绘出地脚螺栓固定架的位置，以作为安置螺栓固定架及根据中线支立模板的依据，如图 10-25 所示。

投测中线时，经纬仪必须安置在基坑旁，保证视线能看到坑底，然后照准矩形控制网上基础中心线的两端点，用正倒镜法，先将经纬仪中心导入中心线内，而后进行中线点的投点，并在垫层面上作出标志。

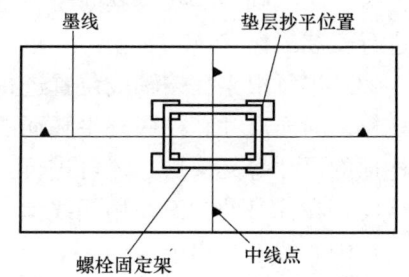

图 10-25 固定架位置线测量

螺栓固定架位置在垫层上绘出后，即可在固定架外框四个角落测设标高，以便用来检查并修平垫层混凝土面,使其符合设计标高,便于固定架的安装。如基础过深,从地面上直接引测基础地面标高,标尺不够长时,可采用悬吊钢尺的方法测设。

2. 地脚螺栓固定架中线投点与抄平

(1) 固定架的安置。

固定架一般是用钢材制作,用以锚定地脚螺栓及其他埋设件。如图10-26所示,根据垫层上的中心线和所画的位置将其安置在垫层上,然后根据在垫层上测定的标高点,进行地脚抄平,将高的地方的混凝土打去一些,低的地方垫以小块钢板并与底层钢网焊牢,使其符合设计标高。

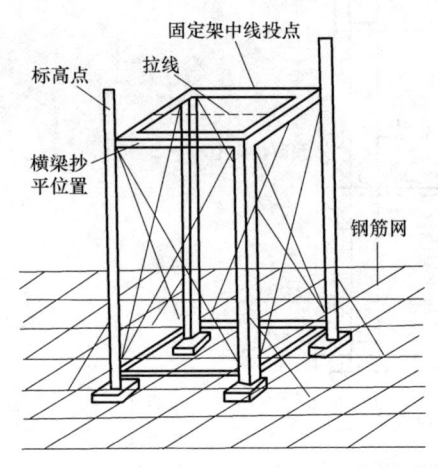

图10-26 固定架安置

(2) 固定架抄平。

固定架安置好后,用水准仪测出四根横梁的标高,以检查固定架高度是否符合设计要求,其容许偏差为-5mm,但应不高于设计标高。标高满足要求后,将固定架与底层钢筋焊牢,并加焊支撑钢筋。

(3) 中线投点。

在投点前,应对矩形控制边上的中心端点进行检查,然后根据相应两端点,将中线投测在固定架横梁上,并刻绘标志。其中线投点偏差(相对于中线端点)为±1~±2mm。

3. 地脚螺栓的安装与标高测量

根据垫层上和固定架上投测的中心点,把地脚螺栓安放在设计位置。为了测定地脚螺栓的标高,在固定架的斜对角处焊两根小角钢(图10-26),在其上引测同一数值的标高点,并刻绘标志,其高度应比地脚螺栓的设计标高稍低一些。然后在角钢上两标点处拉一细钢丝,以定出螺栓的安装高度。待螺栓安装好后,测出螺栓第一丝扣的标高。地脚螺栓的高度不应低于其设计标高。

二、钢柱安装测量

1. 安装前准备工作

(1) 对基础中心线及其间距、基础顶面和杯底标高进行复核,符合设计要求后,才可以进行安装工作。

(2) 把每根钢柱按轴线位置进行编号,并检查柱子的尺寸是否符合图纸的尺寸要求,如柱长、断面尺寸、柱底到牛腿面的尺寸、牛腿面到柱顶的尺寸等无误后,才可进行弹线。

(3) 在柱身的三面,用墨线弹出柱中心线,每个面在中心线上画出上、中、下三点水平标记,并精密量出各标记间距离(图10-27)。

(4) 检查牛腿面到柱底的长度,看其是否符合设计要求,如不相符,就要根据实际柱长修整柱底标高,以使柱子吊装后,牛腿面的标高基本符合设

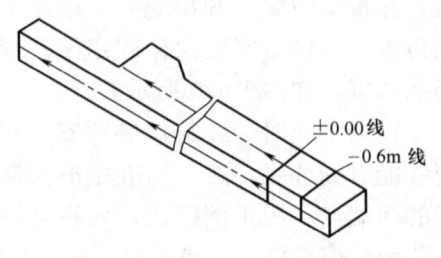

图10-27 柱子安装前测量

计要求。

2. 钢柱安装时的测量

钢柱安装时应满足的要求是保证柱子的平面和高程位置均符合设计要求，且严格控制柱身垂直。钢柱吊装要掌握如下要求：基础面设计标高加上柱底到牛腿面的高度，应等于牛腿面的设计标高。首先，根据基础面上的标高点修整基础面，再根据基础面设计标高与柱底到牛腿面的高度算出垫板厚度。安放垫板时须用水准仪抄平予以配合，使其符合设计标高。

钢柱在基础上就位以后，应使柱中线与基础面上的中线对齐。

柱子立稳后，即应观测±0.000m点标高是否符合设计要求，其允许偏差，一般的预制钢筋混凝土柱应不超过±3mm，钢柱应不超过±2mm。

3. 钢柱垂直校正测量

（1）经纬仪校正。

进行柱子垂直校正测量时，应将两台经纬仪安置在柱子纵、横中心轴线上，且距离柱子约为柱高的1.5倍的地方。如图10-28所示，先照准柱底中线，固定照准部，再逐渐仰视到柱顶，若中线偏离十字丝竖丝，表示柱子不垂直，可指挥施工人员采用调节拉绳、支撑或敲打楔子等方法使柱子垂直。经校正后，柱的中线与轴线偏差不得大于±5mm；柱子垂直度容许偏差为$H/1000$，当柱高在10m以上时，其最大偏差不得超过±20mm；柱高在10m以内时，其最大偏差不得超过±10mm。满足要求后，要立即灌浆，以固定柱子位置。

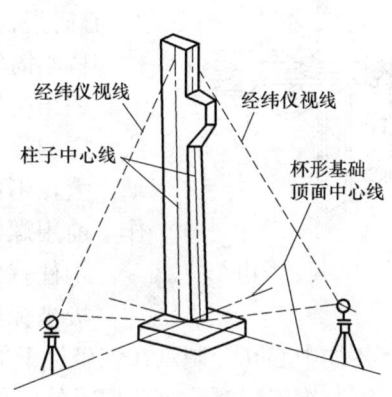

图10-28 柱子垂直度测量

在实际工作中，一般是一次把成排的柱子都竖起来，然后才进行垂直校正，如图10-29所示。这时可把两台经纬仪分别安置在纵、横轴线一侧，偏离中线不得大于3m，安置一次仪器即可校正几根柱子。但在这种情况下，柱子上的中心标点或中心墨线必须在同一平面上，否则仪器必须安置在中心线上。

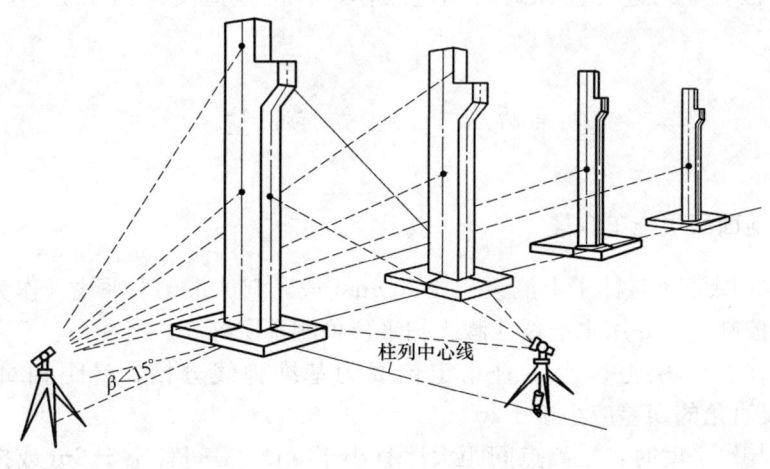

图10-29 成排柱子垂直校正

(2) 全站仪坐标校正。

1) 内业工作：依据施工图纸，计算出所有柱顶校正点坐标值，大截面的构件需校正4个点，小截面的构件需校正2个点。

2) 外业工作：使用全站仪和小棱镜，测量构件顶端校正点的坐标，与理论坐标比较，得到纠偏值，指导工人安装。校正开始前和结束后必须测量其他控制点进行检验，同时校正完成后用钢尺检查各柱之间的平面几何尺寸关系。

4. 高空钢结构校正测量

随着施工技术的不断提高，钢结构施工工艺也有十足的进步，为了适应施工工艺的进步，迫使我们必须对测量方法进行改进。现在通常的施工顺序，一般采取"钢结构先行、混凝土紧随"、"核心筒先行、外框架随后"的原则，钢结构领先混凝土3~4节柱，核心筒领先外框架2~3节柱。

钢结构框架安装先于楼板施工时，高空没有测量作业面，无法传递测量基准点，无法架设测量仪器；压型钢板不够稳定，晃动太大，不能直接架设仪器，可采用仪器专业支架（图10-30），作业前用螺栓将仪器专用支架固定在稳固的钢柱顶端即可。

钢柱就位和垂直度测量采用全站仪极坐标法进行跟踪测量。

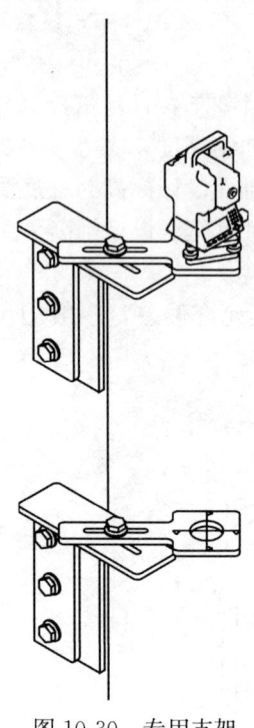

图10-30 专用支架

极坐标法作业原理，以轴线为基准建立一个施工测量坐标系；计算各柱中心和控制点在该坐标下的理论坐标，运用极坐标原理对钢柱进行测量校正。

钢结构安装时，每节柱子的定位基准点不得使用下面一节柱子的定位基准点，应从基准控制线重新引至高空，以保证每节柱子安装正确无误，避免产生过大的累积偏差，并且要在下一节柱的全部构件安装、焊接、栓接并验收合格后再传递。

钢柱标高控制测量主要是控制各节钢柱的柱顶标高，由于钢柱受焊接收缩、结构沉降的外界因素的影响，随着结构高度不断增加，柱顶实际标高与设计标高差会越来越大。每节柱吊装完成后，都应测定柱顶实际标高，确定其与设计值的差异，如超出限差，应以每节柱为单元进行柱标高的调整工作，将偏差值反馈到加工厂，加到柱的制作长度中。

第九节 装饰测量

一、室内地面面层施工测量

在建筑物四周墙面与柱子上测设出+500mm或+1000mm水平线，作为室内地面面层施工的标高控制线，并用水准仪或激光扫平仪检测基层标高。

按设计要求在基层上以十字直角定位线为基准弹线分格，量距相对误差应小于1/10000，测设直角的误差应小于±20″。

检测标高与水平度时，检测点间距大厅宜小于5m，房间宜小于2m或按施工交底要求实施。

1. 现制水磨石地面施工测量

（1）根据 500mm 水平线检查基层顶面标高；

（2）检查房间墙面的方正度；

（3）按设计要求在基层面上以十字直角定位线为基准弹线分格（无特殊要求时，分格间距为 1m）。在分格铜条或玻璃条固定后，要检测其顶面标高；

（4）在正式开磨后，随时监测磨石面的标高与水平度是否符合水平控制线。

人造石饰面板（大理石、马赛克、预制水磨石、缸砖等）预制块地面施工测量，应在基层面上弹分格线，在纵横两个方向上排好尺寸，根据确定后的块数和缝宽在基层面上弹纵横控制线。每隔一至四块弹一条控制线，并严格控制方正。

塑料地面施工测量，应在基层面上弹十字直角定位线或对角定位线。如地面砖不合房间尺寸，应沿墙面四周或两边弹出 200～300mm 镶边线。塑料地面砖铺贴后，从 500mm 水平线向下量 350mm 四周交圈弹踢脚线上口墨线。

2. 木制地板施工测量

（1）每 5～10 根龙骨弹一道龙骨控制线；

（2）检查龙骨标高、平整度，允许偏差为±3mm；

（3）长条地板从靠门口较近的一边开始铺钉，每钉 600～800mm 宽要弹线找直修正（弹在已钉好的板条上）；

（4）拼花地板铺设前，房间先弹出十字直角定位线，后弹周圈边线（以 300mm 为宜）。长宽相差应小于 100mm；

（5）铺人字地板先弹出房间的十字直角定位线，再弹圈线，圈边四周必须一致。

二、吊顶和屋面施工测量

1. 吊顶施工测量

（1）以+500mm 水平线为依据，用钢尺量至吊顶设计标高，沿墙四周弹水平控制线；

（2）在顶板上弹十字直角定位线，其中一条与外墙面平行，十字线按实际空间匀称确定，直线点标在四周墙上；

（3）对具有天花藻井及顶棚悬吊设备、灯具及装饰物比较复杂的吊顶，在大厅吊顶前将其设计尺寸，在其铅垂投影的地面上，按 1∶1 放出大样后投到顶棚上，移动龙骨至适当位置或以顶棚十字定位线为基础，向四周扩展等距方格网来控制顶棚悬吊设备及装饰物的相互位置关系。

2. 屋面施工测量

（1）检查各向流水实际坡度是否符合设计要求，并测定实际偏差；

（2）在屋面四周测设水平控制线及各向流水坡度控制线；

（3）卷材防水层面要测设十字直角控制线。

三、墙面装饰施工测量

（1）内墙面装饰垂直控制线，可采用线锤、激光墨线仪或经纬仪投测，其相对误差应小于 $H/3000$。装饰墙面按设计需要分格分块时，应按小于 $1/10000$ 的相对误差测量分格线与分块线。

(2) 外墙水平线测设每 3m 距离的两端高差应小于 1mm，同一条水平线的标高允许偏差为±3mm。

(3) 外墙铅垂线，采用经纬仪投测两次结果较差应小于 2mm，当垂直角超过 40°时，可采用陡角棱镜或弯管目镜投测。

(4) 外墙面砖、马赛克的铺贴：在建筑物四角吊出铅垂钢丝并牢固地固定，用以控制墙面垂直度、平整度及面砖出墙面的位置。根据分格高度及宽度，在底子灰面上弹出若干水平线，水平线及垂直线的间距应根据设计要求和面砖尺寸；在遇门窗洞口处要拉横通线，找出垂直、方正。

(5) 大理石面板的铺贴：墙面、柱面、门窗套用线锤从上至下找出垂直后在地面上顺墙面、柱面等弹出大理石面层外廓线（以 50mm 为宜），在此基准线上弹出大理石板就位线。

(6) 壁纸或墙布的裱糊：裱糊第一幅壁纸或玻璃纤维墙布前应弹垂直线一道，作为裱糊时的基准线，顶棚壁纸第一幅也要先弹一条基准线。在墙面上弹一圈顶棚标高水平控制线。

(7) 大型壁画的铺贴：大型壁画铺贴时，在墙面上要弹水平和垂直控制线，其间距依设计需要而定，壁画出墙面的位置及倾斜度控制线在壁画的左右两侧用钢丝固定。

四、玻璃幕墙和门窗安装测量

1. 安装施工测量前准备工作

(1) 按装饰工程平面与标高设计要求，检测门窗洞口净空尺寸偏差，并绘图记录；

(2) 高层建筑外墙面垂直度，每层结构完工后都应检测，记录偏差，并绘制平面图；

(3) 建筑主体结构完工后，在有垂直龙骨的主要部位，用悬吊钢丝法（垂准线法）沿墙面检测垂直度，并做好记录和绘制竖向剖面图。

2. 玻璃幕墙和门窗安装测量

(1) 在门窗洞口四周弹墙体纵轴线（外墙面控制线），在内外墙面弹+500mm 水平控制线，层高、全高允许偏差与结构施工测量精度相同；

(2) 在外墙面用 DJ2 级经纬仪投测垂直通线。

当幕墙随主体同步进行安装时，应以控制结构的轴线与标高为准进行安装幕墙的施工测量。

控制垂直龙骨可采用激光铅垂仪或铅垂吊钢丝的测法，所用线锤的重量和钢丝直径随高差的增加而增加，应符合表 10-7 的要求。

线锤重量和钢丝直径的要求　　　　　表 10-7

高差(m)	悬挂线锤重量(kg)	钢丝直径(mm)
<10	>1	0.5
10～30	>5	0.5
30～60	>10	0.5
60～90	>15	0.5
>90	>20	0.7

幕墙分格轴线的测量放线应与主体结构的测量放线相配合，对其误差应在分段分块内控制、分配、消除，不使其累积。

幕墙与主体结构连接的预埋件，应按设计要求埋设，其测量放线允许偏差：高差为±3mm，埋件轴线为7mm。

在框架安装施工时，对幕墙的垂直及立柱位置的正确性应随时监测、校核。

第十节 沉 降 观 测

所谓沉降观测，就是定期地对变形观测点的高程变化进行监测，根据各观测点间的高差变化，计算建筑物（或地表）的沉降量 W_i，倾斜率 i，曲率 K，构件倾斜以及沉降速率；确定沉降变形对建筑物破坏影响程度，为采取必要的建筑物保护措施提供数据资料。

1. 观测基准和沉降观测点的布设

建筑物的沉降观测，是通过埋设在建筑物附近的水准点进行的，这些水准点就是沉降观测的基准。高程基准点的点位要稳定，处于施工影响范围之外。为了保证基准点高程的正确性和便于相互检核，基准点一般不得少于三个，构成基准网，并选择其中一个最稳定的点作为水准基点。如沉降观测基准点离开需要监测的沉降点较远，可根据需要选择在施工现场附近相对稳定的区域设置工作基点，工作基点的数量与施工范围等因素有关。

进行沉降观测的建筑物、构筑物上应埋设沉降观测点。观测点的数量和位置，应能全面反映建筑物、构筑物的沉降情况，其埋设要求如下：

（1）建筑物的四角、大转角处及沿外墙每 10～15m 处或每隔 2～3 根柱基上。

（2）高低层建筑物、新旧建筑物、纵横墙等交接处的两侧。

（3）建筑物裂缝和沉降缝两侧、基础埋深相差悬殊处、人工地基与天然地基接壤处、不同结构的分界处及填挖方分界处。

（4）宽度大于等于 15m 或小于 15m 而地质复杂以及膨胀土地区的建筑物承重内隔墙中部设内墙点，在室内地面中心及四周设地面点。

（5）邻近堆置重物处、受震动有显著影响的部位及基础下的暗沟处。

（6）框架结构建筑物的每个或部分柱基上或沿纵横轴线设点。

（7）筏形基础、箱形基础底板或接近基础的结构部分之四角处及其中部位置。

（8）重型设备基础和动力设备基础的四角、基础形式或埋深改变处以及地质条件变化处两侧。

（9）电视塔、烟囱、水塔、油罐、炼油塔、高炉等高耸构筑物，沿周边在与基础轴线相交的对称位置上布点，点数不少于 4 个。

2. 沉降观测方法

建筑物沉降观测一般使用电子水准仪，其施测程序如下：将条码尺立于已知高程的基准点上作为后视，水准仪置于施测路线合适的位置，在施测路线的前进方向取大致与仪器至后视点距离相等处放置尺垫（如现场条件允许，可直接放置在沉降观测点上），在尺垫（或沉降观测点）上竖立水准尺作为前视。观测者将水准仪整平之后，设置仪器参数和沉降观测规范中相应的精度要求，新建一个文件名和一条新的水准路线，选择 aBFFB 观测模式，输入后视基准点高程，瞄准后视水准尺，用横丝对中条码尺，按仪器上的观测键，仪器将自动读取并记录后视读数。转动望远镜瞄准前视条码尺，读取前视读数，读取并记录两次前视读数后，再次转动望远镜瞄准后视条码尺，读取并记录后视条码尺读数。此为第一站也就是奇数站观测，其观测模式为后 B→ 前 F→前 F→后 B。

第一站结束之后，观测员招呼后标尺员向前转移，并将水准仪迁至第二测站。此时，第一测站的前视点便成为第二测站的后视点。按照“aBFFB”观测模式，第二测站也就是偶数站，其观测模式为前 F→后 B→后 B→前 F。应先观测一次前标尺方向，转动望远镜瞄准后视条码尺，读取并记录两次后视读数后，再次转动望远镜瞄准前视条码尺，读取并记录前视条码尺读数。依第一、二站奇偶站交替观测模式对第三、四...... 站依次沿水准路线方向施测，直至全部路线观测完为止，如图 10-31 所示。

图 10-31 测量线路示意图

3. 沉降数据处理

测定观测点沉降的水准路线大多设成两个基准点之间的附合路线。因采用电子水准仪和条码水准尺进行施测，观测数据可以在仪器内自动进行平差计算，可直接通过传输电缆将仪器中的数据传输到电脑中，并打印存档，如图 10-32 所示。

For M5	Adr	1	TO	249.dat								
For M5	Adr	2	TO	Start-Line	aBFFB+	01						
For M5	Adr	3	KD1	01		01					Z	40.00000 m
For M5	Adr	4	KD1	01	08:43:511	01	Rb	1.05649 m	HD	49.476 m		
For M5	Adr	5	KD1	00	08:44:091	01	Rf	1.95389 m	HD	49.266 m		
For M5	Adr	6	KD1	00	08:44:151	01	Rf	1.95398 m	HD	49.262 m		
For M5	Adr	7	KD1	01	08:44:321	01	Rb	1.05646 m	HD	49.476 m		
For M5	Adr	8	KD1	00	08:44:32	01					Z	39.10239 m
For M5	Adr	9	KD1	00	08:46:241	01	Rf	1.35248 m	HD	49.512 m		
For M5	Adr	10	KD1	00	08:46:401	01	Rb	1.76129 m	HD	49.132 m		
For M5	Adr	11	KD1	00	08:46:461	01	Rb	1.76139 m	HD	49.127 m		
For M5	Adr	12	KD1	00	08:47:041	01	Rf	1.35250 m	HD	49.507 m		
For M5	Adr	13	KD1	00	08:47:04	01					Z	39.51109 m
For M5	Adr	14	KD1	00	08:48:581	01	Rb	1.39136 m	HD	10.102 m		
For M5	Adr	15	KD1	00	08:49:171	01	Rf	1.39268 m	HD	10.463 m		
For M5	Adr	16	KD1	00	08:49:221	01	Rf	1.39278 m	HD	10.464 m		
For M5	Adr	17	KD1	00	08:49:401	01	Rb	1.39134 m	HD	10.097 m		
For M5	Adr	18	KD1	00	08:49:40	01					Z	39.50968 m
For M5	Adr	19	KD1	13	08:51:241	01	Rf	1.39944 m	HD	6.144 m		
For M5	Adr	20	KD1	00	08:51:441	01	Rb	1.48380 m	HD	6.712 m		
For M5	Adr	21	KD1	00	08:51:491	01	Rb	1.48389 m	HD	6.710 m		
For M5	Adr	22	KD1	13	08:52:051	01	Rf	1.39937 m	HD	6.143 m		
For M5	Adr	23	KD1	13	08:52:05	01					Z	39.59410 m
For M5	Adr	24	KD1	13	08:53:531	01	Rb	1.58853 m	HD	6.069 m		
For M5	Adr	25	KD1	14	08:54:121	01	Rf	1.49855 m	HD	6.351 m		
For M5	Adr	26	KD1	14	08:54:181	01	Rf	1.49864 m	HD	6.349 m		
For M5	Adr	27	KD1	13	08:54:341	01	Rb	1.58850 m	HD	6.068 m		
For M5	Adr	28	KD1	14	08:54:34	01					Z	39.68401 m
For M5	Adr	29	KD1	15	08:56:471	01	Rf	1.43585 m	HD	8.350 m		
For M5	Adr	30	KD1	14	08:57:051	01	Rb	1.46697 m	HD	7.629 m		
For M5	Adr	31	KD1	14	08:57:111	01	Rb	1.46706 m	HD	7.634 m		
For M5	Adr	32	KD1	15	08:57:291	01	Rf	1.43588 m	HD	8.351 m		
For M5	Adr	33	KD1	15	08:57:29	01					Z	39.71513 m

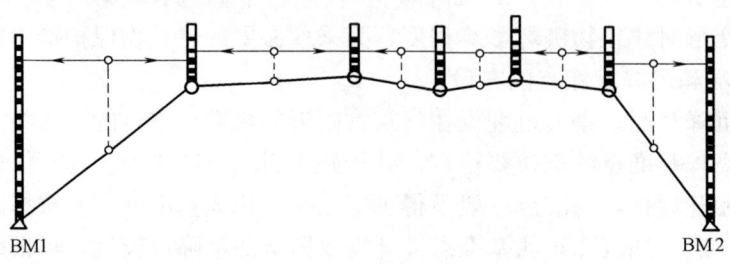

图 10-32 原始数据

根据编制的工程方案及确定的观测周期，首次观测应在观测点稳固后及时进行。一般高层建筑物有数层地下结构，首次观测应自基础开始。首次观测的沉降观测点高程值是以后各次沉降观测用以比较的基础，其精度要求非常高，要求同期观测不少于两次，取平均值作为初始值。以后每周期观测高程与初始高程比较，即可求得各观测点相对于本点首次观测的沉降量（下沉为正；上升为负）。计算各沉降观测点的本次沉降量：沉降观测点的本次沉降量＝本次观测所得的高程－上次观测所得的高程。计算累积沉降量：累积沉降量＝本次沉降量＋上次累积沉降量。

将计算出的沉降观测点本次沉降量、累积沉降量和观测日期、荷载情况等记入"沉降观测表"中（图 10-33）。

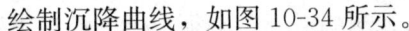

××研究所-B实验楼工程-沉降数据汇总表

观测日期期 号	建筑物状态	监测点名	高程(m)	本期沉降(mm)(天数)	累计沉降量(mm)(天数)	本期沉降速度(mm/d)
2011.11.20(13)		1	41.3961	0.2(33天)	10.9(366天)	0.006
		2	41.5037	0.6(33天)	8.7(366天)	0.018
		3	41.4239	0.4(33天)	10.4(366天)	0.012
		4	41.5112	0.5(33天)	10.6(366天)	0.015
		5	41.3849	0.2(33天)	7.7(366天)	0.006
		6	40.7351	0.5(33天)	10.8(366天)	0.015
	封顶	7	41.5201	0.8(33天)	10.1(366天)	0.024
		8	41.4688	0.3(33天)	8.0(366天)	0.009
		9	41.4658	0.8(33天)	7.4(366天)	0.024
		10	41.5273	0.9(33天)	9.8(366天)	0.027
		11	41.4844	0.7(33天)	9.8(366天)	0.021
		12	41.2675	0.8(33天)	7.3(366天)	0.024
		13	41.5042	0.3(33天)	7.5(366天)	0.009
		14	41.4891	0.5(33天)	8.3(366天)	0.015
		15	40.9496	0.4(33天)	8.6(366天)	0.012

图 10-33 沉降观测记录表

绘制沉降曲线，如图 10-34 所示。

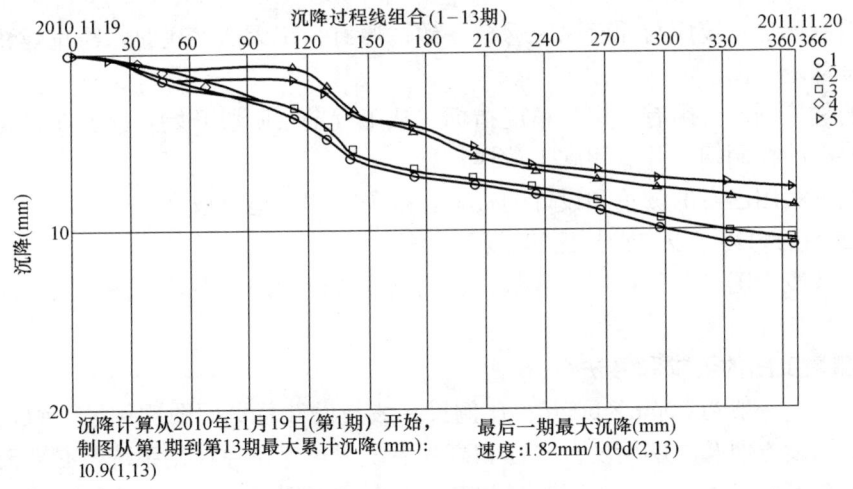

图 10-34 沉降曲线图

4. 沉降观测注意事项

（1）要遵循"五定"原则，即基准点、工作点、变形监测点，点位要固定；所用仪器设备要固定；观测人员要固定；观测时的环境条件要基本一致；观测路线、镜位、程序和方法要固定。沉降观测时，在两个观测点中间位置作上记号，作为测站位置，有效地减少视距校正时间，既增加测量速度，又减少仪器误差，全面保证测量精度。

（2）调焦的准确性要求很高，当调焦不足时图像不够清晰，有时仪器无法识别不能进行测量，即使进行测量也会影响测量精度。

(3) 标尺影像亮度对仪器探测会有较大的影响,如果光线太暗或光线照明不均匀,仪器会停止测量。

(4) 工作过程中注意一些很细微的环节,如观测中是否有不稳定因素存在,是否逆光等。

(5) 为了作业顺利进行和精度的保证,要对仪器和标尺定期进行检校。

第十一节 竣工测量

工程竣工测量是真实反映施工后建(构)筑物实际位置的最终表现,也是后续阶段设计和管理的重要依据,特别是地下管线因其具有特殊性,如在施工过程中不及时测定其准确位置,将为今后的测量、管理带来困难和损失。

1. 竣工测量的主要任务

(1) 在新建或扩建工程时,为了检验设计的正确性,阐明工程竣工的最终成果,作为竣工后的技术资料,必须提交出竣工图。如为阶段施工,则每一阶段工程竣工后,应测制阶段工程竣工图,以便作为下一阶段工程设计的依据。

(2) 旧工程扩建和改建原有工程时,必须取得原有工程实际建(构)筑物的平面及高程位置,为设计提供依据(实测总平面图)。

为满足新建工程建成投产后进行生产管理和变形观测的需要,必须提供工程竣工图。

2. 施测竣工图的原则

(1) 控制测量系统应与原有系统保持一致;原有系统无法使用时,需重建新的控制系统,重测全部竣工图。

(2) 测量控制网必须有一定的精度指标。从工程勘察阶段开始,就要布设符合竣工图测量精度要求的控制网,并兼顾施工放样。

(3) 充分利用已有的测量和设计的资料,按需施测、适当取舍。

3. 竣工图的内容(以工业厂区竣工图为例)

工业厂区竣工图一般包括厂区现状图、辅助图、剖面图、专业分图、技术总结报告和成果表。

4. 施测竣工图的要求和方法

竣工图图幅一般为 50cm×50cm。比例尺一般与设计总平面图比例尺一致,必须考虑图面负荷、识读方便及图解精度。坐标和高程系统尽量保持原控制系统,必要时重建。竣工图测量的精度要求须满足《工程测量规范(附条文说明)》GB 50026—2007 的规定。

竣工测量的施测方法可参照地形图测绘方法,测量内容主要应包括测量控制点、厂房辅助设施、生活福利设施、架空及地下管线、道路的转向点等建(构)筑物的坐标(或尺寸)和高程,以及留置空地区域的地形。

第十一章 仪器安全与保养

测绘仪器设备，简单讲就是为测绘作业设计制造的数据采集、处理、输出等仪器和装置。在工程建设中规划设计、施工及经营管理阶段进行测量工作所需用的各种定向、测距、测角、测高、测图以及摄影测量等方面的仪器。

测量仪器是测量工作者完成各种测量任务的重要工具。在施工现场，从定位、放线到测平等无处不体现着测量仪器的重要作用。科学的管理、正确的使用，是保证仪器完好状态下，提供准确、可靠测量数据的关键。如不按要求定期检查将会给测量工作的可靠性带来隐患，一旦造成返工事故，既费了工时，又会增加成本。管好使用好测量仪器，是提高工程质量的一个重要环节。因此，为了保证测量精度，延长仪器的使用寿命，测绘工作者不仅要学会仪器的使用操作，了解仪器的结构原理，掌握仪器拆卸和清洁保养的基本知识，更要熟悉测绘仪器的管理制度。

第一节 测量仪器的常规保养与维护

测量仪器是复杂而又精密的设备，在户外进行作业时，经常遭受风吹、雨淋、日晒、灰尘和湿气等有害因素的侵蚀。因此，除了要正确使用测量仪器，更应妥善地保养，对于保证仪器精度，延长其使用年限具有极其重要的意义。

一、测量仪器的日常保养

1. 主机和基座的保养

望远镜与机身支架的连接处应经常用干净的布清理，如果灰尘等堆积过多，会造成望远镜的转动困难或卡死现象；基座的角螺旋处应保持干净、清洁，有灰尘应及时清理，以免出现卡死。

2. 物镜、目镜和棱镜的保养

物镜、目镜和棱镜等沾染上灰尘，将会影响到观测时的清晰度，所以日常必须进行保养。首先选用干净柔软的布或毛刷，切记不要用手直接触摸透镜，如果有需要可用纯酒精蘸湿由透镜中心向外一圈圈的轻轻擦拭，不要使用其他液体，以免损坏仪器零部件。

3. 数据线和插头的保养

数据线是测量内业传输数据时必备的工具，但因为体积较小，经常被随意乱放造成丢失或破损，因此在存放时一定要将其捆绑好，放置在仪器箱内的相应位置，不要被利器或重物压到。插头或数据线接口处要保持插头清洁、干燥，及时吹去连接上面的灰尘。

4. 使用干电池仪器的保养

激光类仪器短期使用时一般采用5号电池供电，电池更换时，下面一节可用吸棒取出，仪器一旦使用完毕应将电池取出，以免腐蚀损坏仪器。长期使用时应用电压为3V

的蓄电池供电。接线时请认准导线红色为"＋"极，切勿接反。反接将对激光器造成损坏。

请勿使用网电，即勿使用通过变压和整流输出的直流电供电，因为建筑工地上的网电受到电焊机和大型施工电动机的影响，会出现大的浪涌，经变压和整流后的直流电也会存在浪涌，它们将会严重缩短激光器的使用寿命。

5. 测量辅助设备保养

测量辅助设备是辅助仪器主机完成测量工作的设备，包括三脚架、塔尺、钢卷尺、盒尺等，由于这些设备成本较低经常被人们所忽视。但是它们的破损程度同样决定着测量的精度和效率，所以平时应将三脚架拧紧、活动腿缩回并将腿收拢，应平放或者竖直放置，不应随便斜靠，以防挠曲变形；塔尺、钢卷尺和盒尺也应在使用完后，对尺身进行擦拭，注意不要折压。

6. 仪器受潮后处理

仪器被雨水淋湿或受潮后，应将其从仪器箱取出，在温度不超过 40℃ 的条件下干燥仪器、仪器箱、箱内的其他附件。取出仪器后切勿开机，应用干净软布擦拭并在通风处存放一段时间，直到所有设备完全干燥后再放入仪器箱内。

7. 仪器的存放

仪器不使用时，务必置于仪器的包装箱中。并除去仪器箱上的灰尘，切不可使用任何稀释剂或汽油，而应用干净的布块蘸中性洗涤剂擦拭。并放置于清洁、干燥、通风良好的室内。室内不要存放具有酸、碱类气味的物品，以防腐蚀仪器。在冬天，仪器不能存放在暖气设备附近。

二、仪器设备的自检

测量仪器是测量人员对工程施工的有力武器。爱护好测量仪器及工具是我们每一位测量工作者应具备的品德。由于测量工作是在室外进行，受自然条件的影响较大，科学保养仪器是保障测量成果质量，提高工作效率，延长仪器使用年限的重要条件，是每个测量工作人员必须掌握的基本技能。为此，我们必须正确使用仪器，了解仪器性能，基本构造和操作方法，学会仪器设备的基本自检，保证仪器设备的使用精度。

1. 水准仪 i 角的检校

如图 11-1（a）所示，选择一个地势平坦，长约 30m 的地方；在 A、B 两端点架置水准尺；在 A、B 两点的中间点安置仪器并整平仪器，分别读取两尺的读数 $A=1.832$m，$B=1.616$m。在 A 尺约 1m 处设站，如图 11-1（b）所示；读取 A 尺的读数 $A'=1.604$m，并根据 A 尺的读数和 A、B 间高差 $\Delta H=A-B=0.216$m，推断出 B 尺的理论读数 $B'=A'-\Delta H=1.604\text{m}-0.216\text{m}=1.388$m；在读取 B 尺的实际读数，将理论读数和实际读数进行比较。如理论读数与之差超过 3mm，视准轴必须校正。调整方法：用矫正锥调整直至中丝读数（图 11-2）达到要求，再对视准轴进行检查。使圆气泡居中，视准轴线水平。

2. 经纬仪、全站仪轴系检校

（1）仪器常数的检验与校正。

通常，仪器在新购置时或检定后使用时，仪器常数一般不含偏差，但还是建议应将仪

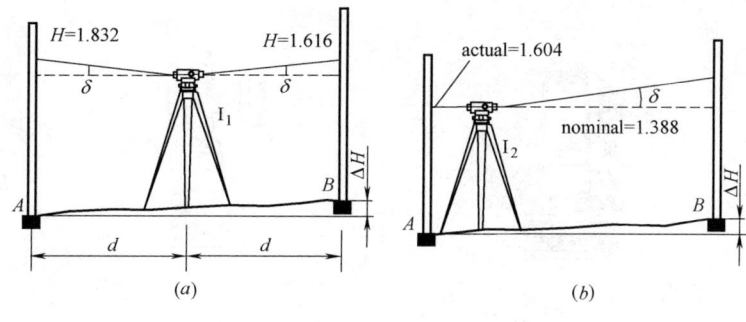

图 11-1　水准仪 i 角的检校

器在某一精确测定过距离的基线上进行观测与比较,该基线应是建立在坚实地面上并具有特定的精度,如果找不到这样一种检验仪器常数的场地,也可自己建立一条 20 多米的基线,然后将仪器对其进行观测。

以上两种情况中,仪器安置的偏差,棱镜偏差,基线精度,照准偏差,气象改正,大气折射以及地球曲率的影响等因素决定了检验结果的精度。

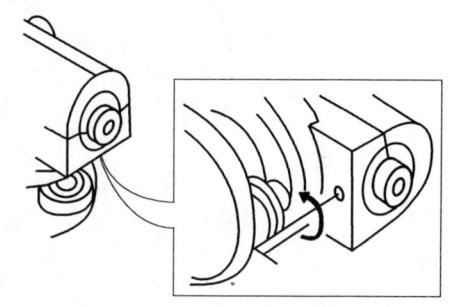

图 11-2　视准轴校正

另外,若在建筑物内部建立检验基线,要注意温度的变化会严重影响所测基线的长度。若比较观测的结果,两者相差达 5 mm 以上,则可按以下所述步骤对仪器常数进行改正。

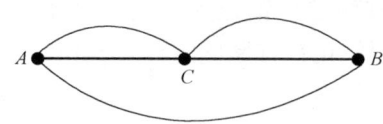

图 11-3　仪器常数的检验与校正

在一条近似水平边长约 100m 的直线 AB 上,选择一点 C,观测直线 AB、AC 和 BC 的长度,如图 11-3 所示;通过重复以上观测多次,得到仪器的常数(仪器常数 $=AC+BC-AB$);在某一标准的基线上再次比较仪器基线的长度。

(2) 仪器光轴的检验。

可按如下步骤检验电子测距仪的光轴与经纬仪的光轴是否一致,当目镜的十字丝经过校正之后,进行这项检验尤为重要。

将仪器与棱镜面对面安置在相距约 2m 的地方(此时,仪器处开机状态)(图 11-4a);瞄准并调焦,将十字丝对准棱镜中心(图 11-4b);将观测模式设置为测距或音响模式;观察目镜、顺时针旋转调焦螺旋看清红色光点(闪烁)(图 11-4c);如果十字丝与光点在竖直和水平方向上的偏差均不超过光点直径的五分之一,则不需要改正。

(3) 电子测角系统的检验与校正。

校正要点:在做任何需通过望远镜观察的检验项目之前,均应仔细对望远镜的目镜进行调焦(记住,要认真仔细地调焦,完全消除视差);由于各项校正相互影响,因此一定要严格按顺序进行校正,顺序不正确,后一项校正甚至会破坏前一项的校正;校正结束应拧紧校正螺丝(但不可拧得过紧,否则会造成滑丝,折断螺杆或对其他部件造成不适当的压力),记住要按旋紧的方向拧紧螺丝。另外,在校正结束时,所有的固定螺丝均应拧紧;为了确保校正无误,校正后应重新进行检验;若三角基座(图 11-5)未安装稳固,则会

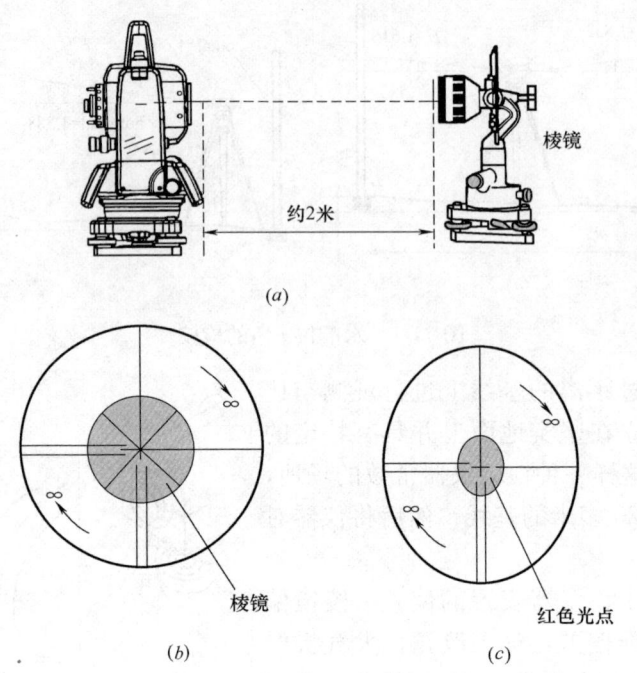

图 11-4 仪器光轴的检验

直接影响测角精度;任何一个脚螺旋如有松动或由于脚螺旋的松动而造成照准不稳定,则必须用螺丝刀拧紧脚螺旋上的校正螺丝(每个脚螺旋上有两处校正螺丝);若脚螺旋与三角压板之间有松动,则先松开固定环的定位螺丝,然后用校正针拧紧固定环,直到调节合适为止,然后再上紧定位螺丝。

(4) 长水准管的检验与校正。

如果长水准管轴与仪器竖轴不垂直则必须进行校正。

检验:将长水准管置于与某两个脚螺旋 A、B 边线平行的方向上,旋转这两个脚螺旋使长水准管气泡居中;将仪器绕竖轴旋转 180°(图 11-6),观察长水准管气泡的移动,若长水准管气泡不居中则按如下方法进行校正。

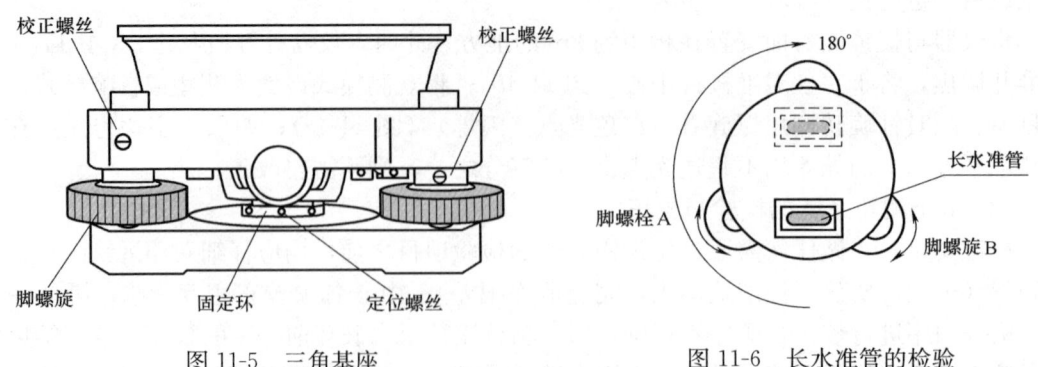

图 11-5 三角基座　　　　图 11-6 长水准管的检验

校正:调整长水准管端的校正螺丝,利用配给的校正针将长水准管气泡向中间移回偏移量的一半;利用脚螺旋调平剩下的半气泡偏移量;将仪器绕竖轴再一次旋转 180°,检查气泡的移动情况，若气泡仍有偏移，则重复上述校正，如图 11-7 所示。

（5）圆水准器的检验与校正。

如果圆水准器轴与仪器横轴不平行，则必须进行校正。

检验：根据长水准管仔细整平仪器，若圆水准器居中，则不需校正，否则应按照下面的方法进行校正。

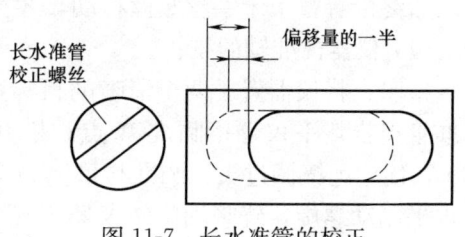

图 11-7　长水准管的校正

校正：若气泡不居中，用校正针或内六角扳手调整气泡下方的校正螺丝使气泡居中，校正时，应松开气泡偏移方向对面的校正螺丝，然后拧紧偏移方向的其余校正螺丝使气泡居中，气泡居中时，三个校正螺丝的紧固力均应一致，如图 11-8 所示。

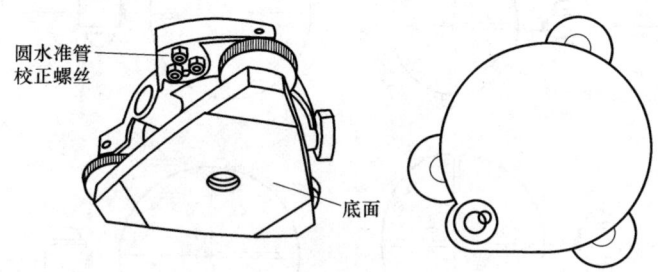

图 11-8　圆水准器的检验与校正

（6）十字丝竖丝的校正。

若十字丝竖丝与望远镜的水平轴不垂直，则需要校正（这是由于可能要用竖丝上的任一点瞄准目标进行水平角测量或定线）。

检验：将仪器安置在三脚架上，严格整平；用十字丝交点瞄准至少 50m 外的某一清晰点 A；让望远镜作轻微上下转动，观察 A 点是否沿着十字丝竖丝移动；如果 A 点一直沿十字丝竖丝移动，则说明十字丝竖丝处于与水平轴垂直的平面内（此时无需校正）；当望远镜垂直上下旋转时，A 点偏离十字丝竖丝，则需校正十字丝环。

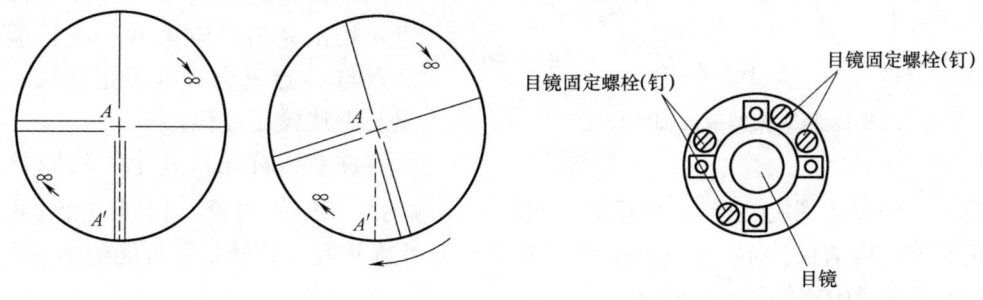

图 11-9　十字丝竖丝的校正

校正：如图 11-9 所示，逆时针旋转十字丝环护照，取下护照，可看见四颗目镜固定螺栓；利用配给的螺丝刀松开四颗固定螺栓（记住旋转的圈数），旋转目镜端直至十字丝竖丝与 A' 点重合，最后按刚才旋转的相同圈数将四颗固定螺栓旋紧；再检验一次，直到

A 点始终沿着整个十字丝竖丝移动,才算校正完毕。

(7) 仪器视准轴的校正。

检验:将仪器置于两个清晰的目标点 A,B 之间,距离 A、B 约 50～60 米;利用长水准管严格整平仪器;瞄准 A 点;松开望远镜垂直制动螺旋,将望远镜线水平轴旋转 180°,使望远镜调过头;瞄准与目标 A 等距离的目标 B 并拧紧望远镜垂直制动螺旋;松开水平制动螺旋,绕竖轴旋转仪器 180°,再一次照准 A 点并拧紧水平制螺旋;松开望远镜上下制动螺旋,将望远镜绕水平轴旋转 180°,设十字丝交点为 C,C 点应该与 B 点重合;若 B、C 不重合,则需按下法校正,如图 11-10 所示。

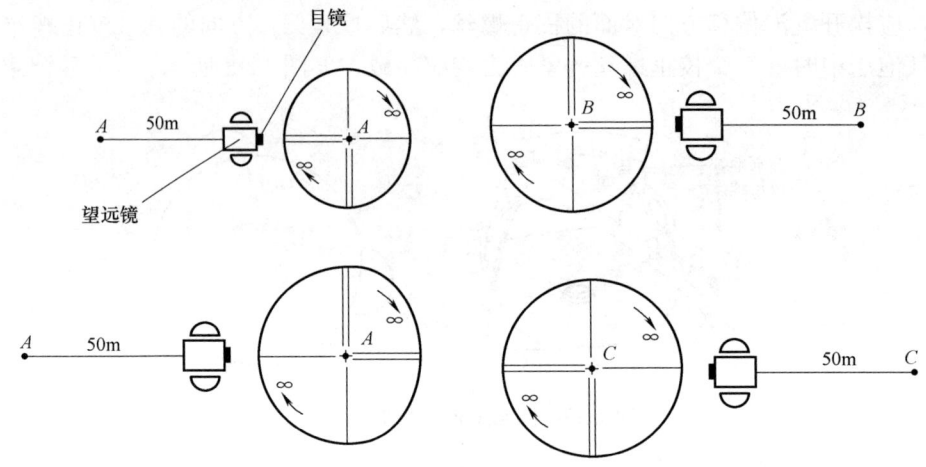

图 11-10 仪器视准轴的检验

校正:如图 11-11 所示,旋下十字环的保护罩;在 B、C 之间定出一点 D,使 CD 等于 BC 的四分之一处,这是由于在检验过程中,望远镜已倒转两次,因此 BC 两点间的偏差是真正的误差的四倍;利用校正针旋转十字丝环的左、右两个校正螺旋将十字竖丝平移到 D 点,校正完后,应再做一次检验,若 B 点与 C 点重合,则校正结束,否则重复上述校正过程。

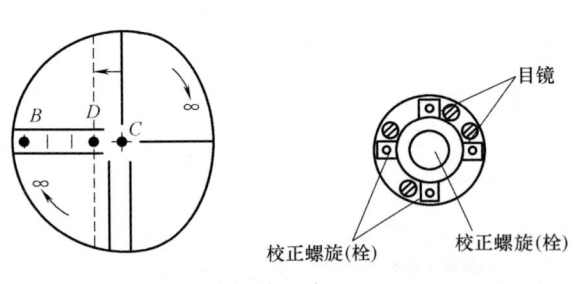

图 11-11 仪器视准轴的校正

注意:首先松开十字丝竖丝需移动方向一端的校正螺旋(栓),然后等量旋紧另一端的校正螺旋(栓)相同的旋转量,以使校正螺旋的应力保持不变。逆时针旋转松,顺时针旋转紧,旋转量尽可能最小。

(8) 光学对中器的检验与校正。

该项校正是使光学对中器的视准轴与仪器的竖轴重合(图 11-12)。否则,当仪器用光学对中器对中后,仪器竖轴不能相对于参考点位于严格的垂直位置。

检验:将光学对中器中心对准第一清晰地面点;将仪器绕竖轴旋转 180°,观察光学对中器的中心标志,若地面点仍位于中心标志处,则不需校正,否则需按下述步骤进行校正。

校正：打开光学对中器望远镜目镜端的护罩，可以看见四颗校正螺旋（栓），利用配给的校正针旋转，这四颗校正螺旋（栓），将中心标志移向地面点，注意校正量应为偏离量的一半；利用脚螺旋使地面点与中心标志重合；再一次将仪器绕竖轴旋转180°，检查中心樗，若两者重合，则不需要校正，如不符合，重复上述校正步骤。

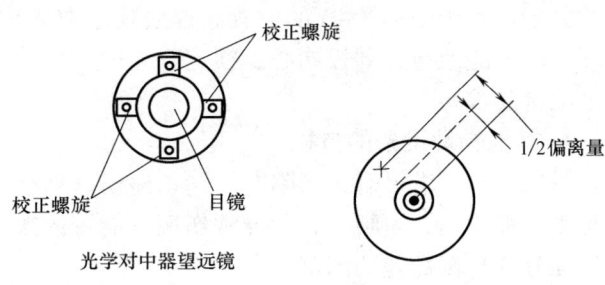

图 11-12　光学对中器的检验与校正

3. 垂准仪的自检和自校

垂准仪的自检和自校，是针对仪器的垂直度精度而言，即单束激光束与理论垂线夹角的自检和自校。

（1）自检。

用对径测量进行自检，假定测距为 L（mm），当仪器方位角为 0°时，在两维测微数显光靶上的分划板与激光束环栅对准时，X 和 Y 两坐标上的读数为 X_1（mm）、Y_1（mm）（也可以同时清零）；转动仪器方位角 180°，再次调整分划板，使其与激光束环栅对准，X 和 Y 两坐标上的读数为 X_2（mm）和 Y_2（mm）。

首先计算均值为

$$\overline{X}=\frac{1}{2}(X_1+X_2);\overline{Y}=\frac{1}{2}(Y_1+Y_2)$$

单束激光束的垂直度精度按下式计算：

$$\vartheta=3600\times\cot\frac{\sqrt{(\overline{X}-X_1)^2+(\overline{Y}-Y_1)^2}}{L}\quad(")$$

式中　X_1、Y_1——对径测量时的某一次测值（mm）；

$\overline{X}$、$\overline{Y}$——对径测量时两次测值的均值（mm）；

L——测量时的光程（mm）；

ϑ——单束激光束的垂直度精度（"）。

（2）自校。

将实验台、反射镜Ⅰ、反射镜Ⅱ、两维测微光靶、磁力表座按图固定在实验台上（图11-13），通过双光楔的调整可将单束激光束的垂直度精度调至 2″以内。其方法如下：

拧下仪器出光口的罩子，露出出光口处的双光楔，打开仪器开关，调整反射镜Ⅰ和反射镜Ⅱ，使激光束反射到两维测微光靶上。首先按上述的方法进行自检，求出其垂直度精度值。然后将两维测微光靶

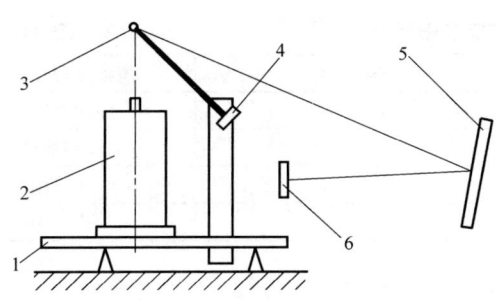

图 11-13　自校示意图

1—实验台；2—被校仪器；3—反射镜Ⅰ；
4—磁力表座；5—反射镜Ⅱ；6—两维测微光靶

上的分划板置于坐标$\overline{X}$和$\overline{Y}$的位置。拧松锁定双光楔的紧定螺钉，转动双光楔，使激光束的环栅尽可能地与分划板同心。锁定双光楔，再按上述的方法，再次自检，一直到精度能满足测量要求。

4. 其他辅助设备的自检

塔尺自检：塔尺有无凹陷、裂缝、碰伤、划痕、脱漆、弯曲变形等现象；刻划线和注记是否粗细均匀、清晰、有无异常伤痕、能否读数；一对塔尺零点不等差及基辅分划（或正反面分划）读数差的测定。

距水准仪约20～30m的地方找一个固定点，分别在点上立尺，用水准仪照准塔尺的基辅分划（正反面分划）读数，观测过程中不能调焦，以保持望远镜的视准轴位置不变；两塔尺基本分划读数差即为一对塔尺零点不等差；每一塔尺基本分划读数与辅助分划（正反面分划）读数差即为每一塔尺基辅分划（正反面分划）读数差常数。

名义米长的测定：塔尺的基本分划与辅助分划均须检验。选择温度稳定的室内，将已经过国家授权检定单位检定的钢卷尺与被检测的塔尺放在一起，对钢卷尺施加规定拉力，测定基本分划面和辅助分划面的 0.25～1.25m、0.85～1.85m、1.45～2.45m、2.05～3.05m、2.65～3.65m、3.25～4.25m、3.85～4.85m 七个米间隔，同时记录检测时温度。根据钢卷尺的拉力与温度计算出每米间隔实际米长，取平均值（考虑正负号）即为一根塔尺名义米长。

分米分划误差的测定：采用经检定合格的钢卷尺在温度稳定的室内进行。将塔尺分为 0.1m～1.0m、1.0m～2.0m、2.0m～3.0m、3.0m～4.0m、4.0m～4.9m 五个部分，将钢卷尺与塔尺靠在一起，施加规定拉力，并记录温度，使钢卷尺的零分划对准每一部分的起始分米分划线，一观测员在检查尺的零端观测是否移动，另一观测员由起始分划线起读出每一分米分划线在钢卷尺上的读数。

各分米分划误差＝各分米分划线左右边缘在钢卷尺上的读数中数-各部分起测分划线左右边缘在钢卷尺上的读数中数＋钢卷尺的长度与温度改正-各分米分划线距起测分划线的名义长度。

塔尺接头间隙差的测定：将塔尺的每一接头压紧，平放在平台上，用检定过的钢卷尺量出塔尺每一接头两端相邻的两分米刻划线间距，与其名义长度的差值，即为塔尺接头间隙差。

塔尺检校的技术指标见表11-1。

塔尺检校的技术指标 表11-1

序号	指标项	限差	超限处理办法
1	一对塔尺零点不等差	1.0mm	施加改正
2	基辅(正反面)分划常数偏差	0.5mm	采用实测值
3	名义米长偏差	0.5mm	禁止使用
4	分米分划误差	1.0mm	禁止使用

第二节 电子仪器的使用安全与维护保养

随着社会经济和科学技术不断发展，测绘技术水平也相应地得到了迅速地提高。测绘作业手段也有了一个质的飞越，测绘仪器设备由过去的光学经纬仪等普通仪器，逐渐地发展推出了全站仪、电子水准仪，以至到现在发展到了静（动）态 GPS，由此可见，电子仪器在测量中的应用越来越普遍。它们不仅精度高，而且速度快，操作简便，还带有丰富的内置软件，具有常规测量仪器无法比拟的优点，在测绘领域应用日渐广泛。所以对电子仪器的正确使用，精心爱护和科学保养，是测量人员必备的素质，也是保证测量成果的质量，提高工作效率的必要条件。

一、电子仪器设备使用过程中的安全

与普通测量仪器不同，电子测量仪器有电池、充电器、电缆线、数据线等，这些配件是电子仪器重要的部件，所以，在使用过程中一定要先进行检查，主要是各种连接电缆是否接触良好，以便在仪器设备运行之前消除这些方面的故障隐患。最主要是电池的使用，现在所配备的电池一般为 Ni-MH（镍氢电池）、Ni-Cd（镍镉电池）和锂电池，电池的好坏、电量的多少决定了外业时间的长短。所以在使用过程中要注意以下几点：

（1）在使用前应先检查，如果电池有损坏的迹象，包括变色、扭曲变形、漏液等现象，要停止使用。

（2）在现场使用时，避免电池接触水、火焰、高温以及阳光直射。

（3）在电源打开期间不要将电池取出，因为此时存储数据可能会丢失，因此在电源关闭后再装入或取出电池。

（4）电池可以反复充电使用，但是如果在电池还存有剩余电量的状态下充电，则会缩短电池的工作时间，此时，电池的电压可通过刷新予以复原，从而改善作业时间，充足电的电池放电时间约需 8 小时。

（5）不要连续进行充电或放电，否则会损坏电池和充电器，如有必要进行充电或放电，则应在停止充电约 30 分钟后再使用充电器。

（6）不要在电池刚充电后就进行充电或放电，有时这样会造成电池损坏。

（7）电池剩余容量显示级别与当前的测量模式有关，在角度测量的模式下，电池剩余容量够用，并不能够保证电池在距离测量模式下也能用，因为距离测量模式耗电高于角度测量模式，当从角度模式转换为距离模式时，由于电池容量不足，不时会终止测距。

（8）在常温下充电效果最好，充电时房间内的温度应在 10~40℃。随着温度的升高充电效率会降低。因此，每次充电均宜在常温下进行，会使电池能达到最大容量并可使用最长时间。如果使用电池时经常过量充电或在高温下充电会缩短电池的使用寿命。

二、电子仪器的日常维护保养

电子仪器在不使用的情况下，同样应该注重其维护保养。在很多情况下，认为仪器设备没有发生故障，不用的时候就搁置一边，不闻不问。这样做不但影响仪器设备的性能，如果长期下去，将会使仪器设备报废，造成严重损失。所以，为了保证仪器设备的性能，技术指标良好，对平时不使用的仪器应定期进行维护保养。所有仪器在连接外部设备时，应注意相对应的接口、电极连接是否正确，确认无误后方可开启主机和外围设备。拔插接线时不要抓住线就往外拔，应握住接头顺方向拔插；也不要边摇晃插头边拔插，以免损坏接头。数据传输线、GPS（监控器）天线等在收线时不要弯折，应盘成圈收藏，以免各类连接线被折断而影响工作。

在实际工作中会发现，有些仪器设备刚开机时性能不是很稳定，这就是由于长期闲置造成的，通过暖机一段时间后，才可基本恢复正常。一般认为这是仪器的正常情况，但实际上这种情况说明仪器设备已经受到了影响，只有通过日常维护和保养，才能避免这些事故的发生。首先，仪器设备要保持清洁，以减少灰尘的影响。在清洁过程中，要严格按照仪器设备说明书中的要求进行，尤其是不能用导电的溶液或水来擦拭仪器设备。其次，是仪器设备的外观不要随意改变，以免会影响到仪器设备的散热和绝缘效果，要保证仪器设备的各种标志不被破坏。最后，还要定期通电维护保养，应定期进行干燥处理，这样可以起到除湿的作用，否则，有可能造成仪器设备的短路。

在电子仪器长期存放时，对电池的维护保养同样重要，仪器设备在不使用时，应将仪器上的电池卸下分开存放，最好在常温存放，这有助于延长电池的使用寿命。电池在不使用时会自动放电，如果长时间不用，电池应每月充电一次，在充电前确认电池内电量已全部放掉。在天气炎热时不要将电池放在车内储存。

现在许多仪器设备的自身保护已相当完善，可以对短路、超温和过流等作出故障报警，使仪器设备本身得到保护。但是，这些仪器设备往往对周围环境包括温度、湿度等都有严格要求。因此，仪器设备在运行中的防尘和散热也是相当重要的。目前很多仪器设备中使用最大的缺点就是对静电和灰尘特别敏感，如果不小心用会在不经意间造成损坏。灰尘也是产生静电和造成短路的原因，经常导致仪器设备故障。有时仪器设备在调试时是正常的，当投入使用后一段时间，温度或灰尘等会对仪器设备产生影响，这时还要注意对仪器设备散热和除尘。

总之，只有在日常的工作中，注意仪器的使用和维护，注意电池的充放电，才能延长电子仪器的使用寿命，使仪器设备的功效发挥到最大。

第三节　现场作业仪器操作安全事项

一、仪器在作业过程中的安全事项

1. 架设仪器时的注意事项

观测前 30 分钟，将仪器置于露天阴影处，使仪器与外界气温趋于一致，并进行仪器预热。测量中避免望远镜直接对着太阳；尽量避免视线被遮挡，观测时可用伞遮蔽阳光。待到仪器基本适应工作环境的气温一致时，选择坚固地面架设三脚架，若条件允许，应尽量使用木脚架。这样可以减少工作中的震动，更好地保证测量精度。在打开三脚架时，应检查其各部件是否牢固，以免在工作过程中滑动。三脚架一定要架设稳当，其关键在于三条腿不能分得太窄也不能分得太宽，一般与地面大致 60°即可。在山坡或下井架设时，必须两条腿在下坡方向均匀地踩入地内，不要顺铅垂方向踩，也不能用冲力往下猛踩。确保三脚架架设稳固后，从设备箱中取出仪器。仪器开箱前，应将仪器箱平放在地上，严禁手提或怀抱着仪器开箱，以免仪器在开箱时落地损坏。开箱后应注意看清楚仪器在箱中安放的状态，以便在用完后按原样入箱。取仪器时不能用一只手将仪器提出，应一手握住仪器支架，另一只手托住仪器基座慢慢取出。取出后，随即将仪器竖立抱起并安放在三脚架上，再旋上中心螺旋。然后关上仪器箱并放置在不易碰撞的安全地点。开始测量前应仔细全面检查仪器，确信仪器各项指标、功能、电源、初始设置和改正参数均符合要求再进行作业。

2. 仪器在施测过程中的注意事项

在整个施测过程中，观测人员不得离开仪器。如因工作需要而离开时，应委托旁人看管或者将仪器装入箱内带走，以防止发生意外事故。

仪器在野外作业时，如日照强烈，必须用伞遮住太阳。使用全站仪、光电测距仪，禁止将望远镜直接对准太阳，以免伤害眼睛和损害测距部分发光二极管。

在坑内作业时要注意避开仪器上方的淋水或可能掉下来的石块等，以免影响观测精度和保护仪器安全。

仪器箱上不能坐人，防止箱子承受不了那么大的压力以致压坏箱子，甚至会压坏仪器。

当旋转仪器的照准部时，应用手握住其支架部分，而不要握住望远镜，更不能用手抓住目镜来转动。

仪器的任一转动部分发生旋转困难时，不可强行旋转，必须检查并找出所发生困难的原因，并消除解决此问题。

仪器发生故障以后，不应勉强继续使用，否则会使仪器的损坏程度加剧。但不要在野外或坑道内任意拆卸仪器，必须带回室内，由专业人员进行维修。

不能用手指触及望远镜物镜或其他光学零件的抛光面。对于物镜外表面的灰尘，可轻轻擦拭；而对于较脏的污秽，最好在室内的条件下处理。

在室外作业遇到雨、雪时，应将仪器立即装入箱内。不要擦拭落在仪器上的雨滴，以免损伤涂漆。须将仪器搬到干燥的地方让它自行晾干，然后用软布擦拭仪器，再放入箱内。

3. 仪器在搬站时的注意事项

仪器在搬站时是否要装箱，可根据仪器的性质、大小、重量和搬站的远近，以及道路情况、周围环境情况等具体因素具体情况而决定。当搬站距离较远、道路复杂，要通过小河、沟渠、围墙等障碍物时，仪器最好装入箱内。在进行地面或坑内测量时，一般距离比较近，可不装箱搬站，但必须从三脚架架头上卸下来，由一人抱在身上携带；当通过沟渠、围墙等障碍物时，仪器必须由一人传给另一个人，不要直接携带仪器跳跃，以免震坏或摔坏仪器。

4. 仪器使用后的安全运送

现场作业完成后，关闭主机盖上镜头盖，将所有微动螺旋旋至中央位置，并将仪器外表的灰尘擦干净，然后按取出时的原位轻轻放入箱中。放好后要稍微拧紧制动螺旋，以免携带时仪器在箱中摇晃受损。关闭箱盖时要缓慢妥善，不可强压或猛力冲击，试盖箱盖一次再将仪器箱盖盖好后上锁。

仪器运输应将仪器装于箱内，运输时应小心避免挤压、碰撞和剧烈震动，长途运输时最好在箱子周围使用软垫。仪器受震后会使机械或光学零件松动、移位或损坏，以致造成仪器各轴线的几何关系变化，光学系统成像不清或像差增大，机械部分转动失灵或卡死。

轻则使用不便，影响观测精度；重则不能使用甚至报废。测量仪器越精密越是要注意防震，在运送仪器的过程中更是如此。

二、测绘仪器的三防措施

生霉、生雾、生锈是测绘仪器的"三害"，直接影响测绘仪器的质量和使用寿命，影响观测使用。因此需按不同仪器的性能要求，采取必要的防霉、防雾、防锈措施，确保仪器处于良好状态。

1. 测绘仪器防霉措施

（1）每日收装仪器前，应将仪器光学零件外露表面清刷干净后再盖镜头盖，并使仪器外表面清洁后方能装箱密封保管。

（2）仪器外壳有通孔的，用完后须将通孔盖住。

（3）仪器箱内放入适当的防霉剂。

（4）外业仪器一般情况下 6 个月（湿热季节或湿热地区 1～3 个月）应对仪器的光学零件外露表面进行一次全面的擦拭，内业仪器一般一年（湿热季节或湿热地区 6 个月）须对仪器未密封的部分进行一次全面的擦拭。

（5）每台内业仪器必须配备仪器罩，每次操作完毕，应将仪器罩罩上。

（6）检修时，对所修理的仪器外表和内部必须进行一次彻底的擦拭，注意不应用有机溶剂和粗糙擦布用力擦仪器的密封部位，以免破坏仪器的密封性，对产生霉斑的光学零件表面必须彻底除霉，使仪器的性能恢复到良好状态。

（7）修复的仪器装配时须对仪器内部的零件进行干燥处理，并更换或补放仪器内腔的防霉药片，修复装配后，仪器必须密封的部位，应恢复密封状态。

（8）仪器在运输过程中，必须有防震设施，以免因震动剧烈引起仪器的密封性能下降，密封性能下降的部位，应重新采取密封措施，使仪器恢复为良好的密封状态。

（9）作业中暂时停用的电子仪器，每周至少通电 1 小时，同时使各个功能正常运转。

2. 测绘仪器防雾措施

（1）每次清擦完零件表面后，再用干棉球擦拭一遍，以便除去表面潮气，每次测区作业终结后，应对仪器的光学零件外露表面进行擦拭。

（2）调整或操作仪器时，勿用手心对准零件表面，并在仪器运转时避免将油脂挤压或拖粘于光学零件表面上。

（3）外业仪器一般情况下 6 个月（湿热季节或湿热地区 3 个月）须对仪器的光学零件外露表面进行一次全面擦拭，内业仪器一般在 1 年（温热季节或湿热地区 3～6 个月）成对仪器外表进行一次全面清擦，并用电吹风机烘烤光学零件外露表面（温度升高不得超道 60℃）。

（4）防止人为破坏仪器密封造成湿气进入仪器内腔和浸润零件表面。

（5）除雾后或新配置的零件表面须用防雾剂进行处理，一旦发现水性雾，应用烘烤或吸潮的方法清除；发现油性雾应用清洗剂擦拭干净并进行干燥处理。

（6）严禁使用吸潮后的干燥剂。

（7）保管室内应配备适当的除湿装置，长期不用的仪器的外露零件，经干燥后垫一层干燥脱脂棉，再盖镜头盖。

3. 测绘仪器防锈措施

(1) 凡测区作业终结收测时,将金属外露面的临时保护油脂全部清除干净,涂上新的防锈油脂。

(2) 外业仪器防锈用油脂,除了具有良好的防锈性能,还应具有优良的置换性,并应符合挥发性低、流散性小的要求,要根据仪器的润滑防锈要求和说明书用油的规定适当选用不同配合间隙、不同运转速度和不同轴线方向所用的油脂。

(3) 外业仪器一般情况下 6 个月(湿热季节或湿热地区 1~3 个月)须对仪器外露表面的润滑防锈油脂进行一次更换,内业仪器一般应在 1 年(湿热季节或湿热地区 6 个月)须将仪器所用临时性防锈油脂全部更换一次,如发现锈蚀现象,必须立即除锈。并分析锈蚀原因,及时改进防锈措施。

(4) 仪器进行检修时,对长锈部位必须除锈,除锈时应保持原表面粗糙度数值或降低不超过相邻的粗糙度值。并且在对金属裸露表面清洗或除锈后,必须进行干燥处理。

(5) 必须将原用油脂彻底清除,通过干燥处理后,涂抹新的油脂进行防锈。

(6) 对有运动配合的部位涂防锈油脂后必须来回运动几次,并除去挤压出来的多余油脂。

(7) 对非成型保护膜防锈油脂涂抹后应用电容器纸或防锈纸等加封盖。

(8) 保管室在不能保证恒温恒湿的要求时,须做到通风、干燥、防尘。

第十二章 测量技术标准

目前，我国已初步建立了由法律、行政法规、地方性法规、部门规章、政府规章、重要规范文件等共同组成的测绘法律法规体系，为测绘管理提供了依据，为从事测绘作业提供了基本准则。本章将对相关测绘法律法规进行简要概述。

第一节 测绘相关法律法规

我国现行测绘法律是《中华人民共和国测绘法》，于1993年7月1日起实施，2002年8月29日通过修订，2002年12月1日起实施。《中华人民共和国测绘法》是我国从事测绘活动和进行测绘管理的基本准则和依据。

行政法规是由国务院根据宪法和法律，并且按照行政法规制定程序制定。它的地位和效力仅次于法律，服从于宪法和法律。目前，施工测量经常用到的主要有：

（1）《中华人民共和国地图编制出版管理条例》，1995年10月1日起施行。
（2）《中华人民共和国测量标志保护条例》，1997年1月1日起施行。
（3）《中华人民共和国测绘成果管理条例》，2006年9月1日起施行。
（4）《基础测绘条例》，2009年8月1日起施行。

部门规章由国务院各部、各委员会、审计署和具有行政管理职能的直属机构，根据法律和国务院的行政法规、决定、命令，在本部门的权限范围内制定。部门规章经部分会议或者委员会会议决定，由部门首长签署予以公布。规范性文件是各级党政机关、团体、组织颁发的各类文件中最重要的一类，因其内容具有约束和规范人们行为的性质，故称为规范性文件。我们经常涉及的部门规章和规范性文件主要有：《注册测绘师制度暂行规定》、《测绘作业证管理规定》、《测绘计量管理暂行办法》、《测绘质量监督管理办法》、《测绘生产质量管理规定》。另外，省、自治区、直辖市的人民代表大会及其常务委员会根据本行政区域的具体情况和实际要求，在不与宪法、法律、行政法规相抵触的前提下，可以制定地方性法规。如北京市自2007年3月15日执行的《建筑施工测量技术规程》DB11/T446-2007为北京市地方标准。

第二节 《工程测量规范》GB 50026—2007

《工程测量规范》GB 50026—2007的制定主要是为了统一工程测量的技术要求，做到技术先进、经济合理，使工程测量产品满足质量可靠、安全适用的原则。规范适用于工程建设领域的通用性测量工作，以中误差作为衡量测量精度的标准，以两倍中误差作为极限误差。规范主要从平面控制测量、高程控制测量、地形测量、线路测量、地下管线测量、施工测量、竣工总图的编绘与实测、变形监测8个方面作了一般性规定，本节只作简单概述。

一、平面控制测量

平面控制网的建立，可采用卫星定位测量、导线测量、三角形网测量等方法。平面控制网的精度按等级划分为：卫星定位测量控制网依次为二、三、四等和一、二级，导线及导线网依次为三、四等和一、二、三级，三角形网依次为二、三、四等和一、二级。其中导线和图根导线测量的主要技术要求见表12-1和表12-2。

导线测量的主要技术要求　　　　　　　　　　　　表12-1

等级	导线长度(km)	平均边长(km)	测角中误差(″)	测距中误差(mm)	测距相对中误差	测回数 1″级仪器	测回数 2″级仪器	测回数 6″级仪器	方位角闭合差(″)	导线全长相对闭合差
三等	14	3	1.8	20	1/150000	6	10	—	$3.6\sqrt{n}$	≤1/55000
四等	9	1.5	2.5	18	1/80000	4	6	—	$5\sqrt{n}$	≤1/35000
一级	4	0.5	5	15	1/30000	—	2	4	$10\sqrt{n}$	≤1/15000
二级	2.4	0.25	8	15	1/14000	—	1	3	$16\sqrt{n}$	≤1/10000
三级	1.2	0.1	12	15	1/7000	—	1	2	$24\sqrt{n}$	≤1/5000

注：1. 表中 n 为测站数。
　　2. 当测区测图的最大比例尺为1∶1000时，一、二、三级导线的导线长度、平均边长可适当放长，但最大长度不应大于表中规定长度的2倍。
　　3. 测角的1″、2″、6″级仪器分别包括全站仪、电子经纬仪和光学经纬仪。

图根导线测量的主要技术要求表　　　　　　　　　　　　表12-2

导线长度(m)	相对闭合差	测角中误差/(″) 一般	测角中误差/(″) 首级控制	方位角闭合差/(″) 一般	方位角闭合差/(″) 首级控制
≤αM	≤1/(2000α)	30	20	$60\sqrt{n}$	$40\sqrt{n}$

注：1. a 为比例系数，取值宜为1，当采用1∶500、1∶1000比例尺测图时，其值可在1~2之间选取。
　　2. M为测图比例尺的分母；但对于工矿区现状图测量，不论测图比例尺大小，M均应取5000。
　　3. 隐蔽或施测困难地区导线相对闭合差可放宽，但不应大于1/(1000α)。

二、高程控制测量

高程控制测量精度等级依次为二、三、四、五等，各等级高程控制宜采用水准测量，四等及以下等级可采用电磁波测距三角高程测量。高程系统宜采用1985国家高程基准。在已有高程控制网地区测量时，可沿用原有高程系统。高程控制点间的距离，一般地区应为1~3km，工业厂区、城镇建筑区宜小于1km，但一个测区及周围至少应有3个高程控制点。水准测量和电磁波测距三角高程观测的主要技术要求见表12-3和表12-4。

水准测量的主要技术要求　　　　　　　　　　　　表12-3

等级	每千米高差中数偶然中误差(mm)	仪器型号	水准标尺	观测次数 与已知点联测	观测次数 附合线路或环线	往返较差、附合线路或环线闭合差(mm) 平地	往返较差、附合线路或环线闭合差(mm) 山地	检测已测测段高差之差(mm)
三等	±3	DS1 DS3	因瓦 双面	往、返	往一次往、返	$±12\sqrt{L}$	$±4\sqrt{n}$	$±20\sqrt{L}$
四等	±5	DS3	双面 单面	往、返 两次仪器高测往返	往一次 变仪器高测两次	$±20\sqrt{L}$	$±6\sqrt{n}$	$±30\sqrt{L}$

注：1. 结点之间或结点与高级点之间，其路线的长度，不应大于表中规定的0.7倍。
　　2. L为往返测段附合或环线的水准路线长度（km）；n 为测站数。
　　3. 数字水准仪测量的技术要求和同等级的光学水准仪相同。

电磁波测距三角高程观测的主要技术要求　　　　　　　　　　　表 12-4

等级	每千米高差全中误差(mm)	边长(km)	观测次数	对向观测高差较差(mm)	附合或环形闭合差(mm)
四等	10	≤1	对向观测	$40\sqrt{D}$	$20\sqrt{\sum D}$
五等	15	≤1	对向观测	$60\sqrt{D}$	$30\sqrt{\sum D}$

注：1. D 为电磁波测距边长度(km)。
　　2. 起讫点的精度等级，四等应起讫于不低于三等水准的高程点上，五等应起讫于不低于四等的高程点上。
　　3. 线路长度不应超过相应等级水准路线的总长度。

三、地形测量

地形图测图比例尺，要根据工程设计、规模大小和运营管理的需要，灵活选用。地形测量的区域类型，可划分为一般地区、城镇建筑区、工矿区和水域。地形测量的基本精度要求，应符合下列规定：

（1）地形图上地物点相对于邻近图根点的点位中误差，一般地区不超过 0.8mm，城镇建筑区、工矿区不超过 0.6mm，水域不超过 1.5mm。

（2）地形图上高程点的注记，当基本等高距为 0.5m 时，应精确至 0.01m；当基本等高距大于 0.5m 时，可保留一位小数。

四、线路测量

线路的平面控制宜采用导线或 GPS 测量方法；线路的高程控制宜采用水准测量或电磁波测距三角高程测量方法，并靠近线路布设。平面和高程控制点宜选在土质坚实、便于观测、易于保存且在施工干扰区之外的地方。当线路与已有的道路或管线等交叉时，应根据需要测量交叉角、交叉点的平面位置和高程及净空高或负高。线路施工前应对定测线路进行复测，满足要求后方可放样。

五、地下管线测量

地下管线测量包括给水、排水、燃气、热力管道，各类工业管道，电力、通信电缆。地下管线测量的坐标系统和高程基准应与原有基础资料相一致。地下管线测量成图比例尺一般选用 1∶500 或 1∶1000。地下管线的测量精度应满足实际线位与邻近地上建（构）筑物、道路中心线或相邻管线的间距中误差不超过图上 0.6mm。

六、施工测量

施工测量前，应收集有关测量资料，熟悉施工图，明确施工要求，制定施工测量方案。根据需要建立场区首级控制网或直接建立施工控制网。场区控制网应充分利用已有成果，原有平面控制网的边长，应投影到测区的主施工高程面上，并进行复测检查，精度满足施工要求时，方可使用。否则，应重新建立场区控制网。控制网的观测数据，不宜进行高斯投影改化，可将观测边长归算到测区的主施工高程面上。新建场区控制网，可利用原控制网中点组（由三个或三个以上的点组成）进行定位。建筑物施工控制网，应根据场区控制网进行定位、定向和起算；控制网的坐标轴，应与工程设计所采用的主副轴线一致；建筑物的 ±0.000m 高程面，应根据场区水准点测设。控制网点，应根据设计总平面图和施工总布置图布设，并满足建筑物施工测设的需要。建筑物施工放样的允许偏差见表12-5。

建筑施工放样的允许偏差　　　　　　　　　　　　表 12-5

项目	内容		允许偏差(mm)
基础桩位放样	单排桩活群桩中的边桩		±10
	群桩		±20
各施工层上放线	外廓主轴线长度 L(m)	$L \leqslant 30$	±5
		$30 < L \leqslant 60$	±10
		$60 < L \leqslant 90$	±15
		$90 < L \leqslant 120$	±20
		$120 < L \leqslant 150$	±25
		$150 < L$	±30
	细部轴线		±2
	承重墙、梁、柱边线		±3
	非承重墙边线		±3
	门窗洞口线		±3
轴线竖向投测	每　层		3
	总高 H(m)	$H \leqslant 30$	5
		$30 < H \leqslant 60$	10
		$60 < H \leqslant 90$	15
		$90 < H \leqslant 120$	20
		$120 < H \leqslant 150$	25
		$150 < H$	30
标高竖向传递	每　层		±3
	总高 H(m)	$H \leqslant 30$	±5
		$30 < H \leqslant 60$	±10
		$60 < H \leqslant 90$	±15
		$90 < H \leqslant 120$	±20
		$120 < H \leqslant 150$	±25
		$150 < H$	±30

七、竣工总图的编绘与实测

建筑工程项目施工完成后，应根据工程需要编绘或实测竣工总图，宜采用数字竣工图。竣工总图的比例尺宜选用 1∶500，坐标系统、高程基准、图幅大小、图上注记、线条规格，应与原设计图一致，图例符号应采用现行国家标准《总图制图标准》GB/T 50103—2010。竣工总图应根据设计和施工资料进行编绘，当资料不全无法编绘时，应进行实测。

八、变形监测

重要的工程建（构）筑物，在工程设计时，应对变形监测的内容和范围作出统筹安排，并由监测单位制定详细的监测方案。变形监测网的网点，宜分为基准点、工作基点和变形观测点。其布设应符合下列要求：

（1）基准点：应选在变形影响区域之外稳固可靠的位置，每个工程至少要有3个基准点。大型的工程项目，其水平位移基准点应采用带有强制归心装置的观测墩，垂直位移基准点宜采用双金属标或钢管标。

（2）工作基点：应选在比较稳定且方便使用的位置。设立在大型工程施工区域内的水平位移监测工作基点宜采用带有强制归心装置的观测墩，垂直位移监测工作基点可采用钢管标。对通视条件较好的小型工程，可不设立工作基点。

（3）变形观测点：应设立在能反映监测体变形特征的位置或监测断面上。监测断面一般分为：关键断面、重要断面和一般断面，有时还应埋设一定数量的应力、应变传感器。监测基准网由基准点和部分工作基点构成，应每半年复测一次，当对变形监测成果产生怀疑时，要随时检核监测基准网。变形监测网由部分基准点、工作基点和变形观测点构成，监测周期应根据监测体的变形特征、变形速率、观测精度和工程地质条件等因素综合确定。各期的变形监测，要满足下列要求：

1）在较短的时间内完成。
2）采用相同的图形（观测路线）和观测方法。
3）使用同一仪器和设备。
4）观测人员相对固定。
5）记录相关的环境因素，包括荷载、温度、降水、水位等。
6）采用统一基准处理数据。

变形监测作业前，应收集相关水文地质、岩土工程资料和设计图纸，并根据岩土工程地质条件、工程类型、工程规模、基础埋深、建筑结构和施工方法等因素，进行变形监测方案设计。方案设计包括监测的目的、精度等级、监测方法、监测基准网的精度估算和布设、观测周期、项目预警值、使用的仪器设备等内容。每期观测前，应对所使用的仪器和设备进行检查、校正，并做好记录。每期观测结束后，应及时处理观测数据，当数据处理结果出现变形量达到预警值或接近允许值、变形量出现异常变化、建（构）筑物的裂缝或地表的裂缝快速扩大等情况时，必须立即通知建设单位和施工单位采取相应措施。

第三节 《建筑施工测量技术规程》DB11/T 446—2007

北京市建设委员会于2007年2月9日发布了《建筑施工测量技术规程》DB11/T 446—2007，为北京市地方标准，自2007年3月15日执行。全文共十三章、九项附录，适用于北京地区工业与民用建筑工程、建筑设备安装与建筑小区内市政工程等施工、竣工阶段的测量工作。对建筑工程施工测量中各项工艺的技术要求作出了规定，同时，也是工程质量验收的标准。作为在北京市所有建筑施工测量的从业人员（包括操作人员及管理人员），均应认真学习、贯彻《规程》的内容，确保工程质量达到验收标准。本规范以中误差作为衡量测量精度的标准，以2倍中误差作为允许误差（极限误差）。主要从：平面控制测量、高程控制测量、建筑物定位放线和基础施工测量、结构施工测量、工业建筑施工测量、建筑装饰与设备安装施工测量、特殊工程施工测量、建筑小区市政工程施工测量、变形测量、竣工测量与竣工图的编绘等方面作了一般性规定。本节只作简单概述。

一、平面控制测量

平面控制测量包括场区平面控制网和建筑物平面控制网的测量。平面控制测量前,应收集场区及附近城市平面控制点、建筑红线桩点等资料,当点位稳定和成果可靠时,可作为平面控制测量的起始依据。平面控制测量的坐标系统宜采用北京市地方坐标系统,亦可选用建筑工程设计所采用的坐标系统。采用后者时应提供两种坐标系统的换算关系。场区平面控制网可根据场区地形条件与建筑物总体布置情况,布设成建筑方格网、导线网、三角网、边角网或 GPS 网。场地大于 $1km^2$ 或重要建筑区,应按一级网的技术要求布设场区平面控制网;场地小于 $1km^2$ 或一般建筑区,宜按二、三级网的技术要求布设场区平面控制网。其中建筑方格网、导线网测量、建筑物平面控制网的主要技术要求见表 12-6、表 12-7 和表 12-8。

建筑方格网的主要技术要求　　　　　　　　　　　　表 12-6

等级	边长(m)	测角中误差(″)	边长相对中误差
一级	100～300	±5	1/40000
二级	100～300	±10	1/20000
三级	50～300	±20	1/10000

导线网量的主要技术要求　　　　　　　　　　　　表 12-7

等级	导线长度(km)	平均边长(m)	测角中误差(″)	边长相对中误差	导线全长相对闭合差	方位角闭合差(″)
一级	2.0	200	±5	1/40000	1/20000	$±10\sqrt{n}$
二级	1.0	100	±10	1/20000	1/10000	$±20\sqrt{n}$

注:1. n 为测站数。
2. 当导线边长小于 100m 时,边长相对中误差计算按 100m 推算。
3. 导线边长应大致相等,相邻边长之比不宜超过 1:3。

建筑物平面控制网主要技术要求　　　　　　　　　　表 12-8

等级	适用范围	测角中误差(″)	边长相对中误差
一级	钢结构、超高层、连续程度高的建筑	±8	1/24000
二级	框架、高层、连续程度一般的建筑	±12	1/15000
三级	一般建筑	±24	1/8000

二、高程控制测量

高程控制网可采用水准测量和光电测距三角高程测量的方法建立。高程控制测量前应收集场区及附近城市高程控制点、建筑区域内的临时水准点等资料,当点位稳定、符合精度要求和成果可靠时,可作为高程控制测量的起始依据。当起始数据的精度不能满足场区高程控制网的精度要求时,经委托方和监理单位同意,可选定一个水准点作为起始数据进行布网。水准测量的等级依次分为二、三、四等与等外;光电测距三角高程测量可用于四等和等外的高程控制。高程控制网应布设成附合路线、结点网或闭合环。建筑场区高程控制点布设应在每一幢建筑物附近设置两个,主要建筑物附近不应少于三个。当建筑物相距较远时，控制点间距不宜大于100m。高程控制点应选在土质坚实，便于施测、使用并易于长期保存的地方，距基坑边缘不应小于基坑深度的两倍。水准测量和电磁波测距三角高程观测的主要技术要求见表12-9和表12-10。

水准测量的主要技术要求　　　　　　　　　　　　　　　　　　　　　　表12-9

等级	每千米高差中数偶然中误差（mm）	仪器型号	水准标尺	观测次数		往返较差、附合线路或环线闭合差（mm）		检测已测测段高差之差（mm）
				与已知点联测	附合线路或环线	平地	山地	
三等	±3	DS1 DS3	因瓦 双面	往、返 往、返	往一次 往、返	$±12\sqrt{L}$	$±4\sqrt{n}$	$±20\sqrt{L_i}$
四等	±5	DS3	双面 单面	往、返 两次仪器高测往返	往一次 变仪器高测两次	$±20\sqrt{L}$	$±6\sqrt{n}$	$±30\sqrt{L_i}$

注：1. L为附合路线或闭合路线长度，L_i为检测测段长度（均以km计），n为测站数。
　　2. 电子水准仪按标称精度比照表中相应等级的规定执行。

光电测距三角高程观测的主要技术要求　　　　　　　　　　　　　　　　表12-10

等级	测角仪器类型	边长测回数	垂直角测回数	指标差较差(″)	垂直角较差(″)	对向观测高差较差(mm)	附合或环线闭合差(mm)
四等	DJ2	往、返各1	中丝法3	±7	±7	$±40\sqrt{D}$	$±20\sqrt{\sum D}$
等外	DJ2	1	中丝法2	±10	±10	$±60\sqrt{D}$	$±30\sqrt{\sum D}$

三、建筑物定位放线和基础施工测量

建筑物定位放线和基础施工测量的主要内容包括：建筑物的定位放线、桩基施工测量、基槽（坑）开挖中的放线与抄平、建筑物的基础放线、±0.000m以下的测量放线与抄平等。建筑物定位放线和基础施工测量前应收集以下测量成果资料：城市规划单位提供的城市测量平面控制点或建筑红线桩点、高程控制点；建筑场区平面控制网和高程控制网；原有建（构）筑物或道路中线。建筑物定位放线，当以城市测量控制点或场区平面控制点定位时，应选择精度较高的点位和方向为依据；当以建筑红线桩点定位时，应选择沿主要街道且较长的建筑红线边为依据；当以原有建（构）筑物或道路中线定位时，应选择外廓规整且较大的永久性建（构）筑物的长边（或中线）或较长的道路中线为依据。建筑物定位的方法选择：建筑物轴线平行定位依据，且为矩形时，宜选用直角坐标法；建筑物轴线不平行定位依据，或为任意形状时，宜选用极坐标法；建筑物距定位依据较远，且量距困难时，宜选用角度（方向）交会法；建筑物距定位依据不超过所用钢尺长度，且场地量距条件较好时，宜选用距离交会法；使用全站仪定位时，宜选用坐标放样法。

四、结构施工测量

结构施工测量的主要内容包括：主轴线内控基准点的设置、施工层的放线与抄平、建筑物主轴线的竖向投测、施工层标高的竖向传递、大型预制构件的弹线与结构安装测量等。建筑物轴线投测、各部位允许偏差、标高传递的允许偏差见表12-11～表12-13。

轴线竖向投测允许偏差 表 12-11

项　目		允许偏差(mm)
每　层		3
总高 H(m)	H≤30	5
	30<H≤60	10
	60<H≤90	15
	90<H≤120	20
	120<H≤150	25
	150<H	30

各部位放线允许偏差 表 12-12

项　目		允许偏差(mm)
外廊主轴线长度 L(m)	L≤30	±5
	30<L≤60	±10
	60<L≤90	±15
	90<L≤120	±20
	120<L≤150	±25
	150<L	±30
细部轴线		±2
承重墙、梁、柱边线		±3
非承重墙边线		±3
门窗洞口线		±3

标高竖向传递允许偏差 表 12-13

项　目		允许偏差(mm)
每　层		±3
总高 H (m)	H≤30	±5
	30<H≤60	±10
	60<H≤90	±15
	90<H≤120	±20
	120<H≤150	±25
	150<H	±30

五、工业建筑施工测量

工业建筑施工测量的主要内容包括：1km² 以内的中、小型工业建筑的新建与改、扩建工程的施工测量。工业建筑施工测量平面控制网的坐标系统应与设计坐标系统一致，厂区控制网宜选一级或二级建筑方格网，控制网的主轴线应与主要建筑物的轴线平行。厂区高程控制网应以设计给定的高程依据点为准进行布网与联测网，宜选三等或四等水准测量。厂区进行改、扩建施工测量，应以原厂区控制点为依据，恢复厂区平面控制网，其精度不应低于原控制网精度；无法恢复原厂区平面控制网时，可在改、扩建区布设导线网作为平面控制；若原厂房无平面控制点，可根据有行车轨道的厂房，以现有行车轨道中线为依据；厂房内主要设备与改、扩建后的设备有联动或衔接关系时，以现有设备中线为依据；厂房内若无行车轨道及联动或衔接设备时，应以厂房柱中线为依据。

六、建筑装饰与设备安装施工测量

建筑装饰与设备安装施工测量的主要内容包括：室内地面面层施工、吊顶与屋面施工、墙面装饰施工、玻璃幕墙和门窗安装、电梯和管道安装等工程的施工测量。建筑装饰与设备安装施工测量的技术要求应符合下列规定：

（1）室内外水平线测设每 3m 距离的两端高差应小于 1mm，同一条水平线的标高允许偏差为±3mm。

（2）室外铅垂线，采用经纬仪投测两次结果较差应小于 2mm，当垂直角超过 40°时，可采用陡角棱镜或弯管目镜投测。

（3）室内铅垂线，可采用线锤、激光铅垂仪或经纬仪投测，其相对误差应小于 $H/3000$。

七、特殊工程施工测量

特殊工程施工测量的主要内容包括：运动场馆、影剧院、形体复杂的建（构）筑物、高耸塔形建（构）筑物及钢结构高层、超高层建筑等建筑工程的施工测量。特殊工程施工测量，在开工前应由施测单位预先编制施工测量方案，并由测量、施工、设计、建设与监理等单位共同审定、批准后方可实施。特殊工程施工测量的平面控制网，应根据建筑群体的整体布局以及工程的特点与精度要求，进行优化设计，选择测量方法、测量仪器与测量等级，并设计能满足工程要求的专用测量标志。宜布设为平高控制网。

八、建筑小区市政工程施工测量

建筑小区市政工程施工测量的主要内容包括：小区内的给水、排水、燃气、供热、电力、电信、工业等管线工程和道路工程等的施工测量。建筑小区市政工程的中线定位应依据定线图或设计平面图，按图纸给定的定位条件，采用建筑小区内施工平面控制网点进行测设，或依据与附近主要建（构）筑物之间相互关系测设，或以城市测量控制点测设。建筑小区市政工程的高程与坡度控制，应使用建筑小区内设计给定的水准点与以上述水准点为基点统一布设的施工水准点。建筑小区市政工程定位后，其平面位置、高程均应在施工前与已建成的市政工程相衔接并进行检测。

管线定位、道路定位和高程控制桩测量的允许偏差见表 12-14～表 12-16。

管线定位测量允许偏差　　　　　表 12-14

类　型	点位允许偏差(mm)
敷设在沟槽内与架空管线	10
地下管线	25

道路定位测量的允许偏差表　　　　　表 12-15

测量项目	允许偏差(mm)
道路直线中线定位	±25
道路曲线横向闭合差	±50

高程控制桩测量的允许偏差（mm） 表12-16

纵、横断断面测量	施工边桩	竣工检测
±20	±5	±10

九、变形测量

变形测量主要内容包括：施工阶段中建（构）筑物的地基基础、上部结构及其场地的各种沉降（包括上升）测量、水平位移测量以及其他各种位移测量等。变形测量应能真实反映建（构）筑物及施工场地的实际变形程度及变形趋势，检查地基基础及结构设计是否符合预期要求，检验工程质量以保证安全施工。

变形测量点可分为基准点、工作基点与变形观测点。其布置宜符合下列规定：

（1）基准点应选设在变形影响范围以外便于长期保存的位置，每项独立工程至少应有三个稳固可靠的基准点，宜每半年检测一次。

（2）工作基点应选设在靠近观测目标，便于联测且比较稳定的位置。对工程较小、观测条件较好的工程，可以不设工作基点，而直接依据基准点测定变形观测点。

（3）变形观测点应选设在变形体上能反映变形特征的位置，并可从工作基点或邻近基准点对其进行观测。

变形测量应符合下列规定：

（1）每次观测时宜采用相同的观测网形和观测方法，使用同一仪器和设备，固定观测人员，在基本相同的环境和条件下观测。

（2）对所使用的仪器设备，应定期进行检验校正。

（3）每项观测的首次观测应在同期至少进行两次，无异常时取其平均值，以提高初始值的可靠性。

（4）周期性观测中，若与上次相比出现异常或测区受到地震、爆破等外界因素影响时，应及时复测或增加观测次数。

变形测量资料整理工作的主要内容：

（1）对已取得的资料进行校核，检查外业观测项目是否齐全，成果是否符合精度要求，舍去不合理的数据。

（2）进行内业计算，并将变形点观测结果绘制成各种需要的图表，沉降观测成果统计应符合规范的规定。

（3）根据已获得的成果，分析建筑物变形原因及变形规律，作出今后变形趋势预报，提出今后观测建议。

十、竣工测量与竣工图的编绘

竣工测量与竣工图编绘的主要内容包括：竣工图的编绘与实测，地下管线工程竣工测量与综合地下管线图的展绘。竣工图应在收集汇总、整理现有图纸资料的基础上进行编绘与实测，将竣工地区内的地上、地下建（构）筑物和管线的平面位置与高程及其他地物、周围地形如实反映出来，并加上相应的文字说明，竣工测量应充分利用原有场区控制网点成果资料，如原控制点被破坏，应予以恢复或重新建立，恢复后的控制点点位精度应能满足施测细部点的精度要求。竣工图的坐标和高程系统应采用北京市地方坐标与高程系统，否则应进行联测与换算。竣工图的编绘范围与比例尺应与施工总图相同，其比例尺宜为1∶500。竣工测量成果资料和竣工图是验收与评价工程施工质量的基本依据，同时是运营管理、维修、改扩建的依据，是城市基本建设工程的重要技术档案，应按现行有关规定进行审核、会签、归档和保存。

第四节 《建筑工程资料管理规程》DB11/T 695—2009

北京市住房和城乡建设委员会于2010年2月21日发布了《建筑工程资料管理规程》DB11/T 695—2009为北京市地方标准，自2010年4月1日起实施。全文共十章、八项附录，适用于北京市行政区域内新建、改建、扩建建筑工程资料的管理。工程资料按照其特性和形成、收集、整理的单位不同，分为：基建文件（A类）、监理资料（B类）、施工资料（C类）和竣工图。其中，类别编号C3为施工测量资料。施工测量资料是在施工过程中形成的确保建筑物位置、尺寸、标高和变形量等满足设计要求和规范规定的各种测量成果记录的统称。主要内容有：工程定位测量记录（C3-1）；基槽平面及标高实测记录（C3-2）；楼层平面及标高实测记录（C3-3）；楼层平面标高抄测记录（C3-4）；建筑物垂直度、标高测量记录（C3-5）。

测量人员应依据由建设单位提供的有相应测绘资质等级部门出具的测绘成果、单位工程楼座桩及场地控制网（或建筑物控制网），测定建筑物平面位置、主控轴线及建筑物±0.000m标高的绝对高程，填写工程定位测量记录（C3-1）。测量人员在未做基础垫层前，应依据主控轴线和基底平面图，对建筑物基底外轮廓线、集水坑、电梯井坑、垫层标高（高程）、基槽断面尺寸和坡度等进行抄测并填写基槽平面及标高实测记录（C3-2）。测量人员应依据主控轴线和基础平面图在基础垫层防水保护层上进行墙柱轴线及边线、4坑、电梯井边线的测量放线及标高实测；在结构楼层上进行墙柱轴线及边线、门窗洞口线等测量放线，填写楼层平面及标高实测记录（C3-3）。测量人员应在本层结构实体完成后抄测本楼层+0.500m（或+1.000m）标高线，填写楼层标高抄测记录（C3-4）。测量人员应在结构工程完成后和工程竣工时，对建筑物外轮廓垂直度和全高进行实测，填写建筑物外轮廓垂直度及标高测量记录（C3-5）。

第五节 ISO 9000族群质量管理体系

一、ISO 9000族质量管理体系基本内容

1. 概述

ISO是"International Organization for Standardization"的英文缩写，意为"国际标准化组织"。因此，综合起来讲，ISO 9000是国际标准化组织质量管理和质量保证技术委员会制定的国际标准，是一套指导文件，其本质是一套阐述质量体系的管理标准。

2. 质量管理的8项原则

原则1　以顾客为关注焦点——组织依存于顾客。因此，组织应理解顾客当前的和未

来的需求，满足顾客要求并争取超越顾客的期望。

原则 2　领导作用——领导者将本组织的宗旨、方向和内部环境统一起来，并创造使员工能够充分参与实现组织目标的环境。以下是组织领导在质量管理体系中的职责和所起的作用。

原则 3　全员参与——各级人员是组织之本，只有他们的充分参与，才能使他们的才干为组织带来最大的收益。

原则 4　过程方法——将相关的资源和活动作为过程进行管理，可以更高效地得到期望的结果。

原则 5　管理的系统方法——针对设定的目标，识别、理解并管理一个由相互关联的过程所组成的体系，有助于提高组织的有效性和效率。组织本身就是一个大系统，组织的质量管理体系是组织这个大系统的一个子系统。

原则 6　持续改进——持续改进是组织的一个永恒的目标。

原则 7　基于事实的决策方法——对数据和信息的逻辑分析或直觉判断是有效决策的基础。

原则 8　互利的供方关系——通过互利的关系，增强组织及其供方创造价值的能力。

二、ISO 9000 质量体系对施工测量的要求

贯彻 ISO 9000 标准是为了适应国际化的大趋势，与国际接轨的需要，随着测绘法律法规的不断完善，测绘产品的市场不断形成。提高质量管理水平，增强自身的竞争能力，适应市场变化需求，发展外向型经济，增强测绘产品国际市场竞争力。由于测绘行业的生产方式、方法变化，测绘产品数字化精度的提高，测绘服务领域的拓宽，对于用户的利益保护，测绘单位知名度的提高，应系统、规范管理测绘产品各个生产环节，建立国际通行的质量管理体系，以增强测绘单位参与市场竞争的能力。施工测量是建筑企业质量管理的重要活动，是建筑施工的第一道工序，是保证施工结果符合设计要求的关键工序。因此，施工测量也必须按照质量管理体系标准的要求进行管理工作。

1. 质量管理体系文件的划分

(1) 质量方针——组织在质量上的追求、宗旨和方向。质量方针体现了组织的质量管理水准，通过组织的产品实现与质量管理体系的各个过程和结果，反映质量方针的实现程度。质量方针由最高管理者批准颁布，形成文件。

(2) 质量目标——组织在质量上所追求的目的。质量目标应与质量方针保持一致，它是质量方针在阶段性的要求，是明确地可测量考核的指标和目标，质量目标通常以文件的形式下达到组织的各个有关职能和层次，分别予以实施。

(3) 质量手册——向组织的内部和外部提供质量管理体系的一致信息的文件。质量手册是描述组织质量管理体系的纲领性文件，其详略程度由组织自行决定。

(4) 程序文件——提供如何一致地完成活动和过程的信息文件。程序文件是根据标准和组织的要求，站在组织管理部门的角度制定和实施的文件。程序文件需具有操作性，是策划和管理质量活动的基本文件，是质量手册的支持性文件。

(5) 作业文件——与程序文件相同类型的文件。作业文件是针对某种岗位或某个具体工作过程的管理控制的文件。作业文件是详细的操作性文件，是策划和管理质量活动的基

础性文件。作业文件通常包括作业标准、作业指导书、工艺文件等。

(6) 规范——阐明要求的文件。规范涉及面较广。涉及管理活动的可称为程序文件、作业文件、章程、规定和细则等；涉及产品活动和要求的可称为产品规范、工艺规范或规程、图样和技术标准等。规范是质量管理和产品实现的基础和准则。规范的要求应清晰明确。

(7) 记录——为完成的活动或达到的结果提供客观证据的文件。记录是反映质量管理和产品实现活动的状况与结果的信息，是客观证据。记录具有重复性和可追溯性，形成后不可更改。记录有格式化和非格式化两种形式。

(8) 质量计划——针对特定的项目、产品、过程或合同所规定的质量管理、资源提供、作业控制和工作顺序等内容的文件。质量计划可以引用质量管理体系文件的内容，但不能与其原则相矛盾。

2. 质量管理体系文件的编写原则

(1) 系统协调原则——质量管理体系文件应表述、规定和证实质量管理体系的全部结构和质量活动，并具有系统性和协调性。

(2) 整体优化原则——质量管理体系文件编写过程也是对质量管理体系的优化过程。

(3) 采用过程方法原则——系统地识别和管理组织所应用的过程，包括管理活动、资源提供、产品实现和测量、分析和改进有关的过程，特别是这些过程之间的相互作用。

3. 施工测量质量管理体系建立的基本要求

(1) 明确施工测量必需的过程、活动及其合理的顺序，明确对过程的控制所需的准则和方法，明确为保证过程实现所应投入的资源（人力、设备、资金、信息等），明确对过程进行监视、测量和分析的方法，如果有协作单位还应规定对协作单位的控制和协调方法等。

(2) 收集与施工测量有关的法规、标准、规程等工作中应依据的文件的有效版本；明确应管理的主要文件，如施工图、放线依据、工程变更以及记录等。

(3) 明确施工测量应形成和保留的各种质量类型和数量，明确记录人、校核人，明确质量记录的记录要求和保存要求等。

(4) 建立制度，做好文件的管理，如规定专人管理、建立档案、建立文件目录，及时清理无效文件等。

(5) 对外发放文件如有审批要求时应明确审批的责任人、审批的时间和审批的方式等。

第十三章 安全生产与班组管理

第一节 安全生产的一般规定

一、中华人民共和国安全生产法

《中华人民共和国安全生产法》(以下简称《安全生产法》)已由中华人民共和国第九届全国人民代表大会常务委员会第二十八次会议于2002年6月29日通过,自2002年11月1日起施行。

《安全生产法》共7章97条,各章分别是:1.总则,2.生产经营单位的安全生产保障,3.从业人员的权利和义务,4.安全生产的监督管理,5.生产安全事故的应急救援与调查处理,6.法律责任,7.附则。

《安全生产法》第一条规定了立法的宗旨:为了加强安全生产监督管理,防止和减少生产安全事故,保障人民群众生命和财产安全,促进经济发展,制定本法。

《安全生产法》第三条:安全生产管理,坚持安全第一、预防为主的方针。

《安全生产法》第五条:生产经营单位的主要负责人对本单位的安全生产工作全面负责。

《安全生产法》第六条:生产经营单位的从业人员有依法获得安全生产保障的权利,并应当依法履行安全生产方面的义务。

《安全生产法》第十七条:对生产经营单位的主要负责人对本单位安全生产工作负有下列职责:

1) 建立、健全本单位安全生产责任制;
2) 组织制定本单位安全生产规章制度和操作规程;
3) 保证本单位安全生产投入的有效实施;
4) 督促、检查本单位的安全生产工作,及时消除生产安全事故隐患;
5) 组织制定并实施本单位的生产安全事故应急救援预案;
6) 及时、如实报告生产安全事故。

《安全生产法》第二十一条:生产经营单位应当对从业人员进行安全生产教育和培训,保证从业人员具备必要的安全生产知识,熟悉有关的安全生产规章制度和安全操作规程,掌握本岗位的安全操作技能。未经安全生产教育和培训合格的从业人员,不得上岗作业。

《安全生产法》第二十二条:生产经营单位采用新工艺、新技术、新材料或者使用新设备,必须了解、掌握其安全技术特性,采取有效的安全防护措施,并对从业人员进行专门的安全生产教育和培训。

《安全生产法》第三十七条:生产经营单位必须为从业人员提供符合国家标准或者行

业标准的劳动防护用品,并监督、教育从业人员按照使用规则佩戴、使用。

《安全生产法》第三十八条:生产经营单位的安全生产管理人员应当根据本单位的生产经营特点,对安全生产状况进行经常性检查;对检查中发现的安全问题,应当立即处理;不能处理的,应当及时报告本单位有关负责人。检查及处理情况应当记录在案。

《安全生产法》第四十六条:从业人员有权对本单位安全生产工作中存在的问题提出批评、检举、控告;有权拒绝违章指挥和强令冒险作业。

《安全生产法》第四十九条:从业人员在作业过程中,应当严格遵守本单位的安全生产规章制度和操作规程,服从管理,正确佩戴和使用劳动防护用品。

《安全生产法》第五十条:从业人员应当接受安全生产教育和培训,掌握本职工作所需的安全生产知识,提高安全生产技能,增强事故预防和应急处理能力。

《安全生产法》第五十一条:从业人员发现事故隐患或者其他不安全因素,应当立即向现场安全生产管理人员或者本单位负责人报告;接到报告的人员应当及时予以处理。

《安全生产法》第七十条:生产经营单位发生生产安全事故后,事故现场有关人员应当立即报告本单位负责人。

单位负责人接到事故报告后,应当迅速采取有效措施,组织抢救,防止事故扩大,减少人员伤亡和财产损失,并按照国家有关规定立即如实报告当地负有安全生产监督管理职责的部门,不得隐瞒不报、谎报或者拖延不报,不得故意破坏事故现场、毁灭有关证据。

《安全生产法》第九十条:生产经营单位的从业人员不服从管理,违反安全生产规章制度或者操作规程的,由生产经营单位给予批评教育,依照有关规章制度给予处分;造成重大事故,构成犯罪的,依照刑法有关规定追究刑事责任。

二、建设工程安全生产管理条例

《建设工程安全生产管理条例》已经 2003 年 11 月 12 日国务院第 28 次常务会议通过,现予公布,自 2004 年 2 月 1 日起施行。

第一条 为了加强建设工程安全生产监督管理,保障人民群众生命和财产安全,根据《中华人民共和国建筑法》、《中华人民共和国安全生产法》,制定本条例。

第三条 建设工程安全生产管理,坚持安全第一、预防为主的方针。

第二十一条 施工单位主要负责人依法对本单位的安全生产工作全面负责。施工单位应当建立健全安全生产责任制度和安全生产教育培训制度,制定安全生产规章制度和操作规程,保证本单位安全生产条件所需资金的投入,对所承担的建设工程进行定期和专项安全检查,并做好安全检查记录。

施工单位的项目负责人应当由取得相应执业资格的人员担任,对建设工程项目的安全施工负责,落实安全生产责任制度、安全生产规章制度和操作规程,确保安全生产费用的有效使用,并根据工程的特点组织制定安全施工措施,消除安全事故隐患,及时、如实报告生产安全事故。

第三十二条 施工单位应当向作业人员提供安全防护用具和安全防护服装,并书面告知危险岗位的操作规程和违章操作的危害。

作业人员有权对施工现场的作业条件、作业程序和作业方式中存在的安全问题提出批评、检举和控告,有权拒绝违章指挥和强令冒险作业。

在施工中发生危及人身安全的紧急情况时，作业人员有权立即停止作业或者在采取必要的应急措施后撤离危险区域。

第三十三条 作业人员应当遵守安全施工的强制性标准、规章制度和操作规程，正确使用安全防护用具、机械设备等。

第三十六条 施工单位的主要负责人、项目负责人、专职安全生产管理人员应当经建设行政主管部门或者其他有关部门考核合格后方可任职。

施工单位应当对管理人员和作业人员每年至少进行一次安全生产教育培训，其教育培训情况记入个人工作档案。安全生产教育培训考核不合格的人员，不得上岗。

第三十七条 作业人员进入新的岗位或者新的施工现场前，应当接受安全生产教育培训。未经教育培训或者教育培训考核不合格的人员，不得上岗作业。

施工单位在采用新技术、新工艺、新设备、新材料时，应当对作业人员进行相应的安全生产教育培训。

三、中华人民共和国测绘法

《中华人民共和国测绘法》（以下简称《测绘法》）（2002年8月29日第九届全国人民代表大会常务委员会第二十九次会议修订通过 2002年8月29日中华人民共和国主席令第75号公布 自2002年12月1日起施行）

《测绘法》共九章55条，各章分别是：1.总则，2.测绘基准和测绘系统，3.基础测绘，4.界线测绘和其他测绘，5.测绘资质资格，6.测绘成果，7.测量标志保护，8.法律责任，9.附则。

《测绘法》第一条 为了加强测绘管理，促进测绘事业发展，保障测绘事业为国家经济建设、国防建设和社会发展服务，制定本法。

《测绘法》第二十五条 从事测绘活动的专业技术人员应当具备相应的执业资格条件，具体办法由国务院测绘行政主管部门会同国务院人事行政主管部门规定。

《测绘法》第二十六条 测绘人员进行测绘活动时，应当持有测绘作业证件。任何单位和个人不得妨碍、阻挠测绘人员依法进行测绘活动。

《测绘法》第二十七条 测绘单位的资质证书、测绘专业技术人员的执业证书和测绘人员的测绘作业证件的式样，由国务院测绘行政主管部门统一规定。

第二节 测量现场作业人身安全措施

测量作业单位应坚持"安全第一、预防为主、综合治理"的方针，严格遵守《中华人民共和国安全生产法》等相关安全法律、法规，加强安全生产管理，确保安全生产。

建筑业是具有较大危险性的行业，施工测量人员在施工现场作业中必须特别注意安全生产。在一个大中型的施工现场，一般具有数百上千名各工种人员在露天、立体（高空和地下）交叉作业，而且使用种类众多的施工机械与电气设备。施工测量人员在施工现场虽比不上架子工、电工或爆破工遇到的险情多，但是测量放线工作的需要使测量人员在安全方面也存在较多隐患。

(1) 测量放线工要去的地方多、观测环境变化多。测量放线工作从基坑到封顶，从室内结构到室外管线等各个施工角落均要放线。

(2) 测量放线工接触的工种多、立体交叉作业多。测量放线从打护坡桩挖土到结构封顶，从预留埋件的定位到室内外装饰设备的安装，需要接触的工种多，相互配合多，尤其相互立体交叉作业多。

(3) 测量放线工在现场工作时间多、天气变化多。测量人员每天早晨上班早，要检查线位桩点；下午下班晚，要查清施工进度安排明天的工作。中午和夜间工地人少，正适合加班放线以满足施工的需要，所以施工测量人员在现场工作时间多；天气变化多也应尽量适应。

(4) 测量放线工测量仪器、各种附件多，触电机会多。测量仪器贵重，精密怕摔砸，人员怕踩空跌落；施工现场临时电线多，测量放线人员多使用钢尺与铝制水准尺，因此触电机会多。

总之，测量人员在现场放线中，要精神集中地进行观测和计算。周围的环境千变万化，上述的安全隐患均有造成人身或仪器损伤的可能。为此，测量人员必须在制定测量放线方案中，根据现场实际情况按"预防为主"的方针，在每一个测量环节中落实安全生产的具体措施，并在现场放线中严格遵守安全规章，时时处处谨慎作业，既要做到测量成果好，更要做到人身仪器双安全。根据相关施工安全操作规程规定总结，测量放线工安全操作的要点如下：

(1) 为贯彻"安全第一、预防为主"的基本方针，在制定测量放线方案中，要针对施工安排和施工现场的具体情况，在各个测量阶段落实安全生产措施，做到预防为主。尤其是人身安全与仪器的安全。尽量减少立体作业，以防坠落与摔砸。如内控法做竖向投测时，要在仪器上方采取可靠的安全措施等。

(2) 对新参加测量的工作人员，必须进行上岗前"三级"安全教育，即公司教育、项目教育、班组教育，以使测量人员学到必要的劳保知识与规章制度，尤其班组教育更为重要。

(3) 进入施工现场必须按规定佩戴安全防护用品。如现场作业必须戴好安全帽，高处或临边作业时必须系好安全带，同时不得穿硬底鞋和带钉易滑的鞋，不得向下投掷物体；严禁穿拖鞋、高跟鞋、短裤及宽松衣物进入施工现场。

(4) 遇到强恶劣天气，应停止露天测量作业。若作业中出现其他不安全险情时，必须立即停止作业，组织撤离危险区域，报告领导解决，不得冒险作业。

(5) 施工现场发生伤亡事故，必须立即报告领导，抢救伤员，保护现场。

(6) 施工现场的各种安全设施、设备和警告、安全标志等未经领导同意不得任意拆除和挪动。确因测量通视要求等需要拆除安全网等安全设施的，要事先与安全监管部门或人员协商，并及时予以恢复。

(7) 外业过程中，测量仪器架设应稳固可靠，仪器架设后旁边不得离人；搬运测量仪器设备过程中，应仔细检查、妥善放置，防止仪器的尖锐部分伤人，如三脚架、花杆等。

(8) 测量作业钉桩前应检查锤头的牢固性，作业时与他人协调配合，不得正对他人抢锤。

(9) 作业时必须避让机械，躲开坑、槽、井，选择安全的路线和地点。

(10) 上下沟槽、基坑或登高作业应走安全梯或马道。在槽、基坑底作业前必须检查坑壁的稳定性，确认安全后再下槽、基坑作业。

（11）各施工层上作业要注意"四口"安全，不得从洞口或井字架上下，防止坠落。

（12）在脚手板上行走时要防踩空或板悬挑，在楼板临边放线，不要紧靠防护设施，严防高空坠落；机械运转时，不得在机械运转范围内作业。

（13）楼层上钢尺量距要远离电焊机和机电设备，用铝制水准尺抄平时要防止碰撞架空电线，以防造成触电事故。

（14）仪器不得已安置在光滑的水泥地面上时要采取防滑措施，如三脚架要插入土中或小坑内，以防滑倒，仪器安置后必须设专人看护，在强烈阳光下或安全网下都要打伞防护；夜间或黑暗处作业时，应配备必要的照明安全设备。

（15）如患有高血压、心脏病等不宜登高作业疾病者，不宜进行高空作业。

（16）操作时必须精神集中，不得玩笑打闹，或往楼下或低处抛掷杂物，以免伤人、砸物。

第三节　劳动保护基本知识

一、中华人民共和国劳动保护法

《中华人民共和国劳动保护法》（以下简称《劳动保护法》）自 2008 年 1 月 1 日起施行。

《劳动保护法》共 8 章 98 条，各章分别是：1. 总则，2. 劳动合同的订立，3. 劳动合同的履行和变更，4. 劳动合同的解除和终止，5. 特别规定，6. 监督检查，7. 法律责任，8. 附则。

《劳动保护法》第一条为了完善劳动合同制度，明确劳动合同双方当事人的权利和义务，保护劳动者的合法权益，构建和发展和谐稳定的劳动关系，制定本法。

《劳动保护法》第三条订立劳动合同，应当遵循合法、公平、平等自愿、协商一致、诚实信用的原则。依法订立的劳动合同具有约束力，用人单位与劳动者应当履行劳动合同约定的义务。

《劳动保护法》第十条　建立劳动关系，应当订立书面劳动合同。已建立劳动关系，未同时订立书面劳动合同的，应当自用工之日起一个月内订立书面劳动合同。用人单位与劳动者在用工前订立劳动合同的，劳动关系自用工之日起建立。

《劳动保护法》第三十八条　用人单位有下列情形之一的，劳动者可以解除劳动合同：
1）未按照劳动合同约定提供劳动保护或者劳动条件的；
2）未及时足额支付劳动报酬的；
3）未依法为劳动者缴纳社会保险费的；
4）用人单位的规章制度违反法律、法规的规定，损害劳动者权益的；
5）因本法第二十六条第一款规定的情形致使劳动合同无效的；
6）法律、行政法规规定劳动者可以解除劳动合同的其他情形。

用人单位以暴力、威胁或者非法限制人身自由的手段强迫劳动者劳动的，或者用人单位违章指挥、强令冒险作业危及劳动者人身安全的，劳动者可以立即解除劳动合同，不需事先告知用人单位。

《劳动保护法》第三十九条　劳动者有下列情形之一的，用人单位可以解除劳动合同：
1) 在试用期间被证明不符合录用条件的；
2) 严重违反用人单位的规章制度的；
3) 严重失职，营私舞弊，给用人单位造成重大损害的；
4) 劳动者同时与其他用人单位建立劳动关系，对完成本单位的工作任务造成严重影响，或者经用人单位提出，拒不改正的；
5) 因本法第二十六条第一款第一项规定的情形致使劳动合同无效的；
6) 被依法追究刑事责任的。

二、劳动保护方针

1987年在全国劳动安全监察工作会议上确立"安全第一，预防为主"为劳动保护工作方针，与"安全生产"方针在本质上是一致的，并无矛盾，而且更加符合当前的生产实际，也符合未来的生产发展。

"安全第一"主要包括以下内容：
（1）确立保护人的安全和健康是第一位的原则，尽最大努力避免人员伤亡和职业病的发生。
（2）劳动者在各自的工作岗位上，都把贯彻安全生产法规，充分满足安全卫生需要摆在第一位，绝不做有损于安全生产的事情。
（3）当生产任务同安全发生矛盾时，贯彻"生产服从安全"的原则，排除不安全因素后再进行生产。
（4）在衡量企业工作时，把安全生产工作作为一项重要的内容来考核。安全生产不好的企业，不能评为先进企业，也不能升级。安全指标有"否决权"。
（5）进行新建、扩建、改建工程时，确保安全性设施的投入，实行同时设计、同时施工、同时投产，在尽可能的条件下，实现本质安全。

"预防为主"主要包括以下内容：
（1）对事故的预防。
（2）对职业病的预防。

三、《安全色》GB 2893—2008 的规定

安全色是表达安全信息的颜色，表示禁止、警告、指令、提示等意义。应用安全色使人们能够对威胁安全和健康的物体和环境作出尽快的反应，以减少事故的发生。安全色用途广泛，如用于安全标志牌、交通标志牌、防护栏杆及机器上不准乱动的部位等。安全色的应用必须是以表示安全为目的和有规定的颜色范围。

安全色应用红、蓝、黄、绿四种，其含义和用途分别如下：

红色表示禁止、停止、消防和危险的意思。禁止、停止和有危险的器件设备或环境涂以红色的标记。如禁止标志、交通禁令标志、消防设备、停止按钮和停车、刹车装置的操纵把手、仪表刻度盘上的极限位置刻度、机器转动部件的裸露部分、液化石油气槽车的条带及文字，危险信号旗等。

黄色表示注意、警告的意思。需警告人们注意的器件、设备或环境涂以黄色标记。如警告标志、交通警告标志、道路交通路面标志、皮带轮及其防护罩的内壁、砂轮机罩的内壁、楼梯的第一级和最后一级的踏步前沿、防护栏杆及警告信号旗等。

蓝色表示指令、必须遵守的规定。如指令标志、交通指示标志等。

绿色表示通行、安全和提供信息的意思。可以通行或安全情况涂以绿色标记。如表示通行、机器启动按钮、安全信号旗等。

对比色是能使安全色更加醒目的颜色，又称为反衬色。黑、白互为对比色，因为白色明度最高，反之，明度最低。白色反射率高，在心理上会产生清洁感；黑色和其他颜色相配对，能使其他颜色显得美观。相对安全色来说，黄色的对比色用黑色，其余红、蓝、绿的对比色则用白色。红色和白色，黄色和黑色的间隔条纹是两种比较醒目的标志。红色和白色间隔条纹的含义是禁止通过，如交通、公路上用的防护栏杆。黄色与黑色间隔条纹的含义是警告、危险，如工矿企业内部的防护栏杆、吊车吊钩的滑轮架、铁路和公路交叉道口上的防护栏杆。

四、安全标志

安全标志由安全色、几何图形和图形符号构成的，用以表达特定安全信息的标记称为安全标志。安全标志的作用是引起人们对不安全因素的注意，预防发生事故。安全标志分为禁止标志、警告标志、指令标志和提示标志四类。

国家标准《安全标志及其使用导则》GB 2894—2008 对安全标志的尺寸、衬底色、制作、设置位置、检查、维修以及各类安全标志的几何图形、标志数目、图形颜色及其补充标志等都作了具体规定。

安全标志的文字说明必须与安全标志同时使用。补充标志应位于安全标志几何图形的下方，文字有横写、竖写两种形式。

禁止标志的几何图形是带斜杠的圆环，图形背景为白色，圆环和斜杠为红色，图形符号为黑色。禁止标志有禁止烟火、禁止吸烟、禁止用水灭火、禁止通行、禁放易燃物、禁带火种、禁止启动、修理时禁止转动、运转时禁止加油、禁止跨越、禁止乘车、禁止攀登、禁止饮用、禁止架梯、禁止入内、禁止停留 16 个。

警告标志的几何图形是三角形，图形背景是黄色，三角形边框及图形符号均为黑色。警告标志有：注意安全、当心火灾、当心爆炸、当心腐蚀、当心有毒、当心触电、当心机械伤人、当心伤手、当心吊物、当心扎脚、当心落物、当心坠落、当心车辆、当心弧光、当心冒顶、当心瓦斯、当心塌方、当心坑洞、当心电高辐射、当心裂变物质、当心激光、当心微波、当心滑跌 23 个。

指令标志是提醒人们必须要遵守的一种标志。几何图形是圆形，背景为蓝色，图形符号为白色。指令标志有：必须戴防护眼镜、必须戴防毒面具、必须戴安全帽、必须戴护耳器、必须戴防护手套、必须穿防护靴、必须系安全带、必须穿防护服 8 个。

提示标志是指示目标方向的安全标志。几何图形是长方形，按长短边的比例不同，分一般提示标志和消防设备提示标志两类。提示标志图形背景为绿色，图形符号及文字为白色。一般提示标志有太平门、安全通道，消防提示标志有消防警铃、火警电话、地下消火栓、地上消火栓、消防水带、灭火器、消防水泵接合器 7 个。

五、个人防护用品知识

生产过程中存在的各种危险和有害因素，会伤害劳动者的身体，损害健康，甚至危及生命。劳动防护用品就是在劳动过程中为防御物理、化学、生物等有害因素伤害人体而穿戴和配备的各种物品的总称。

1. 劳动防护用品的分类

（1）防护服：包括帽、衣裤、围裙及鞋盖等，主要是防止热辐射、射线、微波和化学污染物损伤皮肤或经皮肤侵入人体。

（2）防护眼镜、防护面罩：包括电焊工护目镜、炉窑工护目镜和面罩、防微波和防碎屑眼镜等，防止异物进入眼睛，防止化学性物品的伤害，防止强光、紫外线和红外线的伤害，防止微波、激光和电离辐射的伤害。

（3）呼吸防护器：根据结构和原理，呼吸防护器可分为过滤式和送风隔离式两大类。自吸过滤式是将空气中有害物质予以过滤净化的防护器。隔离式呼吸器工作原理是将戴用者的呼吸器官与污染环境隔离，通过输入空气或氧气来维持人体正常呼吸的防护器。用在缺氧、尘毒污染严重、情况不明或有生命危险的工作场合。

（4）护耳器：包括耳塞、耳罩、耳帽，其作用主要是防止噪声危害。

（5）防护手套：主要是棉手套，也有用新型橡胶体或聚氨酯塑料浸泡制成的手套。不同材质的手套可用于不同的工作场所，如防溶剂、耐油、耐漆、防污染、耐热、耐寒冷手套等。

2. 个人防护用品的使用原则

企业有义务为工人配备必要的个人防护用品。企业工人应了解自己的工作需要哪些防护用品，根据不同的使用场所及工作岗位，选择正确的防护用品，绝不能选错或将就使用。使用个人防护用品者必须了解所使用的防护用品的性能及正确使用方法。对结构和使用方法较为复杂的防护用品（如呼吸器）要进行反复训练，达到能迅速正确使用的熟练程度。

使用个人防护用品前，必须严格检查，损坏或磨损严重的防护用品必须及时更换。用于急救的呼吸器更要定期检查，以免急救时无法正常工作。急救呼吸器平时要妥善地存放在可能发生事故的邻近地点，便于及时取用。

妥善维护保养防护用品。这样不但可延长防护用品的使用期限，更重要的是能保证用品的防护效果，要仔细阅读防护用品的使用维护说明书，按要求正确维护防护用品。

第四节　班组管理工作、与相关工种协调

一、班组的性质、特点和组合方式

1. 班组的性质特点

"班组"是工作班，生产作业小组的统称。由于行业差别，各行各业的班组名称不同。工业企业中，一般叫生产班，建筑施工企业叫作业班等。放线工班组就属于作业班组一类。

虽然它们名称不一，形式和规模不尽相同，但它们的性质和功能基本相同，都是按社会化大生产分工协作的客观需要和企业生产经营活动的基本要求而划分的劳动组织。其特点如下：

（1）小。组是企业中不可再分解的最小劳动群体。

（2）细。组里任务分工、指标考核、工作管理细。

（3）全。各项工作都要落实到班组，其工作无所不包，无所不管。例如：安全管理、生产管理、经营管理等。

（4）实。组工作最具体实在，完成具体工作任务。

（5）快。落实到班组的工作，班组都必须立即行动，不能拖延时间。

2. 班组组合方式

（1）按工种组织班组。如瓦工班组、测量放线工班组。

（2）按产品组织班组。如汽车发动机厂的汽缸体组、活塞组。

（3）按工艺组织班组。如钢筋混凝土班组。

（4）按职能组织班组。如维修组。

（5）按班次组织班组。如日班组、夜班组。

二、放线工工作的特点

（1）分工协作性强。完成任务需要全组人员紧密配合，否则，将难以完成工作任务。

（2）服务性强。为施工服务。

（3）具有间断性。施工需要时才作业。

（4）责任重大。测量放线的结果既是施工的标准，又是检查、监督施工的依据，而且如果测量放线失误，损失重大，因而要求放线工细心认真，责任感强。

（5）依赖性强。工作质量的优劣依赖于仪器、工具的合理配备和精度是否符合要求。

（6）工作量难确定。放线工工作量和复杂程度与施工对象相关，因而变化较大。故要求放线工具体问题具体分析，具体对待。

三、班组管理的基本内容

施工测量放线工作是工程施工总体的全局性工序，是工程施工各环节之初的先导性工序，也是该环节终了时的验收性工序。根据施工进度的需要，及时准确地进行测量放线、抄平，为施工挖槽、支模砌筑、装修作业提供依据，是保证施工进度和工程质量的基本环节。在正常作业情况中，测量工往往被人们认为是不创造产值的辅助工种。可一旦测量出了问题，会出现诸如定位错了，造成整个建筑物位移；标高引错了，造成整个建筑抬高或降低；竖向失控，造成建筑整体倾斜；护坡桩监测不到位，造成基坑倒塌等问题。总之，由于测量工作的失误，造成的损失有时是严重的、是全局性的。故有经验的施工负责人对施工测量工作都较为重视，因而选派业务精良、工作认真负责的测量专业人员负责组建施工测量班组。其管理工作的基本内容有以下4项：

1. 认真贯彻全面质量管理方针，确保测量放线工作质量

（1）进行全员质量教育，强化质量意识。主要是根据国家法令、规范、规程要求与《追求组织的持续成功质量管理方法》GB/T 19004—2011 的规定，把好质量关，做到测量班组所交出的测量成果正确、精度合格，这是测量班组管理工作的核心，也是荣誉所在。要做到人人从内心理解：观测中产生误差是不可避免的，工作中出现错误也是难以杜绝的客观现实。因此要自觉地做到：作业前要严格审核起始依据的正确性，在作业中坚持测量、计算工作步步有校核的工作方法。以真正达到：错误在我手中发现并剔除，精度合格的成果由我手中交出，测量放线工作的质量由我保证。

（2）充分做好准备工作，进行技术交底与学习有关规范。主要是按"三校核"要求，即校核设计图、校测测量依据点位与数据、检定与检校仪器与钢尺，以取得正确的测量起始依据，这是准备工作的核心。要针对工程特点进行技术交底与学习有关规范、规章，以适应工程的需要。

（3）制定测量放线方案，采取相应的质量保证措施。主要是按"互了解"要求，做好制定测量放线方案前的准备工作，按要求制定好切实可行又能预控质量的测量放线方案；按工程实际进度要求，执行好测量放线方案，并根据工程现场情况不断修改、完善测量放线方案；针对工程需要，制定保证质量的相应措施。

（4）安排工程阶段检查与工序管理。主要是建立班组内部自检、互检的工作制度与工程阶段检查制度，强化工序管理。严格执行测量验线工作的基本准则，防止不合格成果进入下一道工序。

（5）及时总结经验，不断完善班组管理制度与提高班组工作质量。主要是注意及时总结经验，累积资料。每天记好工作日志，做到班组生产与管理等工作均有原始记载，要记简要过程与经验教训，以发扬成绩、克服缺点、改进工作，使班组工作质量不断提高。

2. 班组的图纸与资料管理

设计图纸与洽商资料不但是测量放线的基本依据，而且是绘制竣工图的依据，有一定的保密性。施工中设计图纸的修改与变更是正常的现象，为防止按过期的无效图纸放线与明确责任，一定要管好用好图纸资料。

（1）按要求做好图纸的审核、会审与签收工作。

（2）做好日常的图纸借阅、收回与整理等日常工作，防止损坏与丢失。

（3）按资料管理规程要求，及时做好归案工作。

（4）日常的测量外业记录与内业计算资料也必须按不同类别管好。

3. 班组的仪器设备管理

测量仪器设备价格昂贵，是测量放线工作必不可少的，其精度状况又是保证测量精度的基本条件。因此，管好用好测量仪器是班组管理中的重要内容。

（1）要按计量法规定，做好定期检定工作。

（2）在检定周期内，应按要求做好必要项目的检校工作，每台仪器要建有详细的技术档案。

（3）班组内要设专人专门管理，负责账物核实、仪器检定、检校与日常收发检查工作。高精度仪器要由专人使用与保养。一般仪器要人人按要求进行精心使用与保养。

（4）仪器应放在铁皮柜中保存，并做好防潮、防火与防盗措施。

4. 班组的安全生产与场地控制桩的管理

（1）班组内要有人专门管理安全生产，要严格执行有关规定，防止思想麻痹造成人身与仪器的安全事故。

(2) 场地内各种控制桩是整个测量放线工作的依据，除在现场采取妥善的保护措施外，要有专人经常巡视检查，防止车轧、人毁，并提请有关施工人员和施工队员共同给予保护。

四、放线工班组管理的方法

班组管理的方法要做到标准化、规格化、制度化，这是实现班组管理科学化、现代化的基础。

班组管理的标准化有以下几方面内容：

(1) 日工作标准化。把班组长和成员每天的工作编成一定的程序，使各项活动按程序进行。如班前会安排成员工作，检查仪器、工具，准备资料、记录簿等。班后检查记录簿、校核计算小结工作等。

(2) 周工作标准化。每周召开一次班组会，总结上周工作，落实本周工作计划，提出工作重点，拟定完成各项工作的方法、措施等。

(3) 月工作标准化。每月三次班组会，月初布置，月中检查，月末总结；开展两次工作质量分析会；两次安全活动；开展一次岗位练兵等。

(4) 原始记录标准化。原始记录包括测量记录簿、考勤、考核等记录，都以图、表、卡的形式固定下来。

(5) 作业标准化。观测、记录、计算按标准进行，并实行三检，即自检、互检、交接检。

第五节　班组工作质量控制

测量放线的结果是施工的依据，因而及时组织好测量放线工作是保证按时完成施工任务的前提，因此，组织好测量放线工作，就要抓紧质量管理。

1. 抓好质量教育工作

班组应经常进行质量教育，使全组放线工懂得测量放线的质量对工程质量的重大影响，从而树立"质量第一"、"为施工服务"的思想。

2. 建立健全质量责任制

质量责任制是通过一定的规定和制度具体体现出每一位放线工在质量工作中的责、权、利。放线工要对违反规范、规程、技术要求而引起的质量问题负责，并按质量责任制进行考核、兑现。

3. 认真贯彻执行管理标准和技术标准

(1) 管理标准，指为保证企业管理工作正常实施、协调进行并确保工作质量而制定的各项基本规定与各项业务准则，如岗位责任制、操作规程、工作标准等。

(2) 技术标准，指直接用来衡量产品质量和工作质量的技术尺度，如测量规范、精度要求。

参 考 文 献

[1] 北京市地方标准. 建筑施工测量技术规程 DB11/T 446—2007. 北京：北京市建设委员会，2007.
[2] 北京市地方标准. 北京市工程测量技术规程 DB11/T 339—2006. 北京：北京市建设委员会，2006.
[3] 北京市地方标准. 建筑工程资料管理规程 DBJ 01-51—2003. 北京：北京市建设委员会，2003.
[4] 梁玉成. 建筑识图. 北京：中国环境科学出版社，2007.
[5] 杨晓平、王云江. 建筑工程测量. 武汉：华中科技大学出版社，2006.
[6] 徐广翔. 建筑工程测量. 上海：上海交通大学出版社，2005.
[7] 华南理工大学测量教研室. 建筑工程测量. 广州：华南理工大学出版社，2002.
[8] 李井永等. 建筑工程测量. 北京：清华大学出版社，2010.
[9] 苗景荣. 建筑工程测量. 北京：中国建筑工业出版社，2009.
[10] 朱建军等. 变形测量的理论与方法. 长沙：中南大学出版社，2005.
[11] 高井祥等. 测量学. 北京：中国矿业大学出版社，2010.